北京理工大学"十三五"规划教材

高能炸药与装药设计

(第 2 版)

崔庆忠　刘德润　徐军培　徐　洋　编著

国防工业出版社

·北京·

内 容 简 介

本书在简述高能炸药设计理论的基础上,从工程应用的角度,阐述了脂肪族硝基化合物、芳香族硝基化合物、硝胺及硝酸酯等单体炸药的主要性能;详细阐述了军用混合炸药的分类、特性、配方设计准则、爆轰参数工程计算方法及其应用安全技术;从装药特点、工艺路线布局、工艺参数优化及工装设计要素等方面,对压装药、注装药、螺旋装药等三种基本的弹药装药工艺及其参数设计方法进行了系统阐述;并就无损检测技术在装药密度和缺陷检测中的应用提出了针对性解决方案。

本书可作为高等院校含能材料、弹药工程专业本科生及研究生教材,也可供专业研究人员及其他有关人员参考。

图书在版编目(CIP)数据

高能炸药与装药设计/崔庆忠等编著. —2 版.
—北京:国防工业出版社,2019.1
ISBN 978-7-118-11804-9

Ⅰ.①高… Ⅱ.①崔… Ⅲ.①炸药—研究②炸药装药—设计 Ⅳ.①TJ5

中国版本图书馆 CIP 数据核字(2018)第 295876 号

※

*国防工业出版社*出版发行
(北京市海淀区紫竹院南路 23 号 邮政编码 100048)
三河市众誉天成印务有限公司
新华书店经销

*

开本 710×1000 1/16 印张 18¾ 字数 347 千字
2019 年 1 月第 2 版第 1 次印刷 印数 1—2000 册 定价 68.00 元

(本书如有印装错误,我社负责调换)

| 国防书店:(010) 88540777 | 发行邮购:(010) 88540776 |
| 发行传真:(010) 88540755 | 发行业务:(010) 88540717 |

前 言
PREFACE

"炸药及装药技术是武器装备的核心技术,基于目标力学响应的能量输出结构设计理论是炸药及装药设计的科学基础"。这是我国已故炸药理论及应用专家徐更光院士对炸药及装药技术内涵的科学诠释。

自本书第一版出版以来,受到了读者的广泛好评,并获得了"第一届教育部兵器类专业教学指导委员会优秀教材"及"第六届兵工高校优秀教材"。但在使用过程中发现,第一版对熔注装药技术的设计及论述存在不足。另外,对装药质量的检测也未在教材中提及。为使体系更加完备,内容更为充实,第二版在保留第一版优点和特色的基础上,结合国内外的发展热点,第二版新增了熔注装药设计和装药质量无损检测技术,使本书的体系更加完备。

全书共分 18 章:第 1 章介绍了炸药及装药技术的基本概念,使读者初步了解本领域的基本概念和研究对象;第 2~7 章阐述了单体炸药的概念和性能,重点从工程应用的角度,对芳香族硝基化合物、硝胺、硝酸酯等三类常用单体炸药,从物理化学性能、感度性能及爆轰性能等方面进行了系统介绍。使读者掌握单体炸药的特性、优缺点及使用原则等;第 8~13 章阐述了混合炸药的性能、配方设计准则及爆轰参数工程计算方法。使读者能够根据弹药的毁伤特点及工艺条件,设计混合炸药的组成结构,进行性能参数的工程计算等;第 14 章阐述了炸药应用过程的安全技术,使读者掌握炸药应用过程中的有关安全知识和要点;第 15~17 章阐述了三种主要装药方法的原理、设计理论及设计方法,使读者掌握不同装药技术的工艺布局、工艺参数及工装设计要素等;第 18 章从数学建模、典型工程应用等角度介绍了无损检测技术在装药密度、装药缺陷检测中的应用,使读者掌握基于工业 CT 技术的装药密度、装药缺陷检测原理及方法。

本书坚持理论联系实际的原则,立足该领域的成熟理论,通过详实、可信的数据,得到规律性结论及设计要素,使读者在牢固掌握有关知识点的基础上，达到在实际工作中灵活应用的目的。

  编著者首先感谢为本书的出版提供试验条件的同仁，正是他们的付出，才使得本书的特点得到充分的发挥；其次感谢编著过程中对本书提出修改意见的学者、前辈，正是由于他们辛勤的工作，才避免了本书的许多不足；特别感谢为本书编著提供帮助的李瑶瑶、吴兴宇和黄玉平三位研究生，正是由于他们的精益求精，才使得本书能够顺利出版。

  由于炸药应用研究领域的飞速发展，再加上编著者学识所限，书中定有不妥之处，恳请读者批评、指正。

编著者

2019 年 1 月 6 日

目 录
CONTENTS

第1章 绪论 ... 1
1.1 爆炸 ... 1
1.2 炸药 ... 2
1.2.1 炸药的定义 ... 2
1.2.2 炸药的化学变化 ... 2
1.2.3 炸药的分类 ... 3
1.2.4 对炸药的基本要求 ... 3
1.3 炸药装药 ... 3
1.3.1 炸药装药发展史 ... 3
1.3.2 炸药装药方法分类 ... 4
1.3.3 对炸药装药的基本要求 ... 5
1.3.4 炸药装药的工艺过程 ... 7
1.3.5 炸药装药的发展趋势 ... 9

第2章 单体炸药概论 ... 11
2.1 单体炸药的分类 ... 11
2.2 炸药的爆炸热化学 ... 12
2.2.1 氧平衡和氧系数 ... 12
2.2.2 炸药的热分解 ... 14
2.2.3 爆炸反应方程式 ... 15
2.2.4 炸药的爆热 ... 17
2.2.5 炸药的爆温 ... 20
2.2.6 炸药的爆容 ... 21
2.3 炸药的感度 ... 21
2.3.1 炸药的热感度 ... 21
2.3.2 炸药的机械感度 ... 22
2.3.3 炸药的爆轰感度 ... 23
2.3.4 冲击波感度 ... 24

2.3.5 炸药的殉爆 …………………………………… 25
　　2.3.6 炸药的枪击感度 ………………………………… 26
　　2.3.7 炸药的静电感度 ………………………………… 26
　　2.3.8 炸药对光的感度 ………………………………… 27
2.4 炸药的安定性与相容性 ………………………………… 27
　　2.4.1 炸药的安定性 …………………………………… 27
　　2.4.2 炸药的相容性 …………………………………… 27
　　2.4.3 炸药安定性及相容性的测试方法 ……………… 28
2.5 炸药的力学性能 ………………………………………… 28
　　2.5.1 抗压强度 ………………………………………… 29
　　2.5.2 抗拉强度 ………………………………………… 29
　　2.5.3 抗剪强度 ………………………………………… 29
　　2.5.4 尺寸稳定性 ……………………………………… 29
　　2.5.5 影响炸药力学性能的因素 ……………………… 30
2.6 炸药的爆轰参数 ………………………………………… 30
　　2.6.1 炸药的爆速 ……………………………………… 30
　　2.6.2 炸药的爆压 ……………………………………… 31
　　2.6.3 爆轰参数与目标毁伤效应的关系 ……………… 32
2.7 炸药的做功能力 ………………………………………… 33
2.8 炸药的猛度 ……………………………………………… 34
2.9 炸药分子结构与性能的关系 …………………………… 34
　　2.9.1 炸药分子结构与晶体密度的关系 ……………… 34
　　2.9.2 炸药分子结构与机械感度的关系 ……………… 36
　　2.9.3 炸药分子结构与安定性的关系 ………………… 37

第3章 脂肪族硝基化合物 …………………………… 39

3.1 概述 ……………………………………………………… 39
3.2 硝基烷类炸药 …………………………………………… 40
　　3.2.1 硝基甲烷 ………………………………………… 40
　　3.2.2 三硝基甲烷 ……………………………………… 40
　　3.2.3 四硝基甲烷 ……………………………………… 40
3.3 硝基烷合成的炸药 ……………………………………… 40
　　3.3.1 N,N-双-(2,2,2-三硝基乙基) …………………… 40
　　3.3.2 双-(2,2-二硝基丙基)缩甲醛及双-(2,2-二硝基丙基)
　　　　　缩乙醛 …………………………………………… 41
　　3.3.3 硝仿炸药 ………………………………………… 41

第4章 芳香族硝基化合物 ············ 43

4.1 概述 ············ 43
4.2 制备方法 ············ 44
4.3 甲苯的硝基衍生物——三硝基甲苯（TNT） ············ 45
4.3.1 梯恩梯的物理性质 ············ 45
4.3.2 梯恩梯的化学性质 ············ 50
4.3.3 梯恩梯的爆炸性能 ············ 52
4.3.4 梯恩梯的安全性能 ············ 52
4.3.5 梯恩梯的毒性 ············ 53
4.4 苯的硝基衍生物 ············ 53
4.4.1 二硝基苯 ············ 53
4.4.2 三硝基苯 ············ 54
4.4.3 三硝基间二甲苯 ············ 55
4.5 苯酚的硝基衍生物 ············ 55
4.5.1 二硝基苯酚 ············ 55
4.5.2 三硝基苯酚 ············ 55
4.5.3 苦味酸铵 ············ 56
4.6 苯胺的硝基衍生物 ············ 57
4.6.1 二氨基三硝基苯 ············ 57
4.6.2 三胺基三硝基苯 ············ 57
4.7 多环芳烃的硝基衍生物 ············ 58
4.8 芳香杂环系炸药 ············ 59

第5章 硝胺炸药 ············ 60

5.1 概述 ············ 60
5.2 黑索今 ············ 60
5.2.1 黑索今的物理性质 ············ 61
5.2.2 黑索今的化学性质 ············ 61
5.2.3 黑索今的爆炸性能 ············ 62
5.2.4 黑索今的感度 ············ 63
5.2.5 黑索今的热安定性 ············ 64
5.2.6 黑索今的毒性 ············ 65
5.3 奥克托今 ············ 65
5.3.1 物理性质 ············ 65
5.3.2 化学性质 ············ 66

5.3.3 热安定性 ·········· 67
  5.3.4 机械感度 ·········· 67
  5.3.5 爆炸性质 ·········· 67
 5.4 硝基胍 ·········· 68
  5.4.1 物理性质 ·········· 68
  5.4.2 化学性质 ·········· 69
  5.4.3 热安定性 ·········· 69
  5.4.4 爆炸性能 ·········· 69
 5.5 特屈儿 ·········· 70
  5.5.1 物理性质 ·········· 70
  5.5.2 化学性质 ·········· 70
  5.5.3 机械感度 ·········· 71
  5.5.4 爆炸性质 ·········· 71
  5.5.5 生理毒性 ·········· 71
 5.6 其他高能硝胺炸药 ·········· 72
  5.6.1 二乙醇-N-硝胺-二硝酸酯 ·········· 72
  5.6.2 1-羰基-2,4,6-三-N-硝基三氮杂环己烷 ·········· 72

第6章 硝酸酯炸药 ·········· 73

 6.1 概述 ·········· 73
 6.2 泰安 ·········· 74
  6.2.1 物理性质 ·········· 74
  6.2.2 化学性质 ·········· 75
  6.2.3 机械感度 ·········· 76
  6.2.4 爆轰感度 ·········· 76
  6.2.5 爆炸性质 ·········· 77
 6.3 硝化甘油 ·········· 78
  6.3.1 物理性质 ·········· 78
  6.3.2 化学性质 ·········· 79
  6.3.3 机械感度 ·········· 79
  6.3.4 爆炸性能 ·········· 80
 6.4 其他硝酸酯炸药 ·········· 80
  6.4.1 硝化乙二醇 ·········· 80
  6.4.2 硝化二乙二醇 ·········· 81
  6.4.3 硝基异丁基甘油三硝酸酯 ·········· 82
  6.4.4 硝化甘露糖醇 ·········· 83

第7章 其他单体炸药 84

7.1 硝酸盐 84
7.1.1 硝酸铵的甲基取代物 84
7.1.2 硝酸肼 85

7.2 其他盐类炸药 86
7.2.1 氯酸盐 86
7.2.2 高氯酸盐 86
7.2.3 含氟炸药 87

第8章 混合炸药概论 89

8.1 概述 89
8.2 混合炸药的发展 89
8.3 混合炸药的组成和分类 90
8.3.1 混合炸药的组成 90
8.3.2 混合炸药的分类 91
8.4 对混合炸药的基本要求 92

第9章 梯恩梯和其他高能炸药组成的混合炸药 94

9.1 概述 94
9.2 炸药的配方及性能 94
9.2.1 RDX/TNT 混合炸药 95
9.2.2 HMX/TNT 混合炸药 98
9.2.3 PETN/TNT 混合炸药 98
9.2.4 CE/TNT 混合炸药 99
9.2.5 其他 TNT 基熔注混合炸药 99

第10章 高聚物黏结炸药 102

10.1 概述 102
10.2 高聚物黏结炸药的分类与组成 102
10.3 高聚物黏结炸药中的组分及作用 103
10.3.1 主体炸药 103
10.3.2 黏结剂 103
10.3.3 增塑剂 106
10.3.4 钝感剂 108
10.3.5 其他添加组分 110

10.4 高聚物黏结炸药配方设计原则 …… 112

第11章 含铝炸药 …… 114

11.1 概述 …… 114
11.2 高威力含铝炸药的组成 …… 114
11.3 含铝炸药的爆轰机理 …… 115
 11.3.1 二次反应理论 …… 115
 11.3.2 惰性热稀释理论 …… 116
 11.3.3 化学热稀释理论 …… 117
11.4 铝粉含量、粒度及形状对含铝炸药爆轰性能的影响 …… 117
 11.4.1 爆速 …… 117
 11.4.2 爆压 …… 119
 11.4.3 爆热和爆温 …… 119
 11.4.4 爆轰产物与爆容 …… 120
 11.4.5 对金属的加速能力 …… 121
 11.4.6 爆轰反应区 …… 121
 11.4.7 威力 …… 122
 11.4.8 猛度 …… 123
 11.4.9 超压及冲量 …… 123
11.5 其他高能添加剂 …… 124
11.6 含铝炸药配方设计原则 …… 125
 11.6.1 主体炸药 …… 125
 11.6.2 铝粉 …… 126
 11.6.3 高效氧化剂 …… 126
 11.6.4 其他添加剂 …… 126

第12章 其他混合炸药 …… 127

12.1 液体混合炸药 …… 127
 12.1.1 液体混合炸药的组成 …… 127
 12.1.2 液体混合炸药的典型配方 …… 129
12.2 军用代用混合炸药 …… 131
 12.2.1 含硝酸铵的代用炸药 …… 131
 12.2.2 含硝酸脲的代用炸药 …… 133
12.3 燃料空气炸药 …… 134
 12.3.1 燃料 …… 134
 12.3.2 其他添加剂 …… 136

12.3.3 关键技术 …… 136

第13章 混合炸药性能参数的计算 …… 138

13.1 原子组成的计算 …… 138
13.2 氧平衡的计算 …… 139
 13.2.1 $C_aH_bN_cO_d$ 组成的炸药 …… 139
 13.2.2 $C_aH_bN_cO_dF_fAl_g\cdots$ 组成的炸药 …… 139
13.3 生成热的计算 …… 140
13.4 密度的计算 …… 140
 13.4.1 理论密度 …… 140
 13.4.2 相对密度 …… 140
 13.4.3 松装密度 …… 141
13.5 爆速的计算 …… 141
13.6 爆压的计算 …… 143
 13.6.1 Kamlet 公式 …… 143
 13.6.2 C-J 理论简化公式 …… 144
 13.6.3 经验计算式 …… 144
13.7 爆热与爆容的计算 …… 144
 13.7.1 爆热 …… 144
 13.7.2 爆容 …… 145
13.8 爆炸反应方程式 …… 145
13.9 格尼常数 …… 146
13.10 冲量 …… 147

第14章 炸药应用的安全技术 …… 148

14.1 炸药的筛选与混合 …… 148
14.2 炸药的熔化与注装 …… 149
14.3 炸药的机械成型 …… 149
14.4 炸药的机械加工 …… 151
14.5 炸药的销毁 …… 152
 14.5.1 烧毁法 …… 152
 14.5.2 爆炸法 …… 152

第15章 注装法 …… 154

15.1 概述 …… 154
 15.1.1 注装法装药对炸药的要求 …… 154

- 15.1.2 注装法装药技术的分类 ································· 155
- 15.1.3 注装过程介质的变化 ··································· 155
- 15.2 熔态炸药的结晶机理 ··· 155
  - 15.2.1 自发晶核的形成 ······································· 156
  - 15.2.2 非自发晶核 ··· 161
  - 15.2.3 影响晶核形成的其他因素 ······························· 163
  - 15.2.4 晶体的生长 ··· 164
  - 15.2.5 晶体的生长速度 ······································· 164
  - 15.2.6 过冷度与晶核、晶体生长速度的关系及对晶体结构的影响 ··· 167
- 15.3 熔态炸药在弹体中的结晶与凝固 ······························· 169
  - 15.3.1 熔态炸药结晶过程中粗结晶的形成与预防 ················· 169
  - 15.3.2 熔态炸药在凝固过程中缩孔的形成与预防 ················· 170
  - 15.3.3 熔态炸药在凝固过程中气孔的产生及预防 ················· 173
  - 15.3.4 熔态炸药在凝固过程中底隙的产生及预防 ················· 175
  - 15.3.5 注装药柱裂纹的产生和预防 ····························· 175
  - 15.3.6 熔态炸药冷却凝固时的传热方程 ························· 185
- 15.4 悬浮液混合炸药的注装 ······································· 190
  - 15.4.1 梯黑悬浮体炸药的性质 ································· 190
  - 15.4.2 梯黑悬浮炸药注装中的质量控制 ························· 196
  - 15.4.3 块注法装药 ··· 198
- 15.5 注装工艺 ··· 198
  - 15.5.1 纯熔态梯恩梯的注装工艺 ······························· 198
  - 15.5.2 悬浮液炸药的注装工艺 ································· 199
  - 15.5.3 块注法装药工艺 ······································· 199
  - 15.5.4 塑态炸药的浇注工艺 ··································· 199
  - 15.5.5 挤注炸药的装药工艺 ··································· 200
- 15.6 提高注装药柱质量的装药方法 ································· 200
  - 15.6.1 离心浇注 ··· 200
  - 15.6.2 真空装药 ··· 200
  - 15.6.3 振动装药 ··· 201
  - 15.6.4 压滤法装药 ··· 201
  - 15.6.5 静态压力浇注 ··· 201
  - 15.6.6 压力浇注法 ··· 201
  - 15.6.7 热探针法 ··· 201
  - 15.6.8 逐层凝固法 ··· 201

15.6.9 低比压顺序凝固装药 ………………………………… 202
15.6.10 制型装填法 ………………………………………… 202
15.7 注装的安全技术 ………………………………………… 202
15.8 注装炸药凝固过程仿真计算 …………………………… 203
15.8.1 熔态炸药基本传热类型 …………………………… 203
15.8.2 热传导控制的微分方程 …………………………… 204
15.8.3 定解条件 …………………………………………… 205
15.8.4 热传导有限元数值计算方法 ……………………… 206
15.8.5 基本假设 …………………………………………… 206
15.8.6 缩孔、缩松预测判据 ……………………………… 207
15.8.7 模型验证 …………………………………………… 208
15.8.8 凝固过程优化设计 ………………………………… 210

第16章 压装法 ……………………………………………… 213

16.1 概述 ……………………………………………………… 213
16.2 炸药的压制过程 ………………………………………… 214
16.2.1 散粒体的性质 ……………………………………… 214
16.2.2 散粒体炸药的压紧过程 …………………………… 216
16.2.3 药柱强度 …………………………………………… 217
16.3 压力与装药密度的关系 ………………………………… 219
16.4 温度与装药密度的关系 ………………………………… 222
16.5 炸药颗粒分布及粒径对成型密度的影响 ……………… 222
16.6 药柱密度的分布 ………………………………………… 222
16.6.1 单向压药时药柱的密度分布 ……………………… 223
16.6.2 双向压药时药柱的密度分布 ……………………… 224
16.7 压药应力的分布 ………………………………………… 224
16.8 压药模具设计 …………………………………………… 227
16.8.1 压药过程中模套的径向位移及应力分析 ………… 227
16.8.2 退模力的近似计算 ………………………………… 229
16.8.3 模套的锥度对退模力的影响 ……………………… 231
16.8.4 模具设计 …………………………………………… 232
16.9 压装工艺 ………………………………………………… 240
16.9.1 压装工艺过程 ……………………………………… 240
16.9.2 压药方法 …………………………………………… 240
16.9.3 压药过程中的保压问题 …………………………… 241
16.10 压装法的安全技术 ……………………………………… 242

第17章 螺旋装药法 ... 245

- 17.1 概述 ... 245
- 17.2 螺杆 ... 246
  - 17.2.1 螺杆的结构 ... 246
  - 17.2.2 螺杆在工作时炸药的受力分析 ... 247
- 17.3 螺旋装药法形成的药柱 ... 252
  - 17.3.1 药柱的形成过程 ... 252
  - 17.3.2 药柱的结构 ... 253
  - 17.3.3 减小药柱径向密度差的途径 ... 255
  - 17.3.4 螺旋装药中易发生的疵病 ... 257
  - 17.3.5 螺杆的设计 ... 261
- 17.4 螺旋装药工艺 ... 263
- 17.5 螺旋装药的安全技术 ... 263

第18章 装药质量无损检测技术 ... 265

- 18.1 工业CT(ICT)检测系统 ... 265
  - 18.1.1 射线源系统 ... 265
  - 18.1.2 探测器系统 ... 266
  - 18.1.3 数据采集系统 ... 266
  - 18.1.4 机械扫描系统 ... 267
  - 18.1.5 计算机系统 ... 267
- 18.2 性能参数 ... 267
  - 18.2.1 空间分辨率 ... 268
  - 18.2.2 密度分辨率 ... 269
  - 18.2.3 伪影 ... 269
- 18.3 装药质量检测系统设计 ... 270
  - 18.3.1 射线源选择 ... 270
  - 18.3.2 扫描方式选择 ... 270
  - 18.3.3 几何尺寸确定 ... 271
- 18.4 装药密度检测 ... 273
  - 18.4.1 模型建立 ... 273
  - 18.4.2 模型修正 ... 274
  - 18.4.3 试验验证 ... 277
- 18.5 装药底隙检测 ... 278
  - 18.5.1 模型建立 ... 278

  18.5.2 试验验证 …………………………………………………… 280
18.6 装药孔隙检测 ……………………………………………………… 281
  18.6.1 模型建立 …………………………………………………… 281
  18.6.2 试验验证 …………………………………………………… 282

参考文献 ………………………………………………………………… 283

第1章

绪 论

炸药和装药在国民经济建设和国防建设中都有着不可替代的重要地位。从10世纪到19世纪,黑火药一直是各国唯一使用的火炸药,它对世界的科学进步和社会发展起到了巨大的推动作用。

随着科学技术的进步,18世纪后期相继发现了一些新的单体炸药:1771年苦味酸被合成出来,1885年直接用于炮弹装药;1863年制出了梯恩梯(TNT),1902年用于装填炮弹;1899年合成黑索今,并在第二次世界大战期间发展了一系列以黑索今为基的高能混合炸药;1941年发现了黑索今的同系物奥克托今,使炸药的性能得到进一步的提高。另外,较著名的单体炸药还有特屈儿和泰安等,特别是近年来发展的CL-20炸药,其密度高达2.19g/cm^3,爆速比黑索今提高10%,爆压提高约14%。

由于单体炸药的性能不能满足战争的需要,因此在第一次世界大战期间开始广泛使用混合炸药,从而使炸药的种类急剧上升;第二次世界大战以后,炸药工业飞速发展,新型炸药层出不穷;核武器、导弹和其他宇宙飞行器的出现,使炸药的应用领域进一步拓展,品种更加繁多,并且各种性能也大幅度提高,特别是炸药的威力比黑火药装填炮弹时提高了13倍。

1.1 爆 炸

爆炸是指物质在物理或化学变化中含有的能量,快速地转变为压缩能或运动能,并显示出机械破坏的效果。爆炸又分为两种:

(1) 物理爆炸:由物理原因引起的爆炸称为物理爆炸,如电、高速的机械运动、热、弹性压缩引起的爆炸均属物理爆炸。

(2) 化学爆炸:由化学变化引起的爆炸,如核反应、化学反应引起的爆炸称为化学爆炸。

爆炸过程分为两个阶段。

(1) 某种形式的内能转化为强烈的物质压缩能。

（2）物质由压缩态膨胀，释放压缩能，转化为机械功，进而引起邻近的周围介质变形、位移、破坏。

1.2 炸 药

1.2.1 炸药的定义

炸药是一种在一定外界条件下，可以发生高速化学反应同时放出大量热量和生成大量气体的物质。

能够构成化学爆炸的体系很多，如煤粉和空气的混合物，但不是所有的体系都能作为炸药，能够作为炸药的化学体系必须满足以下3个条件。

（1）反应的放热性，即爆炸时发生的反应必须是放热的。
（2）生成大量的气体产物。
（3）反应速度高。

只有同时具备以上3个条件的物质才能称为炸药。

炸药的化学组成是氧化剂和可燃剂，在爆炸时，这两种组分在高温、高压下快速燃烧，释放出大量的热量，使反应继续进行，并通过气体产物对外作功。

1.2.2 炸药的化学变化

炸药的能量密度大，其爆炸时所放出的能量是燃料燃烧时放出能量的130~600倍。另外炸药做功的功率大，即单位时间放出的热量多，因此具有较强的破坏能力。在外界作用下，炸药可发生3种基本的物理化学变化。

（1）热分解：在外界热和辐射的作用下，会发生缓慢的热分解，在一般环境中，能自动进行。
（2）燃烧：炸药在热源作用下，会发生燃烧。
（3）爆轰：炸药爆炸时，反应快速进行，形成高温、高压区，这是炸药化学变化的最高形式。

以上3种形式是相互转化的，即在一定条件下，炸药的缓慢分解可以转为燃烧，而燃烧也会在一定条件下转为爆轰，反之也会由爆轰转为燃烧，燃烧转变为热分解。

从物质结构上分析，炸药是相当安定的（如苦味酸长期作为燃料使用；黑索今作为灭鼠药曾获过专利；硝化甘油是治疗冠心病的常用药；有的工业炸药甚至用雷管也起爆不了），但起爆后反应速度很快。这是由于炸药的活化能相当大，因此不易引爆，但炸药分解放热能量也很大，所以只要一个炸药分子活化分解后，其反应热可使周围炸药的3~5个分子活化分解，如此循环下去，就会使全部炸药分子反应快速完成。

1.2.3 炸药的分类

按用途不同分类,炸药主要有 4 种。
(1) 起爆药:易被引发,常用作引爆其他高能炸药。
(2) 猛炸药:具有较高的做功能量,一般用作爆破器材及常规武器的装药。
(3) 火药和推进剂:利用燃烧产生的气体做抛掷功,用于运载炮弹及火箭等,易被点燃但不易转为爆轰。
(4) 烟火剂:用于各种特殊用途,如信号弹、照明弹、烟幕弹的装药等。

按化学结构与组成分类,炸药分为单体炸药和混合炸药。其中,单体炸药主要包括硝基化合物($-C-NO_2$)炸药、硝酸酯($-O-NO_2$)炸药、硝胺($-N-NO_2$)炸药、氯酸盐及过氯酸盐的衍生物、叠氮化合物炸药($-N=N\equiv N$)、多氮化合物($-N=N-$)炸药等。混合炸药包括含爆炸性组分的混合炸药和不含爆炸性组分的混合炸药等。

1.2.4 对炸药的基本要求

一般来说,炸药应满足如下要求:
(1) 热安定性好:要求炸药在生产、加工、使用和储存过程中,不改变其物理化学性质。
(2) 机械感度尽可能低:炸药在生产、加工、运输、使用中受到撞击、摩擦、碾压、挤压等机械作用时尽可能不爆或少爆。
(3) 爆炸性能好:炸药的爆速、爆压和爆热等符合技术要求。
(4) 原材料来源丰富,且价格便宜。

1.3 炸药装药

炸药装药技术是研究炸药成型工艺及理论、装药设备、控制产品质量和生产安全的一门科学,炸药装药是生产弹药必不可少的部分,世界各国一般都采用注装、压装和螺旋装药这三种基本装药方法,随着科学技术的发展,炸药装药在工艺、机械化程度和安全操作上都有了很大的进步,使装药质量和生产效率得到显著改善,从而为弹药威力的提高奠定了基础。

1.3.1 炸药装药发展史

公元 10 世纪时,在中国宋朝时期,黑火药首先被用于军事目的,用它制成火箭、火球和铁火炮,而欧洲直到 16 世纪下半叶才开始出现装填黑火药的球形火器,比中国晚 300 多年。直到 18 世纪 80 年代,黑火药一直是唯一的军用炸药和点火药,装药方法采用捣装法,即现在所说的压装法,也是最早出现的装药方法。

随着科学技术的发展,各种新型炸药相继问世,1877年俄国开始用硝化棉装填炮弹,采用压装法其密度可达1.2g/cm³以上,大大提高了炮弹的威力,在此期间,英、法、日等国也都开始用威力较大的硝化棉代替黑火药装填炮弹,这是弹药发展史上十分重要的阶段,它打破了黑火药一统天下的格局,并使弹药的威力大幅度提高。但由于硝化棉易吸湿、化学安定性差、可压性不好等缺点而逐渐被其他猛炸药替代。

19世纪后期,苦味酸、硝化甘油、梯恩梯、特屈儿、泰安和黑索今等炸药逐渐被发现,它们无论在威力还是安全性方面都优于硝化棉。1885年以后,法国、德国、英国、日本及中国用注装法装填炮弹,这也是军事上开始采用注装法的阶段。由于苦味酸安定性较差,给使用和储存带来困难,因此它的应用受到限制。1902年,德国首先用梯恩梯取代苦味酸注装炮弹,随后意大利、俄国也采用了梯恩梯。第一次世界大战期间,以苦味酸和梯恩梯注装成的弹丸占绝大部分,其优点是设备简单,对药室形状无限制,与同类炸药相比装药密度大。

第一次世界大战时期,由于弹药消耗巨大,炸药用量越显不足,交战双方均想采用代用炸药装填炮弹,当时应用最多的是硝酸铵。方法是将硝酸铵粉碎后与熔化的梯恩梯按一定比例注装。由于硝酸铵的最大含量不能超过60%,而采用压装方法又不适应弧形变化大的弹丸。为解决代用炸药的用量问题产生了螺旋装药方法,不仅解决了普通注装法不能解决的高固相含量硝铵炸药装药问题,又能解决弧形药室装药问题,特别是生产效率高、易于组织流水线生产,因此螺旋装药法至今仍得到应用。

随着军事装备及防御设施的不断发展以及战争规模的扩大,相继出现了对付不同目标的弹种,这就对炸药的性能和装药技术提出了更高的要求,但目前各国所使用的装药方法仍然是注装法、压装法和螺旋装药法,在这3种方法的基础上,采用相应的技术措施,以满足高指标的装药技术要求和战争使用的需要。

1.3.2 炸药装药方法分类

炸药的装药方法很多,最古老的方法是黑火药的捣装法,实际上就是现在通用的压装法。随着炸药种类的增多和对装药质量要求的不断提高,各种装药方法也相继出现,归纳起来有5种。

（1）捣装法:用手工或简单的工具将松散的炸药装入药室后捣紧。

（2）压装法:利用压机对弹体或模具中的松散炸药施加一定压力使炸药成型的方法。压装法适用于装填小口径弹药,且炸药本身的可压性较好、感度低。

（3）熔注法:将炸药熔化后注入弹体或模具中直至冷却凝固的成型方法。适用于任意口径和形状的弹体装药,要求炸药的熔点较低,熔化后不分解。此法设备简单,是西欧和美国装药的主要方法。

（4）螺旋装药法:使用螺旋装药机,靠螺杆将散粒体炸药压入弹体中。此法与压装法的本质是一样的,但感度高、塑性差的炸药不能使用,适用于中口径的弹体装药。

(5) 浇注法:在压力作用下将塑态炸药装入弹体后固化成型。

以上几种装药方法是最基本的炸药成型方法,每种方法都有其优点和局限性,但压装、注(熔注、浇注)装和螺旋装药是目前装药领域的三种主要方法,选择何种装药方法,要根据弹药种类、药室形状、炸药性质及弹药技术要求而定。

1.3.3 对炸药装药的基本要求

为保证装药质量和生产、使用、储存的安全性,对弹药的生产提出下列技术要求。

1. 保证弹药的破坏威力

尽管弹药的种类繁多,用途不一,但对威力的要求是一致的,即对目标有最佳的破坏作用,为了达到对不同目标起到最大的破坏作用,对各类弹药的装药也就不完全相同。如:

(1) 反坦克破甲弹:要求装药应具有尽量高的爆压。试验表明,在一定范围内,破甲深度与装药的爆压成正比,而爆压与装药的爆速和密度有关。因此,为获得高爆压的装药,首先要选用高能量的炸药,另外还要具有较高的装药密度且装药质量要均匀,以保证爆炸后有尽可能高的爆压和稳定的射流,从而提高破甲的深度和稳定性。

(2) 反坦克碎甲弹:碎甲弹的作用是爆炸后通过装甲钢板形成的压缩应力波及反射拉伸波之间的相互作用,在钢板背面剥离掉数块具有一定能量的飞片,达到杀伤和破坏的目的。既要求装药有尽可能高的爆压,又要求炸药有一定的塑性和较低的感度,使弹丸在触靶和变形的过程中不早炸,只有达到一定接触面积和变形到最有利的堆积形状时,才能达到最佳毁伤效果。

(3) 杀伤榴弹:要求装药量、装药密度、炸药猛度应与弹体金属材料的强度和厚度相匹配,以达到最多的有效破片数和具有一定速度的破片,从而达到最大的杀伤半径。

(4) 爆破弹和航弹:要求有最大的做功能力,应选用爆热高、爆容大的炸药。

总之,无论什么弹种,共同的一点就是要保证有足够的威力,这首先要确定合适的炸药,在炸药选定之后,影响破坏效果最主要的因素就是炸药成型技术及装药结构,当然,装药密度也是相当重要的,不同的装药方法会使密度有所不同。

2. 提高炸药的发射安全性

弹丸在高膛压发射力作用下,受到巨大的加速度(或着靶时的减速度)而使装药有一个很大的惯性应力作用,这样就在装药内部各截面上产生大小不等的应力,当应力大于所承受的最大应力时,炸药就可能发生点火而出现膛炸,或虽能发射出去但是在飞行弹道上爆炸(早炸)。

发射时的惯性力对炸药装药来说,实际上是一个感度问题,通常采用临界应力来表示这个感度。临界应力指弹丸发射时,装药不发生分解、燃烧、爆炸等变化所能承受的最大应力 λ_k。

工程上可用下式计算炸药装药承受的最大应力 λ_{max}:

$$\lambda_{max} = P_{max} \frac{WR^2}{Qr^2} \tag{1.1}$$

式中　P_{max}——火炮最大膛压;

　　　W——弹丸装药质量;

　　　Q——全弹质量;

　　　R——弹体半径;

　　　r——装药半径。

当最大应力 λ_{max} 超过了装药的临界应力时,就可能发生膛炸或早炸,因此在弹丸的装药设计中,必须使 $\lambda_{max} < \lambda_k$,同时还要考虑一定的安全系数,使最大应力 λ_{max} 小于炸药装药的许用应力 λ,即 $\lambda = \lambda_k \times A$,其中,$A$ 为安全系数。

影响炸药装药临界应力的因素很多,如装药质量、装药密度、装药与弹体内壁结合的牢固程度等,特别是装药与弹壳底部存在间隙(底隙)时,容易导致爆炸。总之,早炸和膛炸的原因可以归纳为:一是炸药本身的性质;二是装药质量的控制。

以上 λ_{max} 值均采用弹道法测得且与炸药实际应用情况相近,但消耗的人力物力太大,不少人采用室内模拟法来代替弹道法,即模拟装药受力情况,测试结果比弹道法高,但由于方法简单且费用低,仍可以作为发射安全性研究的一种手段。

炸药装药的临界应力可由试验测定,一些常用炸药的临界应力值见表 1.1。

表 1.1　几种炸药的临界应力值

炸药	λ_k /MPa 文献	λ_k /MPa 测试
梯恩梯(TNT)	176.6	192.3
特屈儿(CE)	83.4	85.0
TNT 50%/RDX 50%	142.2	140.0
钝化黑索今	323.7	—
钝黑铝炸药	245.3	231.7
8701 炸药	—	148.8
钝黑 66.5%/铝 32.0%/石墨 1.5%	—	231.3
钝黑 60%/高氯酸铵 20%/铝粉 20%/石墨 0.5%	—	147.2

3. 保证装药在引信作用下完全爆轰

为保证装药在引信作用下完全爆轰,首先要求炸药装药有良好的爆轰感度,这样才能使爆轰稳定地传播下去；其次，炸药装药的爆轰感度不仅与炸药本身性质有关，还与装药质量（如疵病程度，特别是熔注装药的粗结晶等）和装药密度有关，因此要求有良好的装药质量并保证装药的密度要求；另外，需保证传爆药柱应有足够的起爆能，并要求传爆序列装配正确、到位。

4. 保证弹药长储性及运输使用的安全性

弹药生产后，必须保证在储存期内能正常使用，这就要求炸药装药有良好的化学安定性和物理稳定性。化学安定性指炸药装药经储存后不分解、爆炸性能不变、与接触材料之间不发生化学反应、爆轰感度不降低、机械感度和热感度不增加等。物理稳定性指装药经储存后尺寸稳定、力学性能不变、结构完整、不渗油（指 TNT 类）、不吸潮、无裂纹、耐环境侵蚀等。另外，应保证在运输、搬运及使用过程中的安全。

为达到以上要求，首先必须选择性能优良的炸药，另外要使用与炸药相容的材料，并且注意装药质量，严格地控制装药工艺及加工和装配。

5. 降低生产成本，提高使用的方便性

弹药在战争中的消耗是巨大的，因此在确保战术技术指标和产品质量的前提下，应尽可能地降低成本，原材料要来源广泛、价格便宜。另外，必须保证使用方便、可靠。

6. 弹药生产中的安全与防护

弹药生产中所接触的原材料、半成品一般是易燃物，为保证生产的安全，首先要采用安全的生产工艺和合理的工艺布局，要有完善的安全措施和安全设备保障，并且严格按照规章制度操作，生产线上的在制品要尽量少，以降低事故的隐患。

各类炸药及生产中使用的溶剂一般都有不同程度毒性，长期接触会引发职业病，因此在生产中必须采用有效的措施，排除粉尘和有毒蒸气，并且注意隔离操作。

1.3.4 炸药装药的工艺过程

1. 弹药的装配状态

弹药的品种很多，其结构和用途均不相同，因而装配方法也不同，但大致可以分为全备弹和半备弹两类，两者的区别在于是否安装引信。

全备弹是已完全装配，出厂后可以直接使用的炮弹。在弹药厂中进行全备弹的装配只有少数几种弹药，如穿甲弹，这种弹药的引信比较钝感，在储存、使用和运输过程中相对比较安全，而且这种弹药大都采用压装法装药，其压装后的药柱在储存过程中往往发生长大现象，如不及时安装引信，会给以后的安装带来困难（如引信拧不到位等）。

半备弹不装引信，而装塑料制的假引信（亦称防潮塞）。由于弹药装上引信后在运输、搬运和储存过程中有很大的危险性,大部分弹药只进行半备弹装配,引信的装配大多数是在前线的弹药基地进行,有些弹药甚至在使用前才进行引信装配,如大型航弹在挂上飞机后才安装引信。

2. 炸药装药的工艺过程

弹药装药与装配的过程是由一系列工序组合而成,由于弹药的种类和炸药的性质不同,采用的装药方法及装配工艺也有所不同,但总体上都按照下面的程序进行。

(1) 弹体准备。弹体准备的任务是将弹体进行处理,使之达到适合于装药的状态。主要内容包括:拆箱、弹体去油、清理外表面、检验尺寸和质量、弹体加温等。

(2) 炸药准备。炸药准备的任务是将炸药处理到合适于装药的状态。炸药作为原材料必须经过验收合格后方能使用。炸药在装药前一定要筛除杂质和结块。为了提高装药质量,对于压装和螺旋装药,要求对炸药进行加温以提高塑性;对于熔注装药来说,首先要将炸药熔化以备使用。

(3) 弹体装药。弹体和炸药准备好后即可按照选定的装药方法进行装药。

(4) 装药后的加工和装配。经螺旋装药和注装成型的装药其尺寸不一定符合图纸要求,另外某些弹药还需要在弹口部药柱中钻出装配引信的传爆管孔,所以弹体装药后必须经过机械加工。药柱加工一般包括以下几个工序:刮平药面并钻引信孔;清理药柱表面及弹底螺纹;检验药柱表面和引信质量;药柱表面及引信孔处涂虫胶漆等。钻引信孔是弹药装药操作中最危险的工序之一,应在防爆小室内操作,并要远离装药工房,确保一定的安全距离,如航弹引信钻孔工房离装药工房有 100~200m 的距离,对小口径弹药可以允许在装药工房内进行,但必须在防爆室内操作。采用分装法装药首先需要将药柱黏结起来,然后放入弹体内并用黏接剂固定或用塑料衬套固定。对于带头螺或底螺的中、大口径弹,装药后需要拧紧头螺或底螺,作用是将药柱牢牢地固定在弹体内,并保证弹体内的密封性,以避免火药燃烧后产生气体进入弹体。

(5) 弹药总装配。弹药总装配的内容包括:清擦弹体外表面、涂漆、称重、涂标志符号、检验、组批包装,最后经用户代表验收后才能出厂。为使弹体外表面在储存过程中不被腐蚀生锈,必须在清擦干净之后涂漆。同时为了便于识别和使用,要涂上各种标志符号,一般包括弹药名称、所装炸药名称、炮弹口径、弹种、生产厂代号、弹药批号、生产日期等。弹丸称重的目的在于确定弹丸的准确质量,并检验与规定弹重的偏差,称重后打上轻重符号。装药的检验是非常重要的工序,因其关系到弹药的安全和使用可靠,弹药生产中的检验是非常全面的,包括投产前的原材料及半成品的检验、生产过程中关键工序的检验、成品的厂内检验及靶场检验等,最后经用户代表验收各项指标都符合图纸要求后才能出厂使用。另外,各种弹药都有各自标准的包装方法,箱子的材料规格也有专门技术要求,并涂以标志以便于使用和储存。对于不合格的产品可以进行返修,对装药质量不合格的弹药可以将炸药倒出修理后重新装药。

1.3.5 炸药装药的发展趋势

1. 提高弹药的安全性及生存能力

近几十年来,美国和其他一些国家在生产、储存、运输和使用过程中曾发生过多起意外事故。如美国"企业号"和"福特号"航空母舰上的爆炸事故;1982年英阿战争中,阿根廷一枚导弹击中英军舰使弹药殉爆从而导致舰艇沉没;一些国家使用B炸药装填的炮弹,发射时曾发生膛炸事故等。所以西方国家特别关注弹药的安全性及生存能力问题,而问题的核心实际上是解决炸药的安全性,即要求弹丸受外界能量刺激时,引起意外反应的敏感度低,若引爆则反应的激烈程度低,或只燃烧而不转爆轰。这样既可以大幅度提高武器系统在战场上的生存能力,还能减少在生产、加工、储存、运输和使用中的事故,目前这一问题受到各国的重视,并相继开展了低易损性炸药的研究,有的国家已装备使用了该类炸药。

2. 改善炸药装药性能,提高装药工艺的水平

从装药角度考虑,提高弹丸威力的途径主要有两个方面:一是提高炸药的威力和装药性能;二是提高装药密度和装药质量。在炸药方面主要是研究那些成型性能好、装药时相对密度高、与同类炸药相比装药量大的炸药,从而达到提高战斗部威力的目的。在提高装药密度和装药质量方面,主要是在原材料规格的选取、配比、装药工艺及机理等方面进行广泛研究。西方国家对注装技术更为重视,尤其是对B炸药的流变学性质、黑索今颗粒尺寸间的配合、添加剂的选择及机理等方面进行了大量的研究,并对注装工艺的改进做了很多工作。我国的炸药工作者也对此有过深入的研究并取得了可喜进展,通过炸药配方的设计和对装药工艺的改进,达到提高装药质量的目的。

3. 炸药安全性评价方法的研究

炸药安全性评价方法和试验鉴定技术是国内外普遍关心的重大课题。因为安全性不仅是产品质量的重要特性,而且关系到武器装备的研制、生产、储存和使用中的安全。炸药安全性评价方法制定的目的在于认识和评价炸药产品的潜在危险因素,以防止事故的发生,保证安全和作用的可靠性及提高弹药的生存能力。目前,急需解决的是如何正确、客观地评价炸药安全性及其试验方法,而对危险性能够作出充分的评价,必须是在实际使用条件下,对一个完整的弹药系统进行大量的试验,这显然是很困难的,因此建立炸药安全性评价方法是一个迫切需要解决的问题。

4. 检测技术与装药设备研究

弹药生产向连续化、自动化、隔离操作与自动控制方向发展,这样既保证产

品质量的稳定性和提高生产效率,同时还有利于安全生产。检测技术是弹药生产中十分重要的环节之一,它是保证产品质量和使用安全的重要手段。因此,发展无损检测技术是目前普遍关心的研究课题。

炸药与装药之间有着密切的联系,尤其是混合炸药应用技术的发展,改变了单独使用单体炸药的局面,使炸药品种层出不穷,不仅大幅度提高了弹药的威力,还使弹药的生产和使用更加安全,炸药装药的能量密度提高到一个新的水平。

炸药与装药的发展方向是不断提高能量和使用更加安全,这就要求炸药的综合性能和装药质量不断提高,也促进了炸药与装药技术的持续改善,并进入更高的发展阶段,这将对我国国防事业及国民经济建设带来深远的影响。

第2章 单体炸药概论

2.1 单体炸药的分类

由单一化合物构成的炸药称为单体炸药。

对单体炸药,通常是按照其化学结构来进行分类的,人们发现单体炸药之所以具有爆炸性,是因为分子中含有 $-O-O-O-$、$-NCl$、$N=O$、$N=N$、$-N=C$、$-C\equiv C$ 等基团,这些基团可使化合物具有爆炸性质,故称作"爆炸基团"。

上面所列基团可能使化合物具有爆炸性,但不是所有含有上述爆炸基团的化合物都有爆炸性,其是否具有爆炸性取决于整个分子的结构,而不是某个基团。如一硝基芳烃、多碳烃的一硝基衍生物、高级脂肪醇的一硝酸酯、碱金属的草酸盐就没有爆炸性。

单体炸药按照化学结构可分为硝基化合物、硝胺、硝酸酯、氯酸与过氯酸的衍生物、叠氮化合物及其他化合物等。

1. 硝基化合物

带有 $-NO_2$ 的化合物或带有 $-NO-$ 的亚硝基化合物,如硝酸铵(NH_4NO_3)、三硝基甲苯($C_7H_6(NO_2)_3$)、亚硝酸盐等。

2. 硝胺

含有 $-N-NO_2$ 的化合物称为硝胺,如黑索今($C_3H_6(NNO_2)_3$)、奥克托今($C_4H_8(NNO_2)_4$)等。

3. 硝酸酯

带有 $-O-NO_2$ 基团的有机化合物,如泰安($C_5H_8(ONO_2)_4$)、硝化甘油($C_3H_5(ONO_2)_3$)等。

4. 氯酸与过氯酸的衍生物

带有氯酸根或高氯酸根的化合物,如高氯酸铵(NH_4ClO_4)、氯酸钾($KClO_3$)等。

5. 叠氮化合物

带有 $-N=N-$ 的偶氮(或重氮)化合物或带有 $-N=N\equiv N$ 的叠氮化合物,如叠氮化铅($[Pb(N_3)_2]$)等。

6. 其他化合物

其他化合物包括能够发生爆炸的各种化合物,如含有-N=C-基团的雷酸盐及氰化物、含有-O-O-,-O-O-O-基团的过氧化物及臭氧化物、含有-C≡C-基团的乙炔和乙炔金属化合物、含有-M-C-键的有机金属化合物(草酸银[$Ag_2C_2O_4$])、含有-NX_2基团的化合物等。

从综合性能看,硝基化合物和硝铵性能较全面,是目前应用最广泛,也是最重要的单体军用炸药。如三硝基甲苯(TNT)、环三次甲基三硝胺(RDX)以及这两种单体炸药的混合物,在整个炸药装备中占有极其重要的地位。其次是环四次甲基四硝胺(HMX)及季戊四醇四硝酸酯(PETN)等。第一次世界大战以来,生产和使用过的炸药多为硝基化合物和硝胺化合物,如三硝基酚(PA)、苦味酸铵(D炸药)、三硝基苯、三硝基二甲基苯等,六硝基芪(HNS)、二氨基三硝基苯(DATB)、三氨基三硝基苯(TATB)等,因其具有良好的安定性和耐热性能而受到普遍的重视。硝酸酯类化合物在火药和推进剂中使用较多,如丙三醇三硝酸酯(NG)、硝化纤维素(NC)、硝化乙二醇等。其他单体炸药,如硝酸盐、氯酸盐、高氯酸盐、含氟炸药等,在军事上应用较少。

2.2 炸药的爆炸热化学

炸药的爆热、爆温、燃烧热和生成热均属于热化学的范畴,它是估算炸药能量或做功能力的基本依据。

2.2.1 氧平衡和氧系数

炸药的爆炸和燃烧都可以看作是氧化还原反应,那么炸药分子中的各类元素就可分成氧化剂和可燃剂,即分子中的氧、氟与碳、氢发生氧化还原反应。理想状态下,炸药中的氧化剂与可燃剂全部发生反应,这样就会充分利用炸药本身的能量,但实际上许多炸药的组成却不是这种状况,因此通常用氧平衡或氧系数来衡量炸药分子中各类元素组成是否合理。

氧平衡是指将炸药中的氧化元素全部用来氧化炸药中的可燃元素后多余或不足的氧化元素的量。

对于 CHON 系炸药,其分子式可写成 $C_aH_bO_cN_d$,根据定义,氧平衡可表示为

$$OB = \left[c - \left(2a + \frac{b}{2}\right)\right] \times \frac{16}{M} \tag{2.1}$$

式中　OB——炸药的氧平衡(g/g);

　　　16——氧的相对原子质量(g/mol);

M——炸药的相对分子质量(g/mol);

a,b,c,d——炸药分子中各元素的原子数。

当 $c - \left(2a + \dfrac{b}{2}\right) > 0$ 时,称为正氧平衡;

当 $c - \left(2a + \dfrac{b}{2}\right) = 0$ 时,称为零氧平衡;

当 $c - \left(2a + \dfrac{b}{2}\right) < 0$ 时,称为负氧平衡。

对于 C、H、O、N、F 类型炸药,其分子式可写成 $C_aH_bO_cN_dF_e$,其氧平衡可表示为

$$OB = \frac{\left[c - 2a - \dfrac{1}{2}(b-e)\right] \times 16}{M} \times 100\% \qquad (2.2)$$

当 $c - 2a - \dfrac{1}{2}(b-e) > 0$ 时,为正氧平衡;

当 $c - 2a - \dfrac{1}{2}(b-e) = 0$ 时,为零氧平衡;

当 $c - 2a - \dfrac{1}{2}(b-e) < 0$ 时,为负氧平衡。

上述表达式是考虑全部氟元素反应后,再由氧进行反应后所多余或不足的氧元素的量。

氧系数是指在 CHON 系炸药中,其含氧量与全部氧化炸药中碳、氢所需氧量之比的百分数,即炸药中含氧量与需氧量的相对值,其计算式为

$$A = \frac{c}{2a + \dfrac{b}{2}} \times 100\% \qquad (2.3)$$

常用炸药的氧平衡与氧系数见表 2.1。

表 2.1 一些炸药的氧平衡与氧系数

炸药	元素组成	相对分子质量	氧平衡	氧系数/%
硝化甘油	$C_3H_5O_9N_3$	227.09	+0.035	105.88
泰安	$C_5H_8O_{12}N_4$	316.15	-1.010	85.17
黑索今	$C_3H_6O_6N_6$	222.13	-0.216	66.17
梯恩梯	$C_7H_5O_6N_3$	227.13	-0.740	36.36
苦味酸	$C_6H_3O_7N_3$	229.11	-0.454	51.85
地恩梯	$C_7H_6O_4N_2$	182.13	-1.442	23.53

2.2.2 炸药的热分解

炸药本身是一种亚稳态物质,在任何温度下,都在进行缓慢的热分解,分解速度随着过程的发展而发生变化。

2.2.2.1 炸药热分解的规律

在室温条件下,炸药分子中的活化分子数量较少,处在相对稳定的状态。由于炸药热分解是放热反应,因此随反应温度的升高,活化分子数目增加,分解速度增大,分解现象明显。

热安定性理论对单体炸药的热分解过程分为两个阶段:

1) 初始分解反应阶段

此阶段为热分解初期,分解缓慢,反应速度只取决于炸药的化学结构和温度,生成的产物极少。

在初始阶段,炸药反应速度常数 K 与温度 T 的关系为

$$K = Ae^{-E/RT} \tag{2.4}$$

式中 K ——反应速度常数(1/s);

R ——气体常数;

A ——指前因子(1/s);

T ——温度(K);

E ——炸药分解反应的活化能(J/mol)。

对式(2.4)微分,得到:

$$d\ln K/dT = E/RT^2 \tag{2.5}$$

从式(2.5)可以看出:反应速度常数($\ln K$)随温度的变化速率与活化能(E)成正比。炸药热分解反应的活化能比一般物质反应的活化能大几倍,所以当温度升高时,炸药热分解反应速度增长率比一般物质大得多。

由化学反应动力学原理,反应速度常数 K 与反应时间 τ 的关系为

$$K\tau = \ln[a/(a-x)] = 2.303\log[a/(a-x)] \tag{2.6}$$

式中 a ——反应物的初始浓度;

τ ——反应时间;

$a-x$ —— τ 时刻反应物的浓度。

在估算一种炸药热安定性时,常用半分解期 $\tau_{0.5}$,即 $x=a/2$ 时的反应时间来表征。

由式(2.6)可得

$$\tau_{0.5} = 0.6931/K \tag{2.7}$$

$\tau_{0.5}$ 越长,说明热安定性越好。典型单体炸药在 120℃ 时的半分解期见表2.2。

表 2.2　120℃下,典型单体炸药的半分解期

炸药	$\tau_{0.5}/h$
TNT	5.8×10^6
RDX	1.1×10^6
HMX	7.2×10^5
AN	2.7×10^5
PETN	17

2) 自加速反应阶段

由于炸药热分解反应是放热的,并且反应产物逐渐积累,促进反应自动加速,当药量较多时,可导致爆炸。

自加速反应是决定炸药化学安定性的基本因素。反应较复杂,主要类型有:热积累自加速反应、自由基连锁自加速反应、自动催化加速反应及局部晶核自加速反应等。

2.2.2.2　影响炸药热分解的因素

1) 炸药的结构

炸药分子结构中,化学键的键能越低,热分解速率越快。如硝酸酯炸药的反应速度远远大于硝基类化合物炸药,即使在较低的温度下,硝酸酯炸药的分解速率也很快,一般认为属于自动催化加速反应。

2) 炸药的相变和转晶

炸药晶体由固态融化为液态、晶型转化等过程,都可影响炸药热分解。如高氯酸铵在 240℃发生转晶,使分解温度下降。

3) 添加剂

添加剂可加快或抑制炸药热分解的反应速度,在配方设计时,应特别注意这一特性,以改善炸药的热安定性。

4) 温度

一般情况下,温度升高,分解反应速率增大。温度每升高 10℃,炸药的分解速率大约增加 4 倍。

2.2.3　爆炸反应方程式

建立炸药的爆炸化学反应方程式对于炸药热化学性能及爆轰参数的计算是必不可少的,但由于其反应过程极其复杂,且影响因素诸多,又受到实验设备及测试手段的限制,故确定爆炸产物的真实组成和数量是很困难的,因此只能采用一些经验的近似方法来建立爆炸反应方程式。

所谓建立爆炸反应方程式,就是依据炸药的元素组成来确定炸药爆炸后产

物的成分和数量,下面介绍几种经验方法。

2.2.3.1　B-W法

B-W法是由 S·R·Brinkey 和 E·B·Wilson 提出的,简称 B-W 法。此法是从能量的角度来考虑最有利的反应,以 CHON 型炸药为例,按以下三种情况写出爆炸反应方程式。

第一类炸药,$c \geqslant 2a + \dfrac{b}{2}$

即正氧或零氧平衡的炸药,其原则为可燃元素被完全氧化,其爆炸反应方程式为

$$C_a H_b O_c N_d \rightarrow \frac{b}{2}H_2O + aCO_2 + \frac{d}{2}N_2 + \frac{1}{2}\left(c - 2a - \frac{b}{2}\right)O_2 \quad (2.8)$$

第二类炸药,$2a + \dfrac{b}{2} > c \geqslant a + \dfrac{b}{2}$

即能完全形成气态产物的负氧平衡炸药,其原则是先将氢氧化成水,再将碳氧化成一氧化碳,余下的氧再将一氧化碳氧化成二氧化碳,其爆炸反应方程式为

$$C_a H_b O_c N_d \rightarrow \frac{b}{2}H_2O + \left(c - a - \frac{b}{2}\right)CO_2 + \left(2a - c + \frac{b}{2}\right)CO + \frac{d}{2}N_2$$

$$(2.9)$$

第三类炸药,$\dfrac{b}{2} < c < a + \dfrac{b}{2}$

即含氧量很少,不能全部生成气态产物而出现固体碳的负氧平衡炸药,其原则是先将氢氧化成水,剩余的氧只能将部分碳氧化成一氧化碳,同时有游离的固体碳析出,其化学反应方程式为

$$C_a H_b O_c N_d \rightarrow \frac{b}{2}H_2O + \left(c - \frac{b}{2}\right)CO + \left(a - c + \frac{b}{2}\right)C + \frac{d}{2}N_2 \quad (2.10)$$

2.2.3.2　最大放热原则法

此法是从炸药爆炸时可能放出的最大热量来考虑的,但只适用于正氧和零氧平衡炸药,由于其具有一定的理论意义,在估算爆轰参数时往往采用这种方法写出爆炸反应方程式,其原则是 H_2O-CO_2 形式,即在爆炸产物中无 CO 生成,未能完全氧化的碳均以固态游离出来,其写法如下:

$$C_a H_b O_c N_d \rightarrow \frac{d}{2}N_2 + \frac{b}{2}H_2O + \left(\frac{c}{2} - \frac{b}{4}\right)CO_2 + \left(a + \frac{b}{4} - \frac{c}{2}\right)C$$

$$(2.11)$$

式(2.11)由于未考虑 CO 的形成,故计算出的气体产物的体积是最小的。

例:按照 B-W 法和最大放热原则法分别写出黑索今(RDX)爆炸反应方程式,其分子式为 $C_3H_6O_6N_6$。

按照 B-W 法,由分子式判断属第二类炸药,按照式(2.9)写出爆炸反应方程式为

$$C_3H_6O_6N_6 \rightarrow 3H_2O + 3CO + 3N_2 \tag{2.12}$$

按照最大放热原则法,利用式(2.11)写出爆炸反应方程式为

$$C_3H_6O_6N_6 \rightarrow 3N_2 + 3H_2O + 1.5CO_2 + 1.5C \tag{2.13}$$

2.2.3.3 直接法

按照大量试验结果归纳出的普遍原则,直接写出炸药的爆炸反应方程。直接法的原则如下。

(1) 炸药爆炸时生成的微量产物忽略不计;
(2) 炸药中的氮全部生成氮气;
(3) 炸药中的氧首先将金属元素氧化成金属氧化物;
(4) 炸药中剩余的氧再将氢氧化成水;
(5) 剩余的氧将碳氧化成一氧化碳;
(6) 剩余的氧将一氧化碳氧化成二氧化碳;
(7) 剩余的氧为游离氧。

例:写出泰安的爆炸反应方程式为

$$C_5H_8O_{12}N_4 \rightarrow 4H_2O + 2CO + 3CO_2 + 2N_2 \tag{2.14}$$

2.2.4 炸药的爆热

单位质量炸药爆轰时所释放出的热量称为爆热。炸药爆轰反应将化学潜能以热的形式迅速释放出来,并转化成对周围介质所做的机械功,因此爆热是评价炸药做功能力大小的重要参数,是炸药设计、合成、使用等用到的关键数据。

通常所说的爆热指的是爆炸热,是炸药爆轰瞬间放出的热量与爆轰产物气体绝热膨胀所产生的二次平衡反应热效应(包括由高温冷却到室温所发生的热效应、水蒸气变成液态释放的相变热、产物膨胀所导致的化学平衡移动及反应区后其他化学反应的热效应)的总和,爆炸热决定炸药做功能力的大小。

2.2.4.1 炸药爆热的计算原理

炸药爆热的计算是基于热化学中的盖斯定律。盖斯定律认为在整个化学反应过程中,体积或压力不变,且系统不做任何非体积功时,化学反应的热效应只取决于反应开始和最终状态,而与过程无关,如图 2.1 所示。图中,状态 1、2、3 分别代表标准状态下元素的稳定单质、炸药和爆轰产物。按照盖斯定律,由单质 1 到形成爆轰产物 3 有两条途径:一是由单质 1 生成炸药 2,然后炸药爆炸生成

爆炸产物3;另一条是由单质1生成爆炸产物3。

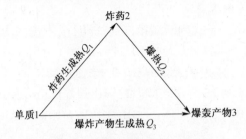

图2.1　计算爆热的盖斯三角形

根据盖斯定律,这两条途径热效应的代数之和是相等的,即

$$Q_1 + Q_2 = Q_3 \tag{2.15}$$

所以炸药的爆热

$$Q_2 = Q_3 - Q_1 \tag{2.16}$$

式中　Q_1——炸药的生成热;

Q_2——炸药的爆热;

Q_3——爆炸产物的生成热。

通常文献给出的爆轰产物生成热为定压生成热,按上式算出的也为定压爆热,但炸药的爆轰接近于定容过程,一般所说的爆热也是定容条件下的反应热,因此要换算成定容爆热。

根据热力学知识,

定容反应热:

$$Q_V = -\Delta E \tag{2.17}$$

定压反应热:

$$Q_P = -\Delta H \tag{2.18}$$

根据焓的定义:

$$H = E + pV \tag{2.19}$$

在定压的情况下,

$$\Delta H = \Delta E + p\Delta V \tag{2.20}$$

由定义得到:

$$-Q_P = -Q_V + p\Delta V \tag{2.21}$$

即

$$Q_P = Q_V + p\Delta V \tag{2.22}$$

若反应前后的物质为理想气体,且反应前后的压力和温度不变,则反应前有 $pV_1 = n_1RT$,反应后有 $pV_2 = n_2RT$,由此得到

$$Q_V = Q_P + \Delta nRT \tag{2.23}$$

式中　Δn——反应前后气体摩尔数之差;

R——普适气体常数,取 $R = 8.314$ J/mol。

若用298K时的生成热,则为

$$Q_V = Q_P + 2.477\Delta n \tag{2.24}$$

式中 Q_V——定容爆热(kJ/mol);

Q_P——定压爆热(kJ/mol);

Δn—— 1mol 炸药生成的气态爆轰产物量(mol/mol)。

从爆热的计算公式可以发现,如果知道爆轰产物的组成,则可先写出炸药的爆炸反应方程式,再通过盖斯定律计算出炸药的爆热。

例:计算 RDX 的爆热。

解:

(1) 写出爆炸反应方程式:

RDX($C_3H_6O_6N_6$)为轻微负氧,即

$$2a + b/2 > c \geqslant a + b/2$$

则有:$C_3H_6O_6N_6 \rightarrow 3H_2O + 3CO + 3N_2 + Q$。

(2) 查表得炸药和爆炸产物的生成热:

RDX:-76.62 kJ/mol;H_2O(气):242 kJ/mol;CO:110.46 kJ/mol。

(3) 计算 Q_V:

$$Q_V = Q_P + 2.477\Delta n = Q_{爆轰产物} - Q_{炸药生成热} + 2.477\Delta n$$

$Q_V = 3 \times (242 + 110.46) - (-76.62) + 2.477 \times 9 = 1156.3$ kJ/mol

RDX 的爆热为:$Q_V = 1156.3 \times 1000/222 = 5209$ kJ/kg。

2.2.4.2 生成热的计算

对于没有生成热数据的炸药,可用其燃烧热来计算。方法如下:

(1) 写出完全燃烧反应方程式:

$$C_aH_bO_cN_d + fO_2 \rightarrow CO_2 + b/2 H_2O + d/2 N_2 + Q_{P_c} \tag{2.25}$$

其中,f 可按物料平衡关系式计算:

$$2a + b/2 = c + 2f \tag{2.26}$$

(2) 按照盖斯定律计算炸药生成热(同爆炸反应),如图2.2所示。

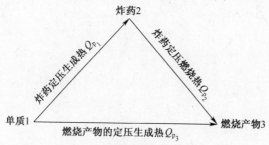

图 2.2 燃烧热的盖斯三角形

图中关系可表示成如下等式：
$$Q_{P_1} = Q_{P_3} - Q_{P_2} \tag{2.27}$$
$$Q_{P_3} = aQ_p(CO_2) + b/2Q_p(H_2O) \tag{2.28}$$

式中 Q_{P_1}——炸药定压生成热；

Q_{P_3}——炸药燃烧产物的定压生成热，可由各产物的生成热按式(2.28)计算；

Q_{P_2}——炸药定压燃烧热，可由试验测得。

2.2.4.3 提高炸药爆热的途径

1) 改善炸药的氧平衡

零氧和正氧平衡的炸药，其主要爆轰产物是完全燃烧产物，具有较大的生成热，但氧含量太多，不仅不能提高爆轰产物的生成热，反而增加了炸药质量。

2) 加入具有高热值的可燃剂

可燃剂主要是具有高热值金属粉。这些金属元素的作用包括：夺取CO、CO_2、H_2O中的O，生成具有更高生成热的氧化物；与爆轰产物中的N_2反应，生成金属氮化物，放出更多的热量。

3) 对负氧平衡的炸药可提高装药密度

炸药爆轰时，随装药密度的增加，压力增加，使反应平衡向生成物方向移动，爆热增加。

2.2.5 炸药的爆温

炸药爆轰时放出的热量将爆轰产物加热到的最高温度称为爆温。它取决于炸药爆轰时放出的热量和产物的组成，是炸药爆轰性能的重要标志量。

2.2.5.1 爆温的计算

目前爆温的测量方法很不精确，一般采用理论计算。理论计算时，需假设爆炸过程是定容和绝热的，爆热全部用于加热爆轰产物。然后利用内能和热焓数据计算炸药在常温、常压下(298K、$1.013×10^5$Pa)的爆温。

$$Q_V = \left(\sum n_i \Delta H_{0i}\right)_g + \left(\sum n_j \Delta E_{0j}\right)_s - \sum n_i R(T_V - 298) \tag{2.29}$$

式中 $\left(\sum n_i \Delta H_{0i}\right)_g$——各气体产物组分从298K升到$T_V$时热焓增量之和，$H_{0i}$可查表；

$\left(\sum n_j \Delta E_{0j}\right)_s$——各固体产物组分温度从298K升到$T_V$时所获的内能增量之和，$E_{0j}$可查表；

n_i、n_j——气体、固体产物某组分的摩尔数。

另外，也可利用热容数值计算炸药的爆温。

2.2.5.2 改变爆温的途径

（1）加入高反应热的金属粉，可提高爆温；
（2）热容量大的物质可使爆温降低，如氯化物、硫化物、草酸盐等。

2.2.6 炸药的爆容

单位质量炸药爆炸时生成的气态产物在标准状态下所占有的体积称为比容，也称为爆容。爆容是评价炸药做功能力的重要参数，一般可用气态产物在标准状态下的体积来代表爆容（固态产物太少，可忽略不计）。

$$V = 22.4 \sum n_{i,g} \tag{2.30}$$

式中 $n_{i,g}$——爆轰产物中气体产物各组分的摩尔数（mol/kg）；
V——炸药的爆容（L/kg）。

2.3 炸药的感度

炸药受到外界能量作用时发生爆炸的难易程度称为炸药的感度，此外界作用的能量也称为初始冲能或起爆能。

外界能量的形式主要有：机械作用（包括撞击、摩擦、针刺、射击等）；热作用（包括直接加热、火焰、电火花）；冲击波作用；爆轰波作用；静电作用及其他作用（包括光照射、离子、电子、中子、核碎片、超声波等）。与上述外界作用相对应，炸药具有机械感度、热感度、冲击波感度、爆轰感度、光感度、静电感度等。

不同的炸药对相同种类的外界作用具有不同的感度，如碘化氮只需羽毛轻轻接触就会爆炸，而步枪子弹穿过梯恩梯也不爆炸。另外，炸药对于外界作用的感度是有选择的，如氮化铅的热感度比梯恩梯低，但机械感度则比梯恩梯高很多。

研究炸药的感度对于合理使用炸药、避免发生意外爆炸具有重要意义：既要保证炸药能够安全生产和使用，又要求炸药有适当的感度，以便在需要的时候能够准确可靠地起爆。

2.3.1 炸药的热感度

炸药在热作用下发生爆炸的难易程度称为炸药的热感度。典型的外界热作用形式有两种：一种是均匀加热，另一种是火焰点火。

2.3.1.1 炸药在热作用下发生爆炸的机理

炸药受热时，由于自催化反应、自由基链锁反应、热积累而加速分解，可导致爆炸。如果两种机理叠加，如热积累与自催化、热积累与连锁反应，反应将更快，最终导致爆炸。

生产过程中,炸药的干燥、融化以及储运过程中的高温辐射等,对炸药的性能都有影响,因此对炸药的热感度要有一定的要求。

2.3.1.2 炸药热感度的测试方法

1) 爆发点

炸药在一定试验条件下开始发生爆炸时的最低环境温度。

2) 延滞期

在不同的恒定温度下,测量炸药从开始受热到发生爆炸的时间,也称为爆炸延滞期。常用 5s 延滞期来判断炸药的热感度。

爆发点 T 和延滞期 β 的关系为

$$\ln\beta = \ln c + E/RT \tag{2.31}$$

式中　c——常数;
　　　E——与炸药爆炸反应有关的活化能(J/mol);
　　　R——气体常数;
　　　T——爆发点(K)。

3) 火焰感度

点火药、发射药、起爆药要求火焰感度适当,猛炸药要求火焰感度低。火焰感度随火焰初温升高而升高,随压力增加而升高。

2.3.2 炸药的机械感度

炸药在机械作用下发生爆炸的难易程度称为机械感度。

2.3.2.1 炸药在机械作用下的爆炸机理

目前比较公认的是热点学说:当炸药受到机械作用时,首先机械能转变成热能,由于机械作用是不均匀的,热能只集中在一些局部的小区间,这些温度很高的微小区间成为热点。在热点处炸药发生分解,由于反应的放热性,使分解急剧加快,如果热点的数目、尺寸(试验测得热点尺寸为 $10^{-4} \sim 10^{-3}$ mm,存在时间为 $10^{-3} \sim 10^{-5}$ s)及温度达到炸药的爆炸临界值时,就可以引起爆炸。

热点产生的途径如下:

(1) 炸药中含有微小气泡的绝热压缩形成热点:由于气体可压缩性大,气泡受压后温度升高形成热点,可把周围炸药引爆。

(2) 炸药受到机械作用时,炸药晶粒之间的摩擦、炸药与固体杂质或金属之间的摩擦,均可形成热点而发展成爆炸。

(3) 机械作用下,液体炸药(或低熔点炸药)被挤压产生黏滞流动,形成热点。

(4) 在没有气泡的情况下,炸药在受到撞击挤压时,使部分炸药融化,并在炸药颗粒之间发生黏性流动,各层炸药之间产生摩擦、升温,也可能形成热点。

2.3.2.2 撞击感度

炸药在机械撞击下发生爆炸的难易程度称为炸药的撞击感度。在炸药制造、运输和使用过程中,都会遇到机械撞击作用,可能导致爆炸,因此撞击感度是炸药非常重要的一个感度特性。

炸药受撞击时,撞击压力引起炸药的流动加快、炸药的内外摩擦力增加等,形成热点,导致炸药爆炸。

撞击感度的表征采用落锤仪,将试样放在上下击柱之间,承受一定重量的落锤从不同高度落下的撞击作用,观察试样是否发生分解、燃烧或爆炸,以爆炸百分数或特性落高值(H_{50})表征炸药的撞击感度。

2.3.2.3 摩擦感度

炸药在机械摩擦下,发生爆炸的难易程度称为炸药的摩擦感度。

在实际加工和处理炸药时,炸药经常受到摩擦。固体相互压紧时只在表面不平的突出点上发生接触,若两个固体互相滑动,则摩擦所产生的热集中在接触点上。在这些点上所形成的热点的温度取决于压力、滑动速度和物体的导热性。压力、滑动速度增加,摩擦力升高,产生热点的概率增大;物体的导热性低,热量不易释放,产生热点的概率也增加。

摩擦感度的表征采用摩擦摆,试样放在上下击柱之间,在一定载荷的摆锤打击下,上下击柱发生水平移动产生摩擦,观察试样是否发生分解、燃烧或爆炸,以爆炸百分数表征炸药的摩擦感度。

2.3.3 炸药的爆轰感度

实际使用炸药时,通常是采用雷管爆轰引爆炸药,或雷管引爆传爆药,再由传爆药引爆炸药。被引爆的炸药、传爆药和雷管中的炸药都存在爆轰感度的问题。实际的起爆过程是强冲击波作用、雷管炸药和传爆药爆炸产物、雷管破片的综合作用。

2.3.3.1 炸药爆轰感度的测试

炸药爆轰感度的大小用最小起爆药量表示:炸药的装药量、装药密度、装药直径一定,通过改变起爆药的装药量,得到使炸药达到完全爆轰所需的最小起爆药量。

2.3.3.2 影响炸药爆轰感度的因素

(1) 炸药本身的性质。
(2) 炸药的颗粒度:粒度减小,爆轰感度升高。
(3) 炸药装药密度:密度升高,爆轰感度降低。
(4) 炸药装药温度:温度升高,爆轰感度升高。

2.3.4 冲击波感度

炸药的冲击波感度是指炸药在冲击波作用下发生爆炸的难易程度。冲击波感度是研究炸药的起爆、传爆、隔爆的重要特性,对于弹药的设计、生产、使用、储存都具有重要意义。炸药的冲击起爆性能和传爆性能是用冲击波感度来衡量的。

2.3.4.1 均相炸药冲击波起爆机理

均相炸药冲击波起爆符合热起爆机理:当平面冲击波传入均相炸药时,波所经过平面上的全部炸药质点被冲击压缩升温至爆炸。

均相炸药以临界起爆压力(P_k)作为起爆判据。临界起爆压力是指能引起炸药爆轰的冲击波临界参数,是使炸药50%爆炸时加载面处的冲击波压力。

$$P_k = \rho_0 D_X [(D_X - a)/b] \tag{2.32}$$

式中 D_X——加载面冲击波速度;
ρ_0——装药密度;
a、b——常数。

2.3.4.2 非均相炸药冲击波起爆机理

非均相炸药冲击波起爆也符合热点起爆机理。炸药中的空气隙和气泡在冲击作用下的绝热压缩过程,炸药颗粒、炸药与杂质之间,由于冲击波作用而发生的摩擦;炸药晶粒在冲击剪切应力作用下,晶体表面断裂或层裂,晶体位错、变形,直至发生原子键断裂过程;冲击波与炸药中的密度间断发生相互作用,产生流体力学现象,如射流、空穴塌陷、冲击波的分离和碰撞、反射、叠加等都可导致热点的形成。

非均相炸药以临界起爆能(E_c)作为起爆判据。临界起爆能是指临界起爆情况下,炸药吸收的能量。量值上等于单位面积飞片对炸药所做的功。

$$E_c = P^2 t \times 1/\rho_0 D_X \tag{2.33}$$

式中 P——冲击波速度;
t——冲击波加载时间。

2.3.4.3 炸药的冲击波感度测试方法

炸药冲击波感度一般采用隔板法评估。隔板材料可用空气、蜡、有机玻璃、铝、醋酸纤维板等。主发炸药爆轰所产生的冲击波经过一定厚度的惰性隔板衰减后输出。通过调整隔板厚度得到被测药柱50%爆炸的隔板厚度,此厚度作为表示冲击波感度大小的示性数。隔板越厚,输出的冲击波越弱,说明被测药柱所需能量越小,即冲击波感度越高;反之,冲击波感度越低。被测炸药是否被引爆由见证板是否被击穿来判断。

2.3.4.4 影响炸药冲击波感度的因素

(1) 炸药本身的性质。
(2) 炸药装药密度:密度升高,冲击波感度降低。
(3) 炸药的结构、粒度等:结构不均匀、粒度小易吸收冲击波能,感度高。

总之,有利于形成热点的因素都可使冲击波感度增加,因此要降低炸药冲击波感度,需采用提高装药质量及装药密度、钝感技术等措施,防止热点的形成。

2.3.5 炸药的殉爆

殉爆是指炸药爆轰时,引起周围一定距离处的炸药发生爆炸的现象。研究炸药的殉爆,可以给炸药、弹药生产车间和弹药仓库的布局、工程爆破的设计及工程爆破中爆轰的稳定连续进行提供数据。

炸药的殉爆性能用殉爆距离及殉爆安全距离表征。殉爆距离是指主爆炸药爆炸使被爆炸药100%发生爆炸的最大距离;殉爆安全距离是指主爆炸药爆炸使被爆炸药100%不发生爆炸的最小距离。

2.3.5.1 引起殉爆的原因

1) 主爆炸药的冲击波引起被爆炸药发生殉爆

主爆炸药爆轰后,冲击波经过空气等惰性介质衰减,当其冲击波压力大于被爆炸药的临界起爆压力时,发生殉爆。

2) 主爆炸药的爆轰产物引起被爆炸药发生殉爆

当主爆与被爆炸药距离较近时,其间没有水、沙土、金属等密实介质阻挡,爆轰产物可直接冲击被爆炸药,发生殉爆。

3) 主爆炸药爆轰时抛出的物体冲击被爆炸药发生殉爆

主爆炸药爆轰时抛出的金属破片、飞石以很高的速度冲击被爆炸药,发生殉爆。

在实际过程中下,可能是以上两种或三种因素的综合作用,但一般情况下最重要的是冲击波的作用。

2.3.5.2 影响炸药殉爆的因素

1) 主爆炸药

主爆炸药的爆轰性能好,装药密度大,药量大,带有外壳时,殉爆距离增大。

2）被爆炸药

被爆炸药的爆轰感度大,装药密度低,粒度小时,殉爆距离增大。

3）惰性介质的性质

沙、土、水、空气等惰性介质对冲击波、爆轰产物、飞片等有吸收、衰减、阻挡的作用,介质越稠密,殉爆距离减小越明显,因此可用土围墙隔离工房。

另外,炸药之间用管道连接有利于殉爆,所以在危险工房和实验室之间不能用串联通风管道。

4）装药直径

装药直径加大,容易发生殉爆。

2.3.6 炸药的枪击感度

炸药的枪击感度是指炸药在步枪射击下,是否发生燃烧或爆炸的难易程度。考核炸药枪击感度的主要目的是防止弹药被子弹击中着火或爆炸,因此要求弹药对子弹射击不敏感。

炸药的枪击感度通过 7.62mm 口径步枪,对 25m 外的药柱（$\phi 60mm \times 60mm$）进行射击,检验药柱是否燃烧或爆炸。

有壳体的情况下,子弹的高速撞击,使壳体发生强烈的变形和破坏,容易导致燃烧和爆炸,另外,有壳体的弹药更容易燃烧转爆轰。

2.3.7 炸药的静电感度

炸药的静电感度是指炸药在静电火花作用下,发生燃烧或爆炸的难易程度。炸药的静电感度包括两层含义:①摩擦作用下,产生静电的难易程度、带电量多少;②静电放电火花作用下,发生爆炸的难易程度。有的炸药摩擦时容易产生静电,但对电火花作用不一定敏感,但实际生产过程中,必须保证既要消除静电,又要防止静电火花的产生,才能更好地保证安全。

绝大多数炸药都是绝缘物质,电阻率在 $10^{12}\Omega/cm$ 以上,因此炸药颗粒之间、炸药与其他物体之间发生摩擦都会产生静电,形成高电压,在适当条件下就会放电,产生电火花,当火花能量达到一定值时,就可能引燃或引爆炸药（见表 2.3）。

表 2.3　不同静电压时炸药的爆炸概率

炸药	静电压				
	0.5kV	1.0kV	1.5kV	2.0kV	2.5kV
TNT/%	18	50	68	83	100
RDX/%	0	13	20	38	55

静电是火炸药生产中发生事故的重要原因,特别是在有炸药粉尘、炸药蒸汽、溶剂蒸汽及筛选、管道输送、热风干燥时,都容易产生静电。另外,炸药生产和加工过程中,不可避免地会发生摩擦(如炸药的粉碎、混合、筛选、运送等),在炸药筛选中静电压高达数万伏,操作人员穿尼龙衣服在干燥的房屋走动,可能产生几百伏的静电,当静电量积累到足够大时,一旦放电产生火花即可引爆炸药。

2.3.8 炸药对光的感度

某些炸药(特别是起爆药)在适当波长的光照射下发生分解,若光的强度足够就会发生爆炸。发火点低的炸药起爆所需的光能也低,颜色深的炸药对光的反射较少而吸收的较多,其光感度要比淡色炸药敏感。

激光的亮度极高,比太阳表面亮度高 10^{10} 倍,能量高度集中,为平行光速,颜色极为单纯。用激光照射可以不用起爆药直接引爆炸药,大大提高了安全性和可靠性。

激光起爆炸药的机理属热点起爆,主要的形式有两种:①激光辐射到炸药上,由于激光束的电场强度对炸药有击穿作用,激光脉冲的光能变成热能,在炸药中形成热点;②炸药受到激光辐射后,除了部分光能被反射,大部分被炸药表面吸收,辐射能转变成热能进而形成热点。

炸药表面对激光的反射率的大小及表面微观形貌都对激光感度有影响。炸药表面反射率高,激光感度下降;炸药颗粒尺寸小,比表面积大,装药密度低等因素,都可能使激光感度升高。

2.4 炸药的安定性与相容性

2.4.1 炸药的安定性

炸药的安定性是指炸药在一定条件下保持其物理、化学和爆炸性质不发生显著变化的能力。炸药的安定性对于炸药的使用和储存具有重要意义。炸药的安定性分为物理安定性(保持物理状态的能力)和化学安定性(保持化学性质不变的能力)。

2.4.2 炸药的相容性

炸药的相容性是指炸药与材料混合或接触后,保持其物理、化学性质和爆炸性质不发生明显变化的能力。炸药中各组分之间的相容性称为内相容性,炸药与接触材料的相容性称为外相容性。炸药与材料的相容性不好,会使炸药安定性下降、爆发点下降、机械感度增加、爆轰感度改变、接触材料被腐蚀等。

2.4.3 炸药安定性及相容性的测试方法

炸药发生分解、安定性下降或炸药与材料不相容时,会出现放热、放出气体、失重等现象。因此通常采用测量气体、热量、失重和热分析等方法评估炸药的安定性与相容性。常用的几种测试方法有如下三种。

2.4.3.1 100℃加热试验

药量0.6g,在100℃条件下,进行2个48h加热试验,记录每个48h的失重量,若第二个48h失重量大于第一个48h,说明炸药分解有加速趋势,反之则较稳定。

2.4.3.2 真空安定性试验

真空安定性试验是各国普遍采用的一种方法,作为炸药热安定性的主要依据。

药量5g,在100℃条件下,加热40h或48h,若放气量小于2mL/g,表明安定性合格。但此标准较低,实际难以满足长期储存的要求。

2.4.3.3 差热分析

用热分解图分析分解情况。

应当注意,对一种炸药进行安定性评价时必须注意试验条件,并用多种试验结果进行综合评价,以便得到较为正确的结论。单一试验结果不能完全表明炸药的安定性。常用的评价方法是,与已经过长期储存并证明安定的炸药相比较。其中泰安的热安定性常作为标准进行比较。如低于泰安则需进行接近实际储存条件的加速试验,取得充分依据,证明能满足实际使用和储存的需要才能应用。

2.5 炸药的力学性能

炸药的力学性能是一项重要的使用性能。弹药要求炸药不仅要高威力,还要有良好的物理力学性能,以保证药柱在车削、切锯、粘接、装配、运输、储存及使用过程中有良好的机械强度和环境适应性。

炸药是一种脆性或黏弹性物质,它的力学性能是时间、温度、加载速度的函数。其力学性质对炸药应用的影响很大,如炸药在注装和压装中的成型性能、装药密度和密度的均匀性取决于炸药本身的流变性;炸药在长储中尺寸的稳定性与炸药的蠕变性有关;装药的可加工性与炸药力学行为有关,而以上性能在很大程度上取决于添加剂的性质。若一种炸药药柱机械强度差,其应用就会受到严重限制。所以炸药柱的力学性能是评价炸药成型性能的重要指标。

炸药柱的力学性能主要包括药柱的抗压强度、抗拉强度、抗剪强度及尺寸稳定性等。

2.5.1 抗压强度

将一定形状、尺寸的药柱放在材料试验机上,使药柱端面受力,直至破坏时,药柱单位面积上所承受的最大压力称为在该试验条件下药柱的抗压强度。

$$\sigma_\alpha = P/S \tag{2.34}$$

式中 σ_α——药柱的抗压强度(MPa);
　　P——药柱破坏时承受的最大压力(N);
　　S——药柱试验前的横截面积(mm^2)。

2.5.2 抗拉强度

将一定形状、尺寸的药柱放在材料试验机上,沿药柱的轴线方向施加拉伸载荷,药柱断裂时的拉力载荷为药柱的抗拉强度。

$$\sigma = P/S \tag{2.35}$$

式中 σ——药柱的抗拉强度(MPa);
　　P——药柱断裂时承受的最大拉力载荷(N);
　　S——药柱断裂处的横截面积(mm^2)。

2.5.3 抗剪强度

当剪切力达到某一极大值时,药柱就会被剪断,此剪切力为炸药的抗剪强度。

$$\tau = F/S \tag{2.36}$$

式中 τ——药柱的抗剪强度(MPa);
　　F——最大剪切力载荷(N);
　　S——剪切力作用面积(mm^2)。

2.5.4 尺寸稳定性

炸药在储存期间,由于环境温度、湿度、压力的变化,炸药可发生渗油、裂纹、挥发、膨胀、蠕变等,使药柱尺寸产生不可逆变化,进而使药柱密度和尺寸不符合要求,影响发射安全性而不能使用。

药柱尺寸稳定性采用以下试验方法测定。

1. 药柱高低温环境试验

在高温(50℃)、低温(-40℃)环境条件下,将药柱放置4h后回至常温,观察药柱表面有无裂纹或气孔的变化。

2. 药柱线膨胀系数测定

线膨胀系数对于药柱的热应力计算、战斗部设计、装药工艺选定、弹药的储存、使用条件的确定、装药密度的修正等都有重要的实用价值。根据有关定义,线膨胀系数可表述为:

$$\alpha(T) = \mathrm{d}l/l_0 \mathrm{d}T \tag{2.37}$$

式中 $\alpha(T)$——药柱在 T 时的线胀系数(K^{-1});

l_0——药柱在 T_0 时的长度(mm);

T——绝对温度(K)。

2.5.5 影响炸药力学性能的因素

1) 装药密度对抗压强度的影响

对于同一种炸药来说,装药密度高,由于药柱结构均匀性好,装药空隙少,药柱的抗压强度就高。

以8701炸药为例,其抗压强度与密度的关系见表2.4。

表2.4 不同装药密度下,8701炸药的抗压强度测试结果

$\rho/(\mathrm{g/cm^3})$	$\sigma_a/(\mathrm{MPa})$
1.686	45
1.710	83
1.724	98

2) 温度对药柱力学性能的影响

由于炸药组分中增塑剂的作用,温度升高,抗压强度和抗拉强度下降。比如DNT随温度升高,对黏结剂的增塑作用提高,使黏结剂的强度明显下降。但使用温度系数小的液体增塑剂对黏结剂的增塑作用变化不大,药柱的强度也变化不大。

3) 黏结剂相对分子质量对塑料黏结炸药药柱力学性能的影响

黏结剂相对分子质量升高,药柱的刚度上升,抗压强度及抗拉强度升高。

2.6 炸药的爆轰参数

炸药的爆轰参数包括爆热、爆温、爆容、爆速及爆压等。爆热、爆温、爆容等参数在炸药热化学中已进行了阐述,本节主要介绍爆速、爆压的有关知识要点。

2.6.1 炸药的爆速

炸药的爆速(D)是指爆轰波在炸药中的传播速度。

爆轰波是沿炸药一层一层进行传播的强冲击波,在传播时炸药受到高温高

压作用,产生高速放热化学反应,释放的能量又支持爆轰波对下一层未反应的炸药进行冲击压缩,使爆轰波能够持续稳定地传播下去。所以爆轰波是带有一个高速化学反应区的强冲击波,并以大于介质中声速的速率沿炸药传播。

影响炸药爆速的主要因素如下:

1) 炸药密度

大量的理论研究和试验验证表明,炸药的爆速与装药密度呈线性关系:

$$D = a + b\rho_0 \tag{2.38}$$

式中　D——炸药的爆速(m/s);

　　　ρ_0——炸药的装药密度(g/cm³);

　　　a、b——常数。

从爆速与密度关系可见,提高装药密度是提高炸药爆速的有效手段。另外,炸药的爆速是在某一特定密度下的爆速,离开装药密度,爆速是没有任何实际意义的。

2) 药柱结构

在相同密度下,制备方法不同,可能导致爆速不同。比如,由于空隙效应的影响,一般情况下,压装工艺生产的药柱爆速大于相同密度下注装药柱的爆速。

3) 药柱直径

装药直径大于临界直径(爆轰能稳定传播的最小装药直径)时,爆轰能稳定传播下去;装药直径大于或等于极限直径(装药直径增大时,爆速不再增加的最小直径)时,爆速达到最大。

炸药爆速的测试采用探针法或高速摄影法。测试原理、方法及判定准则,可参考有关专著,本书不再赘述。

2.6.2　炸药的爆压

炸药的爆压(P_{CJ})是指爆轰波 CJ 面上的压力。

爆压常用如下经验公式计算:

$$P = 1.558\Phi\rho_0^2 \tag{2.39}$$

式中　P——炸药的爆压;

　　　Φ——炸药的特性值;

　　　ρ_0——炸药的装药密度。

影响炸药爆压的主要因素有装药密度和爆速。一般来说,炸药的爆压与装药密度的二次方及爆速的一次方成正比。因此,提高装药密度也是提高炸药爆压的有效手段。

炸药爆压的测试采用黑度法、自由表面速度法、空气冲击波法、水箱法、阻抗匹配法、电磁法和锰铜压阻计法等。测试原理、方法及判定准则,可参考有关专著,本书不再赘述。

2.6.3 爆轰参数与目标毁伤效应的关系

2.6.3.1 破片速度

炸药爆轰参数与破片速度的关系是杀伤弹装药设计的依据。爆炸能量如何有效转变成金属动能是估算战斗部金属破片的飞散速度、评价炸药能量和选用炸药重要依据。

一般认为,金属破片速度可以表述为

$$V = \{2E[c/M/(1+c/M)]\}^{1/2} \tag{2.40}$$

式中 V ——炸药爆轰加速金属破片的速度(m/s);

E ——炸药爆轰时单位质量释放的能量(J/kg);

c ——炸药装药质量(kg);

M ——被加速的金属质量(kg)。

$\sqrt{2E}$ ——格尼速度,E 可通过炸药组成用热力学方法计算。

大量实验数据表明,破片速度与爆轰参数的关系可简化为如下经验公式:

$$V = -200 + 0.1918D \quad (r = 0.9747) \tag{2.41}$$

$$V^2 = 22514 + 5639P \quad (r = 0.9832) \tag{2.42}$$

式中 V ——炸药爆轰加速金属破片的速度(m/s);

D ——炸药的爆速;

P ——炸药的爆压。

从经验公式可见,炸药爆速、爆压的提高,可有效提高破片速度,增加对目标的破坏效应。

2.6.3.2 聚能效应

大量实验数据表明,破甲深度与爆轰参数的关系可用如下经验公式表述:

$$L = -194 + 0.04354D \quad (r = 0.8459) \tag{2.43}$$

$$L = 26.5 + 0.4485P \quad (r = 0.8692) \tag{2.44}$$

式中 L ——破甲深度;

D ——炸药的爆速;

P ——炸药的爆压。

从经验公式可见,炸药爆速、爆压的提高,可有效提高聚能破甲深度。

2.6.3.3 空中爆炸参数

炸药爆炸在空气中的破坏能力通常以冲击波的峰值压力 P_{max} 和冲量 I 来表示。试验数据表明,爆轰参数与炸药爆热有关,经验公式为

$$P_{\max} = 26.3752 + 0.0638Q \quad (r = 0.9274) \tag{2.45}$$
$$I = 19.0756 + 0.0767Q \quad (r = 0.9694) \tag{2.46}$$

式中 $P_{\max}$——冲击波的峰值压力；
  I——冲量；
  Q——炸药的爆热。

从经验公式可见,炸药爆热的提高,可有效提高空中爆炸冲击波峰值压力和压力冲量。

2.6.3.4 水中爆炸参数

炸药在水中爆炸总能量 Q 由冲击波能 E_s、气泡能 E_b、热损失 E_x 组成,水下爆炸作功的有效能为

$$Q - E_x = E_s + E_b \tag{2.47}$$

试验数据表明,冲击波能、气泡能的大小与炸药爆热有关,经验公式为

$$E_s = 39.4638 + 0.0686Q \quad (r = 0.9596) \tag{2.48}$$
$$E_b = 60.1128 + 0.0397Q \quad (r = 0.9829) \tag{2.49}$$
$$E_s + E_b = 99.5766 + 0.1083Q \quad (r = 0.9838) \tag{2.50}$$

从经验公式可见,炸药爆热的提高,可有效提高炸药水中爆炸冲击波能及气泡能。

综上所述,炸药的爆炸性质对不同破坏目标的作用有很大区别:近距离的破坏效应(聚能效应、破片驱动)随炸药的爆压改变;较远距离的作用(空气中、水下)主要取决于炸药的爆热。爆速的影响不明显,但对估算爆压是有用的,也是能量速度释放的表征参数。可根据不同目标的需求,选择和设计不同性能炸药。

2.7 炸药的做功能力

炸药爆炸时,生成高温高压的爆炸产物,在对外膨胀时,压缩周围的介质,使周围的介质变形、破坏、飞散而做功。理论上讲,炸药的做功能力,即炸药的位能只决定于炸药的爆热;实际上,只有大量的气体产物生成,才可以把热能转化成机械功,因此炸药的实际做功能力取决于爆热和爆容。炸药的做功能力一般用威力表示。通过试验测试,威力的大小与爆轰参数关系的经验公式为

$$A = 3.65 \times 10^{-4} Q_V V \tag{2.51}$$

式中 A——炸药的做功能力；
  Q_V——炸药的爆热；
  V——炸药的爆容。

上式表明,威力与炸药爆热、爆容有直接关系,提高炸药的爆热及爆容是改善炸药威力的有效途径。

炸药做功能力的测定采用铅铸扩孔法、弹道臼炮法及水下爆炸试验等进行，详细的测试过程可参考有关专著。

2.8 炸药的猛度

炸药猛度是指炸药爆炸时，粉碎与其接触介质的能力。从猛度的定义可以看出，炸药猛度的物理意义是指爆炸产物作用在与爆轰波传播方向垂直的单位面积上的冲量。也就是说，当作用时间较长时，对目标的破坏作用主要取决于爆轰产物的压力，作用时间较短时，对目标的破坏作用不仅与爆轰产物的压力有关，而且与压力对目标的作用时间有关。

研究表明，炸药猛度受装药密度、组分尺寸及储存时间的影响较大。一般来说，炸药猛度与装药密度成抛物线关系（$I=A\rho+B\rho^2$，其中，A、B 为常数）；炸药组分的颗粒尺寸小，猛度高，不稳定的炸药随放置时间加长，猛度降低。这些都是在炸药应用过程中重点考虑的问题。

2.9 炸药分子结构与性能的关系

2.9.1 炸药分子结构与晶体密度的关系

炸药的密度是指单位体积炸药所具有的质量，对爆速、爆压、爆容、爆热、猛度及比容等参数有重要影响。炸药的结晶密度是指炸药单位晶体所具有的质量，是设计和计算炸药配方的最基本的参数之一。炸药的结晶密度可以认为是炸药的理论密度，一般的装药密度是达不到的，因此炸药的结晶密度越高，炸药的装药密度就可以提高得越多，从而使得炸药的爆轰性能得以改善或提高。为了设计或合成出具有较高密度和较好爆炸性能的炸药，就必须了解炸药的分子结构与密度的关系以及估算的方法。

对炸药结晶密度的估算有摩尔体积法、摩尔折射度法和结晶化学法等。下面仅以摩尔体积估算炸药结晶密度的方法为例，研究炸药分子的结晶结构与密度的关系。

炸药的结晶密度用 1mol 炸药的质量与其所占的体积之比求得，其关系式为

$$\rho_{\max} = M/V \tag{2.52}$$

式中 $\rho_{\max}$——炸药的结晶密度；

M——炸药的相对分子质量；

V——炸药的摩尔体积。

由于相对分子质量的计算比较简单，而 V 的精确计算比较困难，有人提出用基团加和法计算炸药及其相关化合物的摩尔体积，从而估算其密度，即：

$$\rho_{max} = \sum M_i / \sum V_{mi} \qquad (2.53)$$

式中 M_i——炸药分子中第 i 个原子或基团的量；

V_{mi}——炸药分子中第 i 个原子或基团的体积。

芳香族化合物基团的摩尔体积值见表 2.5。

表 2.5 芳香族化合物基团的摩尔体积值

基团结构	基团的摩尔体积/(cm³/mol)
C*①-NO₂	29.697
C*-H	11.876
C*-OH	16.019
C*-CH₃	25.963
C*-NH₂	15.663

注：①C* 表示芳香族碳原子

例：计算梯恩梯的结晶密度。

已知 TNT 的相对分子质量 $M = 227.13$，结构式为

解：根据 TNT 结构式可知，其分子含有 2 个 C*-H 基团、3 个 C*-NO₂ 基团、1 个 C*-CH₃ 基团，查表 2.5，将各基团摩尔体积代入式(2.53)得：

$$\sum V_i = 2 \times 11.876 + 3 \times 29.697 + 1 \times 25.963 = 138.806 \text{cm}^3/\text{mol}$$

则

$$\rho_{max} = \sum M_i / \sum V_i = 227.13/138.806 = 1.636 \text{g/cm}^3 \text{（实测值为 } 1.654\text{g/cm}^3\text{）}$$

在摩尔体积的基团加和法中，可将 M_i/V 作为该基团的密度 ρ_i，那么炸药分子中含有 ρ_i 大的基团数目越多时，分子的密度越大。为了提高炸药的密度，在设计新的炸药分子时可多引入 ρ_i 大的基团，典型基团的量和密度值见表 2.6。

表 2.6 典型基团的量和密度值

基团	摩尔体积/(cm³/mol)	基团量	基团密度 ρ_i/(g/cm³)
C*-NO₂	29.697	58	1.953
C*-H	11.876	13	1.095
C*-OH	16.019	29	1.810
C*-CH₃	25.963	27	1.040
C*-NH₂	15.663	28	1.788

基团密度的顺序为:C*-NO$_2$>C*-OH>C*-NH$_2$>C*-H>C*-CH$_3$。

在同类化合物中,若苯环上含有-NO$_2$基团数量越多,其化合物的密度越大,见表2.7。

表2.7 苯的硝基化合物的密度

炸药	密度/(g/cm^3)
间二硝基苯	1.575
1,3,5 三硝基苯	1.688
六硝基苯	1.688

以上数据表明,炸药的密度与其分子结构有着密切的联系,而分子结构的因素又是多方面的,其中包括基团的种类、数目的多少、相互间的位置、分子堆积的紧密程度、分子间的作用力及分子间距离等复杂因素,因此用简单的计算来解决这些问题是很困难的。需要对这个领域进行更深入的研究和探讨,以便找出这方面的规律。

2.9.2 炸药分子结构与机械感度的关系

许多炸药工作者都研究过炸药分子结构与机械感度之间的关系,如 M. J. Kamlet 等人用统计学方法研究了单体炸药"氧平衡指数"与其机械感度的关系。

"氧平衡指数"(OB_{100})为 100g 炸药中的氧把其含有的全部氢氧化成水,余下的氧又把碳全部氧化成一氧化碳所需总氧量的满足程度,即

$$OB_{100} = \frac{100 \times (2n_O - n_H - 2n_C - 2n_{COO})}{M} \quad (2.54)$$

式中 n_O——炸药分子中氧原子数;

n_H——炸药分子中氢原子数;;

n_C——炸药分子中碳原子数;

n_{COO}——炸药分子中羧酸基数;

M——炸药的相对分子质量。

OB_{100}值与各类炸药的落锤感度特性落高(H_{50})有下列关系:

含有-N-NO 的硝胺、硝胺加三硝基甲苯、硝胺加硝酸酯和硝酰胺等化合物,其关系式为

$$\lg H_{50} = 1.372 - 0.168(OB_{100}) \quad (r = 0.950) \quad (2.55)$$

含 C(NO$_2$)$_3$ 基的脂肪族及含有三硝基甲苯加偕二硝基的脂肪族化合物,其关系式为

$$\lg H_{50} = 1.753 - 0.233(OB_{100}) \quad (r = 0.968) \quad (2.56)$$

芳香族硝基化合物分为两类。

（1）带有 C^*-H 的，其关系式为

$$\lg H_{50} = 1.330 - 0.260(OB_{100}) \quad (r = 0.970) \quad (2.57)$$

（2）不带有 C^*-H 的，其关系式为

$$\lg H_{50} = 1.730 - 0.320(OB_{100}) \quad (r = 0.960) \quad (2.58)$$

多硝基芳烃和多硝基脂肪烃各半的化合物，其关系式为

$$\lg H_{50} = 1.740 - 0.280(OB_{100}) \quad (r = 0.900) \quad (2.59)$$

从以上统计分析可以看出，炸药的感度与其氧平衡是有一定影响的，这种规律可以用来解释随炸药爆炸基团的增多感度增高的原因，在爆炸基团一定时，非爆炸基团的增加也会使炸药的感度增大，这可归结为与爆炸基团相邻，使非爆炸基团的活性增加所致。

2.9.3 炸药分子结构与安定性的关系

炸药本身的分子结构决定了其安定性的好坏，研究炸药的安定性是炸药应用方面最基础的工作之一，它涉及炸药在热、辐射（光、射线等）、机械能的作用下，能否使其物理化学性质保持稳定。炸药的安定性主要取决于炸药本身的结构是否牢固，即各爆炸基团的性质及排列方式、其他非爆炸基团的影响、分子结构的对称性、熔点、晶型等诸多因素。

2.9.3.1 爆炸基团性质对炸药安定性的影响

$-NO_2$ 是最常见的爆炸基团，其连接键键能及热分解性能对比见表2.8。

表2.8 几种常见炸药的键能及热分解性能对比

炸药	连接键	键能/(kJ/mol)	5%分解时间/天		
			25℃	60℃	127℃
梯恩梯（C-NO_2）	C-NO_2	304.7	1.15×10^{10}	5.8×10^7	1.03×10^7
黑索今（N-NO_2）	N-NO_2	251.2	1.15×10^9	2.3×10^6	23
泰安（O-NO_2）	O-NO_2	221.9	1.15×10^7	1.15×10^4	0.9

从上面的数据可以看出键能的大小对炸药热分解的影响，键能越小，炸药热分解越快。另外，炸药分子中存在活泼氢原子或氢原子转移到其他分子上，这也会导致炸药安定性下降。

2.9.3.2 炸药分子结构的对称性对安定性的影响

单体炸药分子结构对称性好，其安定性也好，如硝酸酯炸药中泰安与硝化甘油相比，前者结构对称，其安定性就明显高于后者。其120℃半分解所需时间见表2.9。

表 2.9　单体炸药 120℃ 半分解所需时间

单体炸药	时间/h
泰安	240
硝化甘油	17

2.9.3.3　炸药的晶型对安定性的影响

有些单体炸药是以多种晶型存在的,如奥克托金(HMX)就有 4 种晶型,即 α-HMX、β-HMX、γ-HMX 和 δ-HMX。虽然 4 种晶型的 HMX 分子构成相同,但是由于其晶型不同,构型所占的空间不同,晶体密度不同,分子间的相互作用及表面物理化学性质的不同都造成了对安定性的影响,其中 β 晶型在室温下是稳定的且其机械感度较其他晶型低,α 和 γ 晶型是亚稳定的,δ 晶型是不稳定的。

以上仅是对炸药安定性影响因素的初步分析,要综合评价一种炸药的安定性是非常复杂和困难的。

第3章 脂肪族硝基化合物

3.1 概 述

脂肪族硝基化合物是20世纪50年代后作为推进剂的一种组分应用而发展起来的,其反应能力强,易于制取,同时烷烃是石油与天然气的主要部分,因此合成脂肪族硝基化合物有着丰富而又廉价的原料来源。

直接作为炸药应用的脂肪族硝基化合物很少。硝基甲烷被认为是一种炸药,曾作为火箭燃料组分、柴油燃料的附加物、硝化纤维的溶剂及石油钻探爆破工程用炸药等;二硝基甲烷作为合成多硝基化合物的基础材料使用;三硝基甲烷广泛用于多硝基化合物的合成;四硝基甲烷作为一种载氧体,用于制备各种混合炸药,并因其含有50%的活泼氧,被用作火箭推进剂。

二硝基乙烷、四硝基乙烷、六硝基乙烷都具有爆炸性质。其中二硝基乙烷是一种猛炸药,机械感度不高,但由于其太活泼、安定性差而不能应用;六硝基乙烷可作为载氧体与三硝基甲苯、特屈儿组成零氧平衡的高威力炸药,但由于其安定性低且合成成本高,实用性差。

脂肪族硝基化合物大都为液体,蒸气压较高,化学性质活泼,易氧化分解,难以储存,因此目前只局限于作为火箭推进剂及合成某些高威力炸药的原料。

硝基烷是有毒的,其蒸气刺激上呼吸道和口眼的黏膜,引起咳嗽、流涎、流泪等,这些症状随碳链的增长和硝基数目的增加而加重。卤代硝基烷则刺激作用更强,除上述局部中毒症状外,还可导致全身性衰弱和抑制中枢神经系统。急性中毒的主要表现为由于呼吸系统麻痹而死亡,慢性中毒则为肝的损伤。几种硝基烷在空气中的允许浓度为:硝基甲烷:$250mg/m^3$、硝基乙烷:$310mg/m^3$、硝基丙烷:$90mg/m^3$。卤代硝基烷毒性较硝基烷强5~10倍,硝基烷中毒后较芳香族硝基化合物更容易排出体外。

3.2 硝基烷类炸药

3.2.1 硝基甲烷

硝基甲烷(CH_3NO_2)为无色透明液体,沸点为 101.2℃,凝固点为-28.55℃,20℃时的密度为 1.14g/cm³,蒸气压较高,在高温条件下储存易发生分解。

硝基甲烷对某些金属(如普通不锈钢、铝、低碳钢)有轻微腐蚀,含水时,腐蚀性加强,可加入少量磷酸或磷酸丁酯,起到阻蚀作用。

硝基甲烷是一种单体液体炸药,其爆速与温度的关系为

$$D = 6306 - 1.8308T(℃) \tag{3.1}$$

根据此式计算,可知硝基甲烷在-28.55℃时的爆速为6358m/s。

硝基甲烷的机械感度较低,不能直接用雷管起爆,必须使用传爆药柱,硝基甲烷威力较高,铅柱扩张值为 400mL。

可以看出,硝基甲烷是一种有一定安定性、机械感度较低、威力较高而且价格便宜的液体单体炸药,在军事上和工业爆破中,很有发展前途。

3.2.2 三硝基甲烷

三硝基甲烷($CH(NO_2)_3$),又称为硝仿,为无色晶体,熔点为 25℃,20℃时密度为 1.479g/cm³,呈强酸性,爆炸性能较弱,对金属有腐蚀性,可生成热感度和机械感度很高的硝仿盐,不能单独作为炸药使用,可作为合成炸药的材料。

3.2.3 四硝基甲烷

四硝基甲烷($C(NO_2)_4$)为无色晶体,熔点为 14.2℃,沸点为 126℃,晶体密度为 1.638g/cm³,不溶于水,溶于一般有机溶剂中,它的蒸气压很高,蒸气有强烈的刺激性,爆轰感度低,氧平衡高达+49%,可作为混合炸药的氧化剂使用。

3.3 硝基烷合成的炸药

3.3.1 N,N-双-(2,2,2-三硝基乙基)

该炸药是由三硝基甲烷、甲醛和乙二胺合成的,为白色针状结晶,熔点为 179.2~180.5℃,密度为 1.87g/cm³,是一种零氧平衡的炸药,具有较高的爆炸性能,热安定性接近泰安炸药,主要爆炸性能见表 3.1。

表 3.1　N,N-双-(2,2,2-三硝基乙基)的爆炸性能

爆炸性能	爆炸参数
爆速/(m/s)($\rho=1.842g/cm^3$)	8970
威力/(mL)(铅铸扩张值)	500
爆热/(kJ/kg)	6187
爆容/L	712

这种爆炸能量相当高的炸药没有广泛应用,其原因是撞击感度较高,在使用中存在不安全因素。

3.3.2　双-(2,2-二硝基丙基)缩甲醛及双-(2,2-二硝基丙基)缩乙醛

双-(2,2-二硝基丙基)缩甲醛简称 DNF,双-(2,2-二硝基丙基)缩乙醛简称 DNA,其分子结构式分别如图 3.1(a)、(b)所示。

$$H_2C\begin{matrix}O-CH_2-C(NO_2)_2CH_3\\O-CH_2-C(NO_2)_2CH_3\end{matrix} \qquad CH_3C\begin{matrix}O-CH_2-C(NO_2)_2CH_3\\O-CH_2-C(NO_2)_2CH_3\end{matrix}$$

(a) DNF　　　　　　　　　　　(b) DNA

图 3.1　DNF 及 DNA 的分子结构式

这两种物质 1∶1 的混合物对聚氨酯等高聚物有良好的增塑作用,爆炸能量与梯恩梯相当,且撞击感度又低于梯恩梯,因此是一种较好的活性增塑剂,同时还具有钝感效果。主要性能见表 3.2。

表 3.2　DNF 和 DNA 的主要性能

性能	DNF	DNA
相对分子质量	312	326
熔点/℃	28~30	28~29
密度/(g/cm³)	1.4(25℃)	1.35(18℃)
撞击感度/cm(5kg 落锤)	133(不爆)	133(不爆)
75℃ 热失重/%(116h)	5.0	1.4

3.3.3　硝仿炸药

硝仿系列炸药的结构特征是碳原子上的 3 个氢原子分别被 3 个硝基取代。这是我国研制的一类高能单体炸药,此类炸药爆速高,但机械感度大,安定性也较差,因此在使用上有一定的局限性,本章仅介绍两种比较有使用价值的炸药。

3.3.3.1　2号炸药

2号炸药的化学名称为重(β,β,β-三硝基乙基-N-硝基)乙二胺,也可命名为重(2,2,2-三硝基乙基-N-硝基)乙二胺。

2号炸药为白色针状结晶,相对分子质量为476,熔点为179.2~180.5℃,不溶于水、乙醚、苯、甲苯、氯仿、四氯化碳、二氯乙烷,微溶于甲醇、乙醇、乙酸酐,溶于二氧六环乙酸甲酯、乙酸乙酯,易溶于丙酮。

2号炸药的分子结构式如图3.2所示。

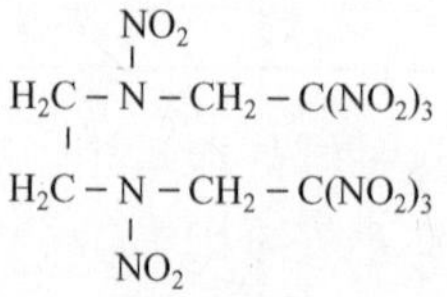

2号炸药对酸很稳定,但对碱非常敏感,热安定性可满足一定的要求,150℃半分解期为46.5min,110℃热分解延滞期为40min。

图3.2　2号炸药分子结构式

2号炸药的爆炸性能见表3.3。

表3.3　2号炸药的爆炸性能

爆炸性能	爆炸参数
撞击感度%(10kg落锤,25cm落高)	80
摩擦感度/%	54
爆发点/℃(5s延滞期)	200
爆速/(m/s)($\rho=1.787$g/cm^3)	8732

2号炸药的爆速是硝仿炸药中较高的一种,但机械感度也较高,主要作为混合炸药的组分使用。

3.3.3.2　4号炸药

4号炸药的化学名称为重(2,2,2-三硝基乙醇)缩甲醛。

4号炸药的分子结构式如图3.3所示。

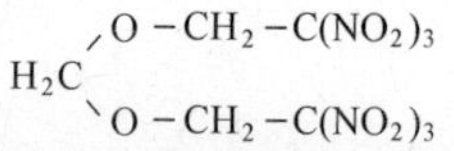

4号炸药为白色晶体,密度为1.78g/cm^3,熔点为64.3~65.7℃,能溶于大多数有机溶剂中,常温下,易溶于乙醚、丙酮、苯、乙酸乙酯、二氯乙烷、二氯甲烷及低级醇类,微溶于石油醚、环己烷。

图3.3　4号炸药分子结构式

4号炸药的热安定性较差,180℃半分解期为50min,110℃分解1%需3天,160℃热分解延滞期为50min。其机械感度也较高,撞击感度(10kg落锤、25cm落高)为80%,摩擦感度为43%,爆发点为236℃(5s延滞期)。

4号炸药是一种活性增塑剂,在某些高分子混合炸药中加入少量的4号炸药,可以改善炸药的可压性。

第4章
芳香族硝基化合物

4.1 概　　述

芳香族硝基化合物是由芳香烃硝化而来,其种类繁多,根据芳烃母体来分,有碳环(单环、多环、稠环)、杂环两大类,作为常用炸药大都为碳单环芳烃的硝基衍生物,如三硝基甲苯、三硝基二甲苯、三硝基酚、三硝基苯等都被作为猛炸药广泛使用过,这类炸药在军事上占有相当重要的地位,如梯恩梯至今仍是最重要和使用最广泛的军用炸药之一。

芳香族硝基化合物大部分是固体,只有一硝基芳烃在常温下为液体,在水中的溶解度不大,沸点较高,多数易溶于有机溶剂。液体的硝基芳烃可以作为溶剂,与其他硝基芳烃形成低共熔混合物,也可作为混合炸药的增塑组分,许多固态的硝基芳烃可以互溶,形成分子间化合物或低共溶物。

芳香族硝基化合物中的 $C-NO_2$ 结合比较牢固,所以使其具有较高的热安定性,如三硝基甲苯在150℃高温下仍然相当稳定,同时也导致这类炸药的机械感度较低。

芳香族硝基化合物对酸一般是稳定的,可溶于酸,析出后,性质不发生变化;与碱反应显著,可生成深色的络合物;在阳光照射下会导致复杂的光化学反应并使其变色;热作用下,易产生自由基,随着自由基数目增加,热分解速度加快,硝基越多,这种倾向越明显,安定性越差。热作用下产生自由基的顺序为:2,4,6-三硝基甲苯>2,4-二硝基甲苯>硝基甲苯>2,4,6-三硝基苯胺>2,4-二硝基苯>对硝基苯胺。

芳香族硝基化合物形成加成物的能力较强,苯环上的硝基数越多,越易形成,因此在化学分析中常用这一特性来鉴定芳香族硝基化合物。

含氧取代基(主要是硝基)的增加使芳香族硝基化合物能量提高,不含氧取代基的增加则使能量下降。芳香族硝基化合物的金属衍生物的机械感度较高,甚至接近起爆药,因此在使用中必须十分注意,芳香族硝基化合的某些衍生物闪点较低,如三硝基甲苯铵衍生物的闪点为50℃,这在应用中是相当危险的。

几乎所有的芳香族硝基化合物都对人的消化系统、神经系统特别是血液系统有害,其中二硝基氯苯、特屈儿对人的皮肤伤害很大。硝基芳烃的蒸气和粉尘可以通过呼吸道和皮肤进入人体内,急性中毒的症状为:血红蛋白降低、呕吐、头痛和发绀症,对神经系统的影响是精神抑郁和痉挛。慢性中毒的症状为:消瘦、食欲不振、体质衰弱和贫血,严重时引起急性肝萎缩。

硝基芳烃的爆炸性随硝基数目的增多而增强,如三硝基化合物爆炸性较强,二硝基化合物爆炸性较弱,一硝基化合物本身不具有爆炸性。然而这类化合物的毒性也随硝基数目的增多而增大。按照对鱼类毒性确定的致死极限浓度见表4.1。

表4.1 硝基芳烃对鱼类的致死极限浓度

化合物	极限浓度/(mg/L)
三硝基甲苯	1~2
二硝基甲苯	10
一硝基甲苯	12~20

甲基的进入可使毒性下降,如二硝基甲苯的毒性明显低于二硝基苯。

由于芳香族硝基化合物的生产原料来源广泛、价格低廉、合成工艺简单,同时一些三硝基芳香族硝基化合物具有较高的爆炸能量且安定性好,机械感度普遍较低,这就使其在炸药中占有重要的地位。除了作为炸药应用外,这类化合物在染料、医药、农药等工业中也占有一定的地位,特别是硝基容易被还原,将硝基化合物还原可以得到许多有价值的有机中间体。

4.2 制备方法

芳香族硝基化合物的制备方法有以下几种。

1. 取代反应

硝基取代芳环上的氢或其他基团。其中应用最广泛的是硝基取代氢原子。此类反应绝大多数是亲电取代反应,但也可能发生自由基取代,有时也会发生取代卤素、烷基、烷氧基、羧基或磺酸基等基团。

2. 硝基-桑德迈耶反应

在亚硝酸盐存在下,重氯盐分解生成硝基芳烃,此法称为硝基-桑德迈耶反应。

3. 氧化带有含氮取代基的芳烃

将芳烃含氮取代基氧化成硝基。这些含氮取代基包括氨基、羟胺基、醌肟基以及亚硝基,用得较多的是氨基及亚硝基。

4. 硝基芳胺的重排

即在酸性介质中,硝胺(特别是硝基芳胺)重排成碳硝基化合物的反应。

上述制备方法中,第二、第三种方法虽不具有工业使用价值,但在实验室中,可用来制备直接硝化不易制得的异构体。

4.3 甲苯的硝基衍生物——三硝基甲苯(TNT)

梯恩梯有6种异构体,其分子结构式及熔点如图4.1所示。

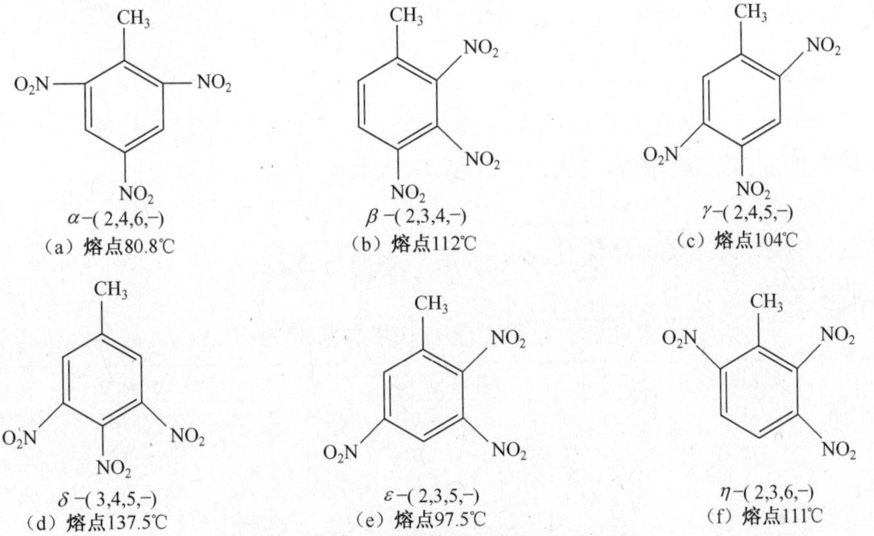

(a) α-(2,4,6,-) 熔点80.8℃
(b) β-(2,3,4,-) 熔点112℃
(c) γ-(2,4,5,-) 熔点104℃
(d) δ-(3,4,5,-) 熔点137.5℃
(e) ε-(2,3,5,-) 熔点97.5℃
(f) η-(2,3,6,-) 熔点111℃

图4.1 梯恩梯的异构体结构式及其熔点

三硝基甲苯是最常用的单体炸药之一,1863年由威尔勃兰德用硝硫混酸首先制得。由于其性能优越,在第二次世界大战期间已发展成为最主要的军用单体炸药。

军用梯恩梯一般指纯度较高的α-TNT,故下面叙述的均为α-TNT的性质。梯恩梯由甲苯硝化制得,主要反应为

$$C_6H_5CH_3 + HNO_3 \rightarrow C_6H_4(NO_2)CH_3 + H_2O \tag{4.1}$$

$$C_6H_4(NO_2)CH_3 + HNO_3 \rightarrow C_6H_3(NO_2)_2CH_3 + H_2O \tag{4.2}$$

$$C_6H_3(NO_2)_2CH_3 + HNO_3 \rightarrow C_6H_2(NO_2)_3CH_3 + H_2O \tag{4.3}$$

4.3.1 梯恩梯的物理性质

4.3.1.1 外观

α-TNT为淡黄色柱状或针状结晶。常见的是淡黄色片状物。

4.3.1.2 熔点和纯度

梯恩梯凝固点(熔点)介于80.6~80.85℃之间,一般以80.6℃作为纯α-梯

恩梯的凝固点。凝固点越高,纯度越高,由于杂质对梯恩梯凝固点的影响十分明显,因此用凝固点来鉴定梯恩梯的纯度是比较准确的,各国均按凝固点分等级(见表 4.2)。一般来说,军用梯恩梯的凝固点应不低于 80.2℃。

表 4.2　部分国家用凝固点对梯恩梯划分的等级

级别	中国	苏联	美国	法国	波兰
一级	80.2℃	80.2℃	80.4℃	80.4℃	80.3℃
二级	80.0℃	80.0℃	80.2℃	80.1℃	80.0℃
三级	—	75.0℃	—	79.5℃	76.0℃

梯恩梯与混杂在其中的异构物或杂质反应,生成低共熔物(见表 4.3),在弹药储存期间,以油状物形式从弹体口部渗出,使药柱表面结构疏松,这会在发射时引起膛炸,若流至传爆药柱,会使传爆药柱变得钝感而引起拒爆。然而从装药工艺性考虑,又需要梯恩梯有一定的塑性,这样既能提高装药质量,又能保证发射的安全性。

表 4.3　杂质含量对梯恩梯熔点的影响

二硝基甲苯/%	其他异构物/%	TNT 熔点/℃
0.8	4.0	78
2.4	3.9	77
3.8	3.8	76
5.4	3.8	75
7.1	3.7	74

4.3.1.3　结晶密度与装药密度

用 X 射线衍射法测得梯恩梯的结晶密度(理论密度)为 1.651g/cm^3,其密度与温度的关系见表 4.4。

表 4.4　梯恩梯密度与温度的关系

温度/℃	密度/(g/cm^3)	温度/℃	密度/(g/cm^3)
20	1.6407	75.0	1.5671
40	1.6369	78.0	1.5149
50	1.6318	79.5	1.4908
55	1.6305	81.0	1.4638
60	1.6299	82.0	1.4634
65	1.6274	88.0	1.4584
70	1.6242	90.0	1.4560
72	1.6151	93.0	1.4516

由表中数据可得,固态梯恩梯密度与温度的关系式为

$$\rho_0 = 1.647 - 2.895 \times 10^{-4} T, 20℃ \leq T \leq 60℃ \quad (4.4)$$

笔者的研究工作表明,液态梯恩梯密度与温度的关系式为

$$\rho_0 = 1.545 - 1.016 \times 10^{-3} T, 88℃ \leq T \leq 120℃ \quad (4.5)$$

梯恩梯的假密度为 $0.9 \sim 1.0 \text{g/cm}^3$。压装梯恩梯的装药密度与压药压力有关,压药压力对梯恩梯药柱密度的影响见表4.5。

表4.5 压药压力与梯恩梯药柱密度的关系

压药压力/MPa	密度/(g/cm³)	压药压力/MPa	密度/(g/cm³)
24.5	1.392	196.0	1.587
49.0	1.466	225.4	1.594
73.5	1.506	245.0	1.599
98.0	1.531	269.5	1.601
147.0	1.561	392.0	1.607
171.5	1.579	490.0	1.609

由于梯恩梯中含有少量的异构物且易形成低共熔物,这种低共熔物同时也是一种增塑物质,其含量越大,梯恩梯的塑性越大,渗油倾向也越明显。通常,按渗油性的大小分为2、3、4、5级,渗油性大,塑性就好,压药密度就高(见表4.6)。在实际应用中,有时为了得到较高密度的药柱,需要在炸药中添加增塑组分,以提高炸药的塑性。

表4.6 梯恩梯塑性对压药密度的影响

渗油性	压药密度/(g/cm³)	渗油性	压药密度/(g/cm³)
2	1.504	4	1.488
3	1.500	5	1.463

熔注梯恩梯的密度与注装工艺也有着密切的关系(见表4.7)。

表4.7 工艺条件对熔注梯恩梯密度的影响

液态梯恩梯(TNT)含量/%	注药温度/℃	室温凝固的密度/(g/cm³)	备注
100	81~82	1.56~1.59	
25	81~82	1.59~1.61	真空浇注
50~70	81~82	1.61~1.62	

进行压力熔注,也可以显著提高装药密度(见表4.8)。

表4.8 梯恩梯在不同压力下凝固的密度

压力/MPa	密度/(g/cm³)	压力/MPa	密度/(g/cm³)
0.098	1.540	0.098	1.616
0.196	1.580	0.49	1.620
0.294	1.600	—	—

冷却速度对注装梯恩梯的密度也有明显影响,缓慢冷却梯恩梯密度为1.57g/cm³,而快速冷却可达1.59~1.62g/cm³。

4.3.1.4 黏度

笔者及前人的研究表明,熔态梯恩梯属于牛顿型流体,85~98℃温度范围内,梯恩梯黏度与温度的关系为

$$\ln\eta = \frac{3398.8}{T} - 6.9981 \quad r = 0.9999 \tag{4.6}$$

式中 η——黏度(cp);

T——温度(K)。

4.3.1.5 结晶性能

由于梯恩梯的熔点较低,且熔化时不发生分解,因此适于熔注装填,α-梯恩梯的结晶速度较高(5cm/min),容易在凝固时形成粗结晶,不仅影响爆速,而且难于起爆,这在生产中是应该尽力避免的。通常采用人工搅拌熔态梯恩梯,促使晶核大量生成来避免粗结晶。也有人研究通过加入添加剂来降低TNT的结晶速度,并取得良好的效果。

4.3.1.6 蒸气压

梯恩梯的蒸气压与温度和杂质有关,温度越高,杂质越多,蒸气压就越高(见表4.9),这是导致人员中毒的重要原因。

表4.9 TNT在12~40℃时的蒸气压

温度/℃	12	20	21.5	25.5	30	40
蒸气压/Pa	3.59×10⁻⁴	1.47×10⁻⁴	2.29×10⁻⁴	5.3×10⁻⁴	1.18×10⁻³	5.65×10⁻³
温度/℃	60.1	80.2	99.5	110.6	131.1	141.4
蒸气压/Pa	7.24×10⁻²	0.95	5.43	11	46.38	82.6

4.3.1.7 溶解度

梯恩梯能溶于浓硫酸和浓硝酸中,且在100℃以下是稳定的。梯恩梯在常

见溶剂中的溶解度见表 4.10。

表 4.10　梯恩梯在常见溶剂中的溶解度(g/100g 溶剂)

溶 剂	温 度		
	20℃	40℃	60℃
丙酮	109.00	228.00	600.00
醋酸甲酯	72.10	—	—
苯	67.00	180.00	478.00
甲苯	55.00	130.00	367.00
氯苯	33.90	—	—
氯仿	19.00	66.00	302.00
氯乙烯	18.70	—	—
乙醚	3.29	—	—
三氯乙烯	3.04	—	—
乙醇 95%	1.23	3.92	8.30
四氯化碳	0.60	1.75	1.90
二硫化碳	0.48	1.53	—
乙烷	0.16	—	—
水	0.013	0.0285	0.0675

4.3.1.8　热力学性能

梯恩梯导热系数是温度与密度的函数,药柱密度越高,导热系数越大。这是由于药柱里空隙中的空气是不良导热物质所致,发生相变时,导热系数降至最小。梯恩梯的导热系数很小,在 45~75℃ 的温度范围内,密度为 1.59g/cm³ 的梯恩梯药柱的导热系数为 5.89×10^{-4} cal/(s·cm·℃)。

梯恩梯的比热容随温度提高而增大,其关系见表 4.11。

表 4.11　梯恩梯的比热容

温度/℃	比热容/(kJ/(kg·℃))
0	1.29
20	1.37
40	1.44
60	1.51
80	1.57

梯恩梯的其他热力学参数见表 4.12。

表 4.12　梯恩梯的其他热力学参数

热力学性质	参数/(kJ/kg)
熔化热(79℃)	98.50
定容燃烧热	3443
梯恩梯的定压燃烧热	15026
梯恩梯的升华热	118.46
梯恩梯的结晶热	20.43

4.3.1.9　力学性能

梯恩梯的力学性能见表 4.13。

表 4.13　梯恩梯的力学性能

性能	参数
抗压强度/MPa($\rho=1.60g/cm^3$)	3.33~11.17
抗拉强度/MPa($\rho=1.60g/cm^3$)	0.78~0.93
抗剪强度/MPa($\rho=1.60g/cm^3$)	8.33~8.82
弹性模量/Pa	5.4×10^9
莫氏硬度	1.2

4.3.2　梯恩梯的化学性质

4.3.2.1　与酸的作用

梯恩梯是中性物质,可溶于酸,如硫酸、硝酸及两者的混合酸。温度不高时,溶解只是物理过程,不发生化学反应;高温下,梯恩梯可被酸氧化;在有金属元素(如铝、铁、铅等)存在时,将梯恩梯与酸的水溶液一起加热,容易发生剧烈的化学反应,得到棕色不安定的物质。这类物质溶于亚硫酸钠水溶液,因此在检修设备前,应用亚硫酸钠溶液清洗设备,特别是带铅的设备。

4.3.2.2　与碱的作用

梯恩梯对碱非常敏感,与碱反应可生成深色(红棕色、紫色、黑色)物质,这类物质对热和机械作用十分敏感,发火温度很低,因此在生产和使用梯恩梯时,应严禁与碱接触,以保证生产、使用的安全及产品的储存。

例如,梯恩梯与氢氧化钾水溶液的反应产物,其爆发点随用碱量的不同介于 104~157℃ 之间(梯恩梯的爆发点为 475℃),且撞击感度比叠氮化铅还高。将梯恩梯与氢氧化钾的粉状混合物加热至 80℃ 时就发火,向 160℃ 的梯恩梯中加入氢氧化钾立即引起爆炸。

美陆军曾研究利用碱来破坏装填梯恩梯的地雷,研究结果表明:异丙胺-乙腈的破坏效果最好,将 4.5kg 梯恩梯药块放入 67%浓度的异丙胺-乙腈溶液中,只需 25min 就被销毁。

4.3.2.3　热的作用

梯恩梯的热安定性是非常好的,100℃以下,可以长期加热而不分解。130℃加热 100h、150℃加热 4h,都不发生分解,160℃以上时,才明显放出气体产物,这可从梯恩梯的熔点变化情况看出(见表 4.14)。

表 4.14　TNT 的热分解情况

加热情况	梯恩梯的熔点/℃
未加热时	80.75
180℃,加热 290min	78
201℃,加热 180min	77
217℃,加热 45min	59

以上数据表明高温下加热梯恩梯,其分解倾向是十分显著的,将梯恩梯与 200℃的氧化铁接触,气相就立即着火,几秒钟后爆炸。

4.3.2.4　光的作用

梯恩梯在日光照射下颜色变暗,性质发生变化,照射条件对梯恩梯熔点的影响见表 4.15。

表 4.15　照射条件对梯恩梯熔点的影响

照射条件	凝固点/℃
未照射	80.0
照射两周	79.5
照射三个月	74.0

表 4.15 中数据表明,光对梯恩梯有明显的作用,但将其置于透明的真空容器中照射,很难发现颜色和凝固点的变化,这说明日光对梯恩梯照射的反应与空气存在有关。这种光化学产物的热感度和机械感度都会增加,其爆发点从 475℃下降到 230℃,撞击感度提高到 76%,因此在生产和使用过程中,应避免阳光的直接照射。

4.3.2.5　形成加成化合物

梯恩梯与芳胺、杂环碱、稠环芳烃等极易形成加成化合物。如蒽、萘、苯胺、

α-萘胺、邻甲苯胺等,生成各种颜色的针状结晶。

4.3.2.6 γ射线的作用

梯恩梯经过γ射线辐射90天后,看不出热分解有明显加速趋势,并且抗辐射能力明显优于黑索今,应认为是比较耐辐射的。

4.3.3 梯恩梯的爆炸性能

梯恩梯的爆炸性能见表4.16。

表4.16 梯恩梯的爆炸性能

爆炸性能	参数
猛度/mm(铅柱压缩值)	19.9
威力/mL(铅铸扩张值)	285
爆速/(m/s)($\rho=1.62g/cm^3$)	6875
爆压/GPa($\rho=1.637g/cm^3$)	18.9
爆温/℃($\rho=1.59g/cm^3$)	3630
爆热/(kJ/kg)($\rho=1.59g/cm^3$)	4546
爆容/(L/kg)($\rho=1.59g/cm^3$)	685

由于梯恩梯是负氧炸药,与特屈儿、黑索今、泰安等炸药相比,梯恩梯不是最猛烈的炸药。

4.3.4 梯恩梯的安全性能

梯恩梯良好的安全性能是被广泛应用的主要原因之一。梯恩梯的撞击感度为4%~8%(10kg落锤,25cm落高),但液态梯恩梯的机械感度接近起爆药(见表4.17,雷汞在常温、同样条件下的落高为5cm),因此在较高温度下处理液态梯恩梯时应特别小心。

表4.17 梯恩梯撞击感度随温度的变化

温度/(℃)	TNT状态	2kg落锤,10%爆炸落高/cm
-40	固态	43.18
20	固态	35.56
80	液态	17.73
90	液态	7.62
105~110	液态	5.08

杂质对梯恩梯的撞击感度影响很大,如与等量的铁锈混合时,其感度与特屈儿接近,因此要严格控制产品中的杂质量,杂质含量对梯恩梯撞击感度的影响见

表 4.18。

梯恩梯的摩擦感度很低,但杂质的存在会明显提高其摩擦感度。

表 4.18　含沙量对梯恩梯撞击感度的影响

梯恩梯中含沙量/%	10kg 落锤,25cm 落高爆炸百分数/%
0.01~0.05	6
0.10~0.15	20
0.20~0.25	29

梯恩梯的枪击感度较低,10 次射击中仅 0.5 次爆炸,但在 105~110℃ 时,10 次试验有 7 次爆炸。

梯恩梯的静电放电火花感度较高,火花点火的最小能量为 0.06J,这与其蒸气压较高有关。

梯恩梯的爆发点较高,其 5s 延滞期为 475℃。

梯恩梯的储存安定性是很好的,能够保证长期储存的安定性。

由于制造梯恩梯的原料来源广泛,生产成本低廉,同时具有足够的爆炸性能和较好的安定性,且装药工艺性能好,可以单独使用,也可以和其他炸药或组分制成混合炸药,既可压装,又可注装,同时还在民用炸药中广泛应用。梯恩梯所具备的这些优点,决定了它使用的广泛性。

4.3.5　梯恩梯的毒性

梯恩梯对人体的毒性主要表现在引起肝脏病和再生障碍性贫血,结果引起黄疸病、青紫症、消化功能障碍及红、白血球减少等病症,严重时可引起死亡,梯恩梯中毒还可能导致白内障。梯恩梯中毒防治最基本的方法是避免或减少梯恩梯粉尘和蒸气的吸入,如加强工作场所的通风,穿专用工作服及佩戴口罩、手套,下班后洗澡等。

4.4　苯的硝基衍生物

在这类物质中,被用作炸药的有二硝基苯、三硝基苯、三硝基二甲苯等。

4.4.1　二硝基苯

二硝基苯(DNB)有 3 种异构体,化学结构式如图 4.2 所示。

3 种异构体外观均为淡黄色晶体,不溶于水,易溶于三氯甲烷、乙酸乙酯、甲苯和苯等。

间二硝基苯曾被用作炸药,其爆炸性能见表 4.19。

熔点91℃　　　　　　熔点118℃　　　　　　熔点172℃
沸点303℃　　　　　　沸点319℃　　　　　　沸点309℃
　(a)　　　　　　　　　(b)　　　　　　　　　(c)

图 4.2　DNB 的 3 种异构体

表 4.19　间二硝基苯的爆炸性能

爆炸性能	参数
爆热/(kJ/kg)	3433
爆容/(L/kg)	727
爆速/(m/s)	6000(ρ=1.5g/cm³)
铅铸扩张值/mL	255
铅柱压缩值/mm	10

二硝基苯的感度很低,但毒性很强,是最强的工业毒物之一,历史上曾发生多次中毒事故,所以现在炸药工业中已不使用了。

4.4.2　三硝基苯

三硝基苯(TNB)有 3 种异构体,化学结构式如图 4.3 所示。

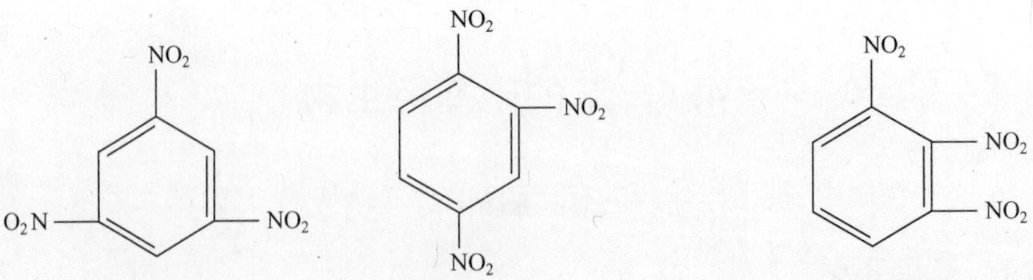

熔点123℃　　　　　　熔点62℃　　　　　　熔点127.5℃
　(a)　　　　　　　　　(b)　　　　　　　　　(c)

图 4.3　TNB 的 3 种异构体

TNB 为浅黄色晶体,毒性大于梯恩梯,其爆炸性能见表 4.20。

表 4.20　TNB 的爆炸性能

爆炸性能	参数
爆热/(kJ/kg)	4458
爆容/(L/kg)	670
爆速/(m/s)	7440($\rho=1.61g/cm^3$)
铅铸扩张值/mL	322
爆发点/℃	550(5s 延滞期)

三硝基苯的爆炸能力较高,且机械感度低,化学安定性好,原材料来源广泛,但由于制造效率低,未得到广泛应用。

4.4.3　三硝基间二甲苯

三硝基间二甲苯是一种白色晶体,熔点为182℃,晶体密度为1.65g/cm³,爆炸能量低于梯恩梯,威力为梯恩梯的95%,但撞击感度却高于梯恩梯,加之制作困难而未得到广泛应用,但历史上曾作为梯恩梯的改性剂用于 K-2 熔合炸药,使药柱结晶较细且易于起爆。

4.5　苯酚的硝基衍生物

4.5.1　二硝基苯酚

二硝基酚有6种异构体,第一次世界大战中,同盟国曾用二硝基酚作为混合炸药的组分,但由于其爆炸能力不强且具有酸性,易腐蚀弹体,毒性也较强,因此不再使用了。

4.5.2　三硝基苯酚

三硝基苯酚(PA)也称为苦味酸,其结构式如图4.4所示。

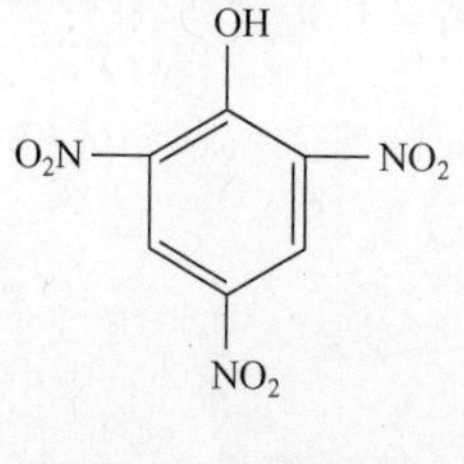

图 4.4　PA 的结构式

苦味酸于1771年被合成出来,在梯恩梯工业生产之前,是一种最重要的军用炸药,曾在军事上广泛应用。

苦味酸是一种黄色晶体,熔点为122.5℃,晶体密度1.763g/cm³,温度高于熔点时,开始升华。

苦味酸的机械感度略高于梯恩梯,10kg落锤,25cm落高时,爆炸百分数为32%,苦味酸的热安定性良好。

苦味酸的一个重要特点是具有较强的酸性,当有水存在时,易与金属反应,生成苦味酸盐,这些物质的机械感度很高,特别是重金属盐的机械感度接近起爆药,而且热感度也比较大,所以在制造和使用过程中,应特别注意防止生成苦味酸盐。

苦味酸的爆炸能力比梯恩梯强,主要爆炸性能见表4.21。

表4.21 苦味酸的爆炸性能

爆炸性能	参数
铅铸扩张值/mL	305
铅柱压缩值/mm	16
爆速/(m/s)	7260(ρ=1.61g/cm³)

苦味酸的毒性比甲苯的硝基衍生物强,目前它已不再作为炸药使用了,主要作为制造苦味酸铵(D炸药)的原料。

4.5.3 苦味酸铵

苦味酸铵是苦味酸盐的一个例外,是比梯恩梯更加钝感的一种炸药,其结构式如图4.5所示。

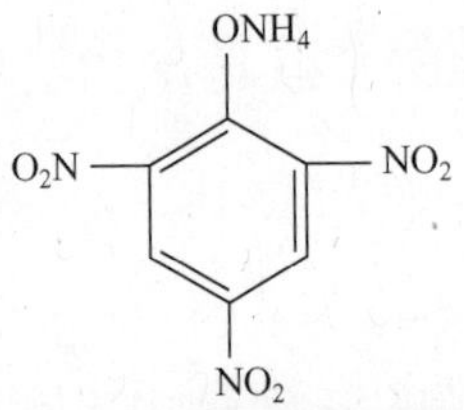

图4.5 D炸药的结构式

苦味酸铵于1841年被合成出来,1900年才被作为炸药使用,至今美国仍用其装备航弹。

苦味酸铵的熔点为265℃~270℃,结晶条件不同,可以得到黄、红两种晶体,晶体密度为1.672g/cm³。

苦味酸铵的机械感度低,但其火焰感度高,其着火能力与黑火药相当,历史上曾作为火药使用。苦味酸铵具有良好的热安定性,150℃加热4h,放出的气体量仅0.4mL(TNT在相同条件下为0.7mL),另外苦味酸钾亦有类似性质,在260℃下加热6h,不燃不爆,曾被苏联作为一种快速延期药使用,我国也将其用于延期药和爆破器材装药使用。

苦味酸铵的爆炸性质与梯恩梯相近,主要爆炸性能见表4.22。

表 4.22 苦味酸铵的爆炸性能

爆炸性能	参数
爆热/(kJ/kg)	3349
铅铸扩张值/mL	279
爆速/(m/s)	7150(ρ=1.63g/cm^3)

4.6 苯胺的硝基衍生物

4.6.1 二氨基三硝基苯

二氨基三硝基苯(DATB)为灰黄色粉状结晶,晶体密度为1.83g/cm^3,熔点为295~298℃,有两种晶型,是最早使用的军用耐热炸药,用于装填空空导弹。化学结构式如图4.6所示。

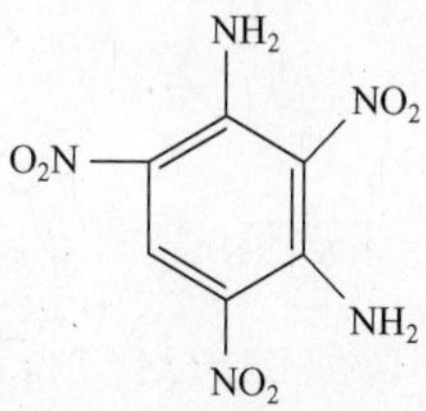

图 4.6 DATB 的结构式

二氨基三硝基苯的撞击感度、爆轰感度比梯恩梯低,具有良好的化学及热安定性,100℃加热100h,不发生爆炸,密度在1.65g/cm^{3}时爆速为7500m/s,威力与梯恩梯相当。

4.6.2 三胺基三硝基苯

三胺基三硝基苯(TATB)为黄色粉状晶体,晶体密度为1.938g/cm^3,熔点为330℃,也是最早使用的一种耐热炸药,化学结构式如图4.7所示。

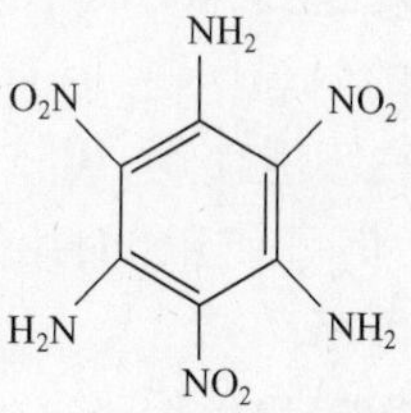

图 4.7 TATB 的结构式

三胺基三硝基苯的化学性质非常安定,几乎对常用的金属材料如铝、钢、铬、不锈钢、钼、铅、锡、锌、铁等,都不发生反应,除了能溶于浓硫酸外,几乎所有的普通溶剂都不溶,密度为 1.88g/cm³ 时的爆速为 7760m/s,TATB 较 TNT、DATB 等炸药更难于引爆。

三胺基三硝基苯有优异的化学安定性、耐热性及稳定性,但由于制造困难,成本高,因此不会在一般武器中应用,随着核武器和宇航方面对炸药的安定性、耐热性和低挥发性等性能要求越来越高,人们也开始重视 DATB 与 TATB 炸药。

4.7 多环芳烃的硝基衍生物

六硝基二苯基乙烯(六硝基茋,HNS)为该类物质中较为重要的一种炸药,为黄色晶体,熔点约为 318℃,结晶密度为 1.74g/cm³,化学结构式如图 4.8 所示。

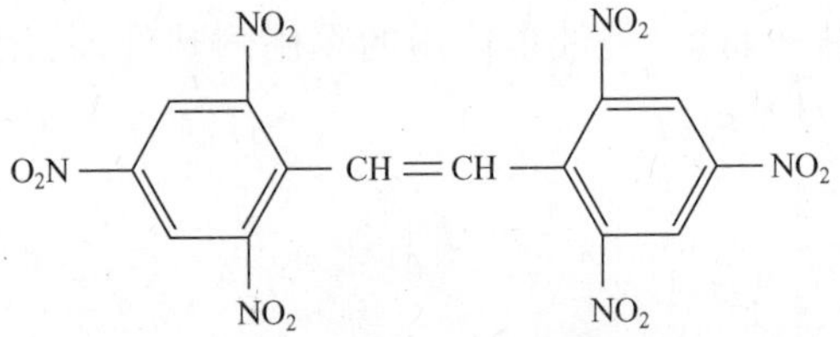

图 4.8 HNS 的结构式

六硝基茋是蒸气压最低的炸药之一,这一特性对在宇航中使用的炸药是极为重要的。在常温下,HNS 的蒸气压约为 202×10^{-18} Pa,TATB 为 773×10^{-12} Pa;而在 200℃ 高温下,其蒸气压也只有 279.9×10^{-6} Pa,这也说明其对静电火花是不敏感的。

六硝基茋具有很高的热安定性,260℃ 真空安定性试验结果为:1g 炸药 1h 分解气体量仅为 0.23mL。

在超低温下,六硝基茋的爆炸性能仍比较稳定,用其制成的导爆索在常温下的爆速为 6240m/s,在-193℃ 为 5950m/s,仅下降 5%,其冲击波感度在此温度范围内也相当稳定。

在高温下,六硝基茋的爆轰性能也很稳定,宇航用的导爆索、聚能切割索等,通常要求装填具有热稳定性好的耐热炸药,用黑索今制成的软导爆索,在 149℃下加热几小时后,由于炸药分解,不能使用;用较耐热的六硝基联苯制造的软导爆索,在 226℃ 下放置两天后,仍可使用;而用六硝基茋制成的软导爆索,在 226℃ 下放置一周后,仍能可靠传爆。

由于六硝基茋具有很好的物理和化学稳定性,在较宽的温度范围内能保证爆炸性能的可靠性,机械感度、静电火花感度低,且有良好的抗辐射性能,所以用六硝基芪制成的塑料黏结炸药和导爆索等,都曾用于阿波罗飞船的月球探测和作为月球表面的地震探测,另外广泛地用于深井石油开采用爆破器材。

六硝基芪制造成本较高且能量不高,故仅限于特殊需要的环境使用。

4.8 芳香杂环系炸药

该类炸药主要作为耐热炸药,其中较为重要的是四硝基二苯并-1,3α,4,6α-四氮杂戊塔烯(塔柯特,TACOT)。该炸药由美国杜邦公司首先制造出来,并于1962年解密。

塔柯特外观为红橙色晶体,晶体密度为 $1.85g/cm^3$,熔点在410℃左右,其化学结构式如图4.9所示。

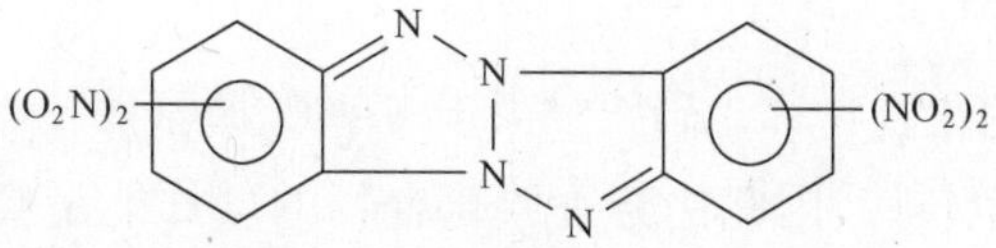

图4.9 TACOT的结构式

塔柯特具有很好的耐热性能,不同温度下耐热时间见表4.23。

表4.23 TACOT在不同温度下耐热时间

温度/℃	耐热时间/min
416	10
316	240
288	360
260	960
232	20160(两周)
204	40320(四周)

塔柯特经过上述各温度的耐热时间考核后,仍能可靠爆轰,在316℃条件下,长时间加热而不发生爆炸。用其作为第二装药的雷管,可以在275℃下使用。

塔柯特具有良好的化学稳定性,不与铅、铝、铜和钢作用,不溶于水和大多数有机溶剂中,稍溶于硝基苯和二甲基甲酰胺,溶于95%的发烟硝酸中。

塔柯特的撞击感度很低,静电火花也很低,密度为 $1.64g/cm^3$ 时的爆速为7250m/s。

由于塔柯特具有优越的耐高温性能,所以在耐高温爆破器材中占有重要的地位。

第5章

硝胺炸药

5.1 概 述

含有 N-NO$_2$ 的化合物称为硝胺。由于 N-NO$_2$ 原子团比 C-NO$_2$ 产生多一倍的氮原子,氧平衡也较好,因此比芳香族化合物的爆炸能量高。但 N-NO$_2$ 键的牢固程度不如 C-NO$_2$ 键,所以热安定性低于芳香族硝基化合物,而感度又高于芳香族硝基化合物。但从综合性能上看,硝胺类炸药要比芳香族硝基化合物、硝基烷类、硝基酯类炸药都好。尤其是环三次甲基三硝胺(RDX)、环四次甲基四硝胺(HMX)等,均具有较高的能量和较好的安定性,成为目前最重要的一类军用单体炸药。另外又由于原料来源广泛,几乎不受自然资源的限制,给该类炸药的发展和应用带来了更大的空间。现在已有相当一部分弹药装填以 RDX 为主体成分的混合炸药,并且在发射药和火箭推进剂中也得到了广泛的应用。

5.2 黑 索 今

黑索今(RDX)是硝胺炸药中最重要的一种炸药,其化学名称为环三次甲基三硝胺。1899 年,首次由亨宁(Henning)作为医药合成出了黑索今,后来作为灭鼠药曾获得过专利,直到 1922 年,冯·赫茨(Von Herz)发现它是一种有价值的炸药。由于黑索今的爆速高,爆轰感度好,早期主要用于雷管和导爆索的装药,随着混合炸药和炸药钝感技术的发展,使黑索今的应用更加广泛:在黑索今中加入钝感剂(美国称为 A 炸药,苏联称为 A-IX-I 炸药),降低机械感度后,可以采用压装法装填;另外,黑索今与梯恩梯为主体组成的混合炸药,广泛用于各种弹丸的装药;在黑索今中加入高聚物成为塑料黏结炸药;在黑索今中加入金属粉形成高威力混合炸药等等。上述炸药的装备大幅度提高了装药的能量和弹药威力,同时又在核武器和特殊领域中得到广泛应用。目前,黑索今已成为最重要的军用单体炸药之一。

黑索今的分子结构式如图 5.1 所示。

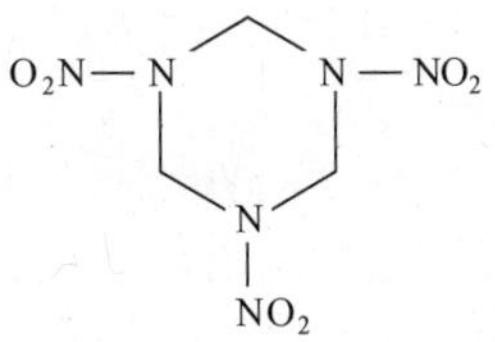

图 5.1 黑索今分子结构式

黑索今由硝酸硝化乌洛托品制得,反应式如下:

$$(CH_2)_6N_4 + 4NHO_3 \rightarrow (CH_2NNO_2)_3 + NH_4NO_3 + 3CH_2O \quad (5.1)$$

5.2.1 黑索今的物理性质

黑索今是无嗅无味的白色粉状结晶,晶体密度为 $1.816g/cm^3$,熔点为 $202\sim204℃$。

黑索今的生成焓为 $1.6kJ/mol$,燃烧热为 $9700kJ/kg$,结晶热为 $89kJ/mol$。

黑索今在 $20\sim100℃$ 范围内的体积膨胀系数为 $0.0025cm^3/(g\cdot℃)$,当密度为 $1.533g/cm^3$ 时,其导热系数为 $29.22\times10^{-4}J/(s\cdot cm\cdot℃)$。

黑索今不吸湿,在各种溶剂中的溶解度见表 5.1。

表 5.1 黑索今在溶剂中的溶解度(g/100g 溶剂)

溶剂	20℃	40℃	60℃
醋酸(99.6%)	0.46	0.56	11.2
乙醇	0.11	0.24	0.58
丙酮	7.30	11.50	18.00
苯	0.05	0.09	0.20
甲苯	0.02	0.05	0.13
醋酸乙酯	0.06	—	—
三氯乙烯	0.20	0.24	—
异戊醇	0.026	0.06	0.21
环己酮	4.94	9.20	13.90
二甲基甲酰胺	—	41.50	60.60
甲基环己酮	6.81	10.34	—
四氯化碳	0.0013	0.0022	0.007
醋酸甲酯	2.95	4.10	—
梯恩梯	4.40(80℃)	5.00(85℃)	6.20(95℃)

5.2.2 黑索今的化学性质

纯品黑索今是中性物质,与稀酸不发生反应,一般工业品中,含微量酸仍相当稳定,浓硫酸能使其分解,在低温下黑索今只溶于浓硝酸而不分解,盐酸对黑索今的作用很小。

黑索今遇碱可不同程度地分解,在碱性溶液中,黑索今的分解产物有氮、氨、硝酸盐(或酯)、亚硝酸盐(酯)、甲醛、乌洛托品和有机酸等。生产中可用氢氧化钠水溶液处理设备中残留的黑索今。

在150℃以上用水煮洗,黑索今可发生分解。

黑索今在应用时,与大多数接触材料不发生反应,但与重金属(如铁或铜)的氧化物混合时,易形成不稳定的化合物。

黑索今的热安定性很好,50℃可长期储存而不分解。

日光对黑索今没有影响。经 γ 射线照射 44 天后,其熔点无明显变化,但机械感度有所提高,辐射过程中,黑索今分解的气体量见表 5.2。

表 5.2 黑索今在辐射过程中分解的气体量

时间/日	黑索今放气量/(mL/g)
0	0.16
20	0.44
30	0.87
40	1.49

由上述数据可以看出,黑索今在射线辐射环境中储存是不利的,在同样条件下其分解的速度高于梯恩梯。

5.2.3 黑索今的爆炸性能

黑索今是一种爆炸性能很高的炸药,在常用的军用炸药中,它的爆速、猛度、威力等均比梯恩梯、特屈儿高,但机械感度较大。

5.2.3.1 爆速

黑索今爆速与密度的关系见表 5.3。

表 5.3 黑索今的爆速与密度的关系

密度/(g/cm^3)	爆速/(m/s)
1.000	6080
1.650	8180
1.755	8660
1.770	8700
1.788	8712
1.796	8741

对上述数据进行拟合,得到黑索今的爆速 D 与密度 ρ 的关系式为

$$D = 2560 + 3470\rho \tag{5.2}$$

按式(5.2)外推出黑索今的最大爆速 $D_{max} = 8862 \text{m/s}(\rho_{max} = 1.816 \text{g/cm}^3)$。

5.2.3.2 爆压

用自由表面法测得黑索今的爆压 $P = 33.79 \pm 0.3 \text{GPa}$ ($\rho = 1.767 \pm 0.011 \text{g/cm}^3$)。

5.2.3.3 威力

黑索今爆炸的铅铸扩张值为 475mL,弹道臼炮试验值为 TNT 的 150%,特劳泽试验值为 TNT 的 157%。

5.2.3.4 猛度

黑索今爆炸的铅柱压缩值为 $24.9 \text{mm}(\rho = 1.00 \text{g/cm}^3)$。

5.2.3.5 爆发点

不同延滞期下,黑索今的爆发点见表 5.4。

表 5.4 黑索今的爆发点

延滞期/s	爆发点/℃
0.1(不带封盖)	405
1	316
5(分解)	260
10	240
15	235

5.2.4 黑索今的感度

5.2.4.1 机械感度

撞击感度 80%±8% (10kg 落锤,25cm 落高), $H_{50} = 22 \text{cm}$ (2kg 落锤,50%爆炸)。黑索今的撞击感度随温度的升高而提高,不同温度下,黑索今的感度特性值见表 5.5。

表 5.5 黑索今的感度特性值

温度/℃	2kg 落锤的 H_{50} 值/cm
20.0	22.7
32.2	20.3
104.0	12.7

摩擦感度:76%±8%(柯兹洛夫仪,摆角90°,压力为5.07MPa)。
枪击感度:5发实验,100%爆炸。

5.2.4.2 爆轰感度

ROX 的临界起爆药量及其与 TNT 的对比见表 5.6。

表 5.6 RDX 与 TNT 爆轰感度的比较

起爆药	雷汞/g	氮化铅/g	二硝基重氮酚/g
RDX 的临界起爆药量	0.19	0.05	0.13
TNT 的临界起爆药量	0.24	0.26	0.29

从对比结果可见,黑索今比梯恩梯更易于起爆,而且颗粒越细越容易起爆。因此,在某些要求感度高的用途中(如直径很细的导爆索),使用细粒度的黑索今。

黑索今对冲击波比较敏感,其 50% 引爆的隔板(铝)厚度为 69.4mm(ρ_0 = 1.70g/cm^3)。

5.2.5 黑索今的热安定性

黑索今具有很好的热安定性,在常用炸药中仅次于梯恩梯和奥克托今(HMX),这与它的环状对称结构有关,黑索今的真空安定性试验结果及其与梯恩梯的对比见表 5.7。

表 5.7 真空安定性试验结果(试验时间为 48h)

试验温度/℃	RDX 放气量/(mL/5g)	TNT 放气量/(mL/5g)
100	0.70	0.10
120	0.90	0.23
150	2.50	0.65

按国家军用炸药标准规定,经过 100℃、48h 后,每克炸药放出气体量应小于 2.0mL 方为合格产品,由此看来,黑索今的热安定性是相当好的。

5.2.6 黑索今的毒性

黑索今是一种有毒的物质,小白鼠的最小致死量为 1~4mg/kg,鱼在黑索今浓度为 6mg/L 的水中全部死亡,人在长期吸入微量黑索今粉尘后,可能发生慢性中毒,其症状为慢性头痛、消化障碍、小便频繁,妇女可发生闭经,大多数患者发现贫血现象。此外,红血球、血红蛋白及网状红血球的数目也大为降低,淋巴球及单核球数目增多。若短时间内吸入或从消化道进入大量的黑索今,则可发生急性中毒,严重时可危及生命。对于黑索今中毒尚无特效药,对急性中毒的患者可采用洗胃、导泻、吸氧、静脉注射维生素 C 加葡萄糖、服用镇静剂等方法。

5.3 奥克托今

奥克托今(HMX)的化学名称为环四次甲基四硝胺,是黑索今的同系物,也是目前所使用炸药中能量最高的单体炸药之一,1941 年作为合成黑索今的一种副产物,被发现其具有爆炸性,由于爆炸威力高和良好的耐热性能,目前已成为核武器、导弹战斗部的装药,同时还用于石油射孔弹和导爆索等的装药。由于奥克托今感度高,一般不能单独使用,可以和梯恩梯组成混合炸药,并可与高聚物组成高分子黏结炸药。由于成本较高,限制了它在常规武器中的应用,随着生产工艺的发展,将会给奥克托今带来广阔的应用前景。

5.3.1 物理性质

奥克托今为白色结晶,相对分子质量为 296.17,熔点为 285~287℃。奥克托今有 4 种不同的晶型,它们的稳定条件见表 5.8。

表 5.8 不同晶型奥克托今的稳定条件

晶 型	α-HMX	β-HMX	γ-HMX	δ-HMX
密度/(g/cm^3)	1.82	1.90	1.76	1.80
稳定温度/℃	115~156	≤115	156	156~279
室温	亚稳定	稳定	亚稳定	不稳定

从表中结果可以看出,β 型奥克托今是最稳定的,且感度也最低,所以日常使用的主要是 β 型奥克托今。

奥克托今的蒸气压变化见表 5.9。

奥克托今的热力学性质见表 5.10。

奥克托今的溶解度见表 5.11。

表5.9　奥克托今的蒸气压与温度的关系

温度/℃	蒸气压/Pa
97.6	4.27×10^{-7}
108.2	2.19×10^{-7}
115.6	$1.8 \times 10^{-7} \sim 5.59 \times 10^{-7}$
129.3	$3.77 \times 10^{-6} \sim 3.83 \times 10^{-6}$

表5.10　奥克托今的热力学性质

热力学性质	参　　数
生成焓/(kJ/mol)	74.93
燃烧热/(J/g)	9314~9887
导热系数/J/(s·cm·℃)	5×10^{-3}(25℃)

表5.11　奥克托今在各种溶液中的溶解度

溶剂	克HMX/100克溶剂		
	20℃	40℃	60℃
冰醋酸	0.037	0.044	0.090
醋酐	—	1.290	1.940
丙酮	2.400	3.400	—
乙腈	—	3.070	4.340
环乙酮	—	5.910	7.170
二甲基甲酰胺	—	6.100	11.100
二甲基亚砜	—	45.500	47.200

5.3.2　化学性质

奥克托今的化学性质是相对稳定的,光的照射对其无影响,在稀硝酸和稀硫酸中不分解,在浓硫酸中的分解比黑索今慢,在碱性水中的水解比酸性水中快,如1%的碱性溶液中长时间煮沸可使奥克托今全部水解,分解方程式为

$$(CH_2NNO_2)_4 + 8H_2O \rightarrow 4CH_2O + 4NH_4NO_3 \qquad (5.3)$$

根据奥克托今的水解性质,在生产奥克托今的工房中可用稀释的苛性钠碱溶液清洗设备。

在丙酮水溶液中也可以使奥克托今水解,但速度要比黑索今慢。

奥克托今可与许多溶液形成较稳定的络合物,这些溶剂包括二甲基甲酰胺、二甲基乙酰胺、N-甲基-α-吡咯烷酮、4-羟基丁酸内酯、环戊酮等。另外,二甲基亚砜可与奥克托今形成不稳定的络合物,因此在精制奥克托今时,可利用这一性质将黑索今与其分离。

5.3.3 热安定性

奥克托今具有较高的热安定性,从真空安定性实验数据可以看出(见表 5.12),其热安定性比黑索今好,与热安定性良好的梯恩梯相当。

表 5.12　3 种炸药的真空安定性试验数据

炸药	放气量/(mL/5g)	
	120℃	150℃
HMX	0.4	0.6
TNT	0.4	0.7
RDX	0.9	2.5

5.3.4 机械感度

奥克托今的机械感度见表 5.13。

表 5.13　奥克托今的机械感度

感度	参数/%
撞击感度(10kg 落锤,25cm 落高)	100
摩擦感度(柯兹洛夫仪)	100

奥克托今的撞击感度是与晶型相关的,且差别较大,其中以 β-HMX 的撞击感度最低。

奥克托今的溶剂化物的撞击感度要比纯奥克托今低,这对奥克托今的应用是一件非常有意义的事情,但随之而来的是这些溶剂化物的热安定性及爆炸性能会有所下降,因此在这方面还应加强进一步的研究。

作为高能炸药,奥克托今最大的特点是结晶密度大,因此能达到较高的爆速和爆压。目前爆速超过 9000m/s 且安定性好的炸药是非常少的,而奥克托今却是性能较全面的,尤其在高温下安定性优于黑索今和梯恩梯,在应用中可以添加钝感剂来解决其机械感度较高的问题。

5.3.5 爆炸性质

奥克托今的爆炸性能及参数见表 5.14。

表 5.14　奥克托今的爆炸性能

爆炸性能	参数
爆速(m/s)	8917($\rho_0 = 1.854 g/cm^3$) 9010($\rho_0 = 1.877 g/cm^3$) 9110($\rho_0 = 1.890 g/cm^3$) 9157(推算值,$\rho_0 = 1.902 g/cm^3$)

(续)

爆炸性能	参　数
爆压/GPa	38.7($\rho_0=1.89\text{g/cm}^3$)
威力/mL	486(铅铸扩张值)
爆发点/℃	306(10s 延滞期) 327(5s 延滞期) 380(0.1s 延滞期)
起爆感度	氮化铅 0.3g(极限起爆药量)

5.4　硝　基　胍

硝基胍(NQ)由约赛林(Jouselin)于 1877 年合成出来,1900 年开始用于发射药,第一次世界大战期间德国将其用于弹体装药,第二次世界大战期间,日本和意大利也曾大量使用硝基胍作为炸药组分,目前,许多国家把它用作发射药的重要组分,即三基药(硝化棉、硝化甘油、硝基胍)。由于硝基胍的爆温低,可以降低对炮膛的烧蚀作用,有延长火炮使用寿命的优点,所以含硝基胍的火药也成为"冷火药"。

硝基胍由于爆炸性能与梯恩梯接近,且安定性较好,因此以它为基的混合炸药可以广泛用于弹体的装药。20 世纪 80 年代,还研制了以它为基的低易损性炸药。另外,由于制造硝基胍主要原料为硝酸铵和尿素,可与化肥生产相结合,因此硝基胍在平时和战时都具有重要地位。

5.4.1　物理性质

硝基胍的分子结构式如图 5.2 所示。

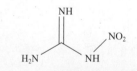

图 5.2　硝基胍的分子结构式

硝基胍有两种晶型,即 α 型和 β 型。α 型是长针状结晶,β 型是一种薄的长片状晶型,因此其松装密度仅为 0.3g/cm³,可压性很差,这将影响其爆轰性能的发挥,一般采用溶剂进行重结晶,获得柱状晶体,可改善使用效果。

硝基胍的其他物理性质见表 5.15。

硝基胍在硝酸和硫酸中的溶解度较大,且随着浓度增加而增加。20℃时,浓度为 50% 的 100mL 硝酸可溶解 5.8g 硝基胍;25℃时,浓度为 45% 的 100mL 硫酸可溶解 10.9g 硝基胍。在 200℃时,硝基胍在 100g 溶剂中的溶解度见表 5.16。

表 5.15 硝基胍的物理性质

物理性质	参数
熔点/℃	232
晶体密度/(g/cm³)	1.77
生成焓/(kJ/mol)	−89.58
吸湿性	一般不吸湿

表 5.16 硝基胍在溶剂中的溶解度

溶剂	溶解量/g
乙醚	0.04
乙醇	0.18
丙酮	0.19
甲醇	0.50
吡啶	1.75
水	0.27

5.4.2 化学性质

硝基胍呈弱碱性,可与浓酸形成盐,与浓硫酸加热分解。硝基胍在沸水中是稳定的,但长时间煮沸可以放出少量的氨。

5.4.3 热安定性

硝基胍在100℃下,经24h加热后,失重量为0.08%;在100℃下,经48h加热后,失重量为0.11%。在100℃下,经40h的真空安定性试验,其放气量为0.37mL/5g,在120℃下,经40h的真空安定性试验,放气量为0.44mL/5g,说明硝基胍具有良好的热安定性。

5.4.4 爆炸性能

硝基胍的爆炸性能见表5.17。

表 5.17 硝基胍的爆炸性能

爆炸性能	参数
爆速/(m/s)	7650(ρ=1.55g/cm³)
爆发点/℃	275(5s 延滞期)
撞击感度/%	0
摩擦感度/%	0
爆轰感度/g(最小起爆药量,氮化铅)	0.02
威力/%(TNT 当量)	104
猛度/mm(铅柱压缩值)	23.7
冲击波感度/mm(G_{50})	5(ρ=1.63g/cm³)

上述数据表明,硝基胍的机械感度、冲击波感度及爆轰感度都很低,这些特

性可使其作为低易损性炸药使用。

5.5 特屈儿

特屈儿(CE)的化学名称为三硝基苯甲硝胺,它既是芳香族化合物,又是硝胺类化合物,按习惯将其归入硝胺类炸药。

1877年默顿斯(Mertens)发现了特屈儿,但直到1906年才被作为炸药使用。由于它具有良好的爆轰感度和较大的爆炸威力,第一次世界大战时,用于装填雷管和炮弹的传爆药柱,第二次世界大战期间,曾作为混合炸药的组分。特屈儿是一种综合性能较好的炸药,但由于其毒性太大,并且随着黑索今和泰安的广泛使用,使其重要性日益减弱并趋于淘汰。

5.5.1 物理性质

特屈儿为白色晶体,但在光的作用下很快变为浅黄色,纯特屈儿熔点为129.45℃,工业品的熔点为127.9℃。

特屈儿的结晶密度为1.73g/cm^3,假密度为0.9~1.0g/cm^3。在196.3MPa压力下,密度可达1.71g/cm^3。

特屈儿的吸湿性能很小,在30℃、相对湿度为90%的条件下,吸湿性仅为0.04%。

特屈儿在溶剂中的溶解度见表5.18。

表5.18 特屈儿在每百克溶剂中的溶解克数

溶剂	20℃	50℃	60℃	70℃	80℃
水	0.0075	0.0195	0.0350	0.0535	0.0810
乙醇(95%)	0.563	1.720	2.640	4.230	—
四氯化碳	0.025	0.095	0.154	0.241	—
氯仿	0.570	1.780	2.650	—	—
二氯乙烷	3.800	—	18.800	—	64.500
二硫化碳	0.0208	—	—	—	—
乙醚	0.418	—	—	—	—
丙酮	45.820	111.850	—	—	—
苯	9.990	—	—	21.860	42.430

由上表可见,特屈儿易溶于丙酮、二氯乙烷和苯,几乎不溶于水。特屈儿在浓硝酸中的溶解度很大,但随硝酸浓度的降低其溶解度也大幅下降。

5.5.2 化学性质

在稀硫酸中长时间煮沸,特屈儿不会发生明显的变化,但在常温下,浓硫酸却能使其脱去 N 原子上的硝基,生成硝酸。

特屈儿与碱的水溶液作用可生成苦味酸盐,但冲击感度并不升高。

特屈儿在水中长时间煮沸时,也会发生少量的分解。

特屈儿与许多有机物(如萘)或炸药可形成加成物,与许多芳香族硝基化合物(如 TNT、TNX、三硝基甲醚等)形成加成化合物或低共熔物,这些特点可用来配制低熔点注装混合炸药。

特屈儿在室温下存放非常稳定,65℃放 12 个月、75℃放 6 个月,100℃加热 100h 后均未发现有显著的分解现象,但是当加热温度超过熔点后,分解速度由于相变而急剧增加,热安定性就会明显降低。

5.5.3 机械感度

特屈儿的机械感度见表 5.19。

表 5.19 特屈儿的机械感度

机械感度	参数
撞击感度/%(10kg 落锤,25cm 落高)	48±6
摩擦感度/%(柯兹洛夫仪)	12±8
枪击感度/%	13(爆炸)、54(半爆)、10(燃烧)

特屈儿的机械感度显著地高于梯恩梯,但低于黑索今,在常用炸药中属中等程度,由于感度偏高,一般不作为炮弹的主装药。

5.5.4 爆炸性质

特屈儿的主要爆炸性能见表 5.20。

表 5.20 特屈儿的主要爆炸性能

爆炸性能	参数
爆速/(m/s)	7460($\rho_0 = 1.63g/cm^3$)
爆压/GPa	24.3
威力/%(TNT 当量)	136
猛度/%(TNT 当量)	114.8
爆轰感度/g(氮化铅的极限药量)	0.025

5.5.5 生理毒性

特屈儿对人体的毒性大于梯恩梯,对人的皮肤损害比较明显,可引起皮炎,吸入呼吸道能引起中毒,发生上呼吸道发炎或脓肿,中毒的典型症状为食欲减退、失眠和眩晕等,因此接触特屈儿时,应穿防护服,身体裸露部分应用 10% 四硼酸钠的乳液涂抹加以保护。

5.6 其他高能硝胺炸药

5.6.1 二乙醇-N-硝胺-二硝酸酯

二乙醇-N-硝胺-二硝酸酯(别名吉纳,DINA)的化学结构式见图5.3。

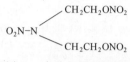

图 5.3 吉纳的化学结构式

吉纳首先由赖特(G. F. Wright)于1942年合成出来,1944年美国曾用作硝化棉的增塑剂。

吉纳为白色或淡黄色晶体,纯品的熔点为52.5℃,常温下吸湿性小,难溶于水、四氯化碳和石油醚,可溶于冰醋酸、甲醇、乙醇、乙醚、苯、丙酮等溶剂。

酸和碱均能引起吉纳的分解,且安定性较差。

吉纳的机械感度与特屈儿相近。

吉纳具有较好的爆轰性能,当 $\rho_0=1.630\text{g/cm}^3$ 时,爆速 $D=7708\text{m/s}$,其威力与RDX接近,是TNT的150%。

吉纳除了作硝化棉的增塑剂外,还可作为混合炸药的活性增塑组分。

5.6.2 1-羰基-2,4,6-三-N-硝基三氮杂环己烷

1-羰基2,4,6-三-N-硝基三氮杂环己烷(662炸药)是白色晶体,熔点为181~182.5℃,结晶密度为 1.94g/cm^3,不吸湿,室温下不挥发。

662炸药溶于浓硝酸、丙酮、乙腈、硝基苯、硝基甲烷、二甲基甲酰胺,不溶于水、乙醇、苯、醚、二氯甲烷、氯仿等。

当密度为 1.895g/cm^3 时,662炸药的爆速达到9182m/s,理论爆压可达41GPa。

662炸药的结晶密度大,其爆压、爆速都高于黑索今,但由于其易水解,导致了其安定性的下降,这是需要进一步研究解决的问题。

第6章

硝酸酯炸药

6.1 概 述

硝酸酯炸药的结构特点是:硝基通过氧原子与碳原子相连,也称连氧基化合物。这类化合物的安定性较差,机械感度较高,但氧平衡较好,因而具有较好的爆炸性能。

硝酸酯炸药包括一元醇硝酸酯、多元醇硝酸酯、糖类硝酸酯及淀粉和纤维素的硝酸酯等。常用的有泰安(PETN)、硝化甘油(NG)、硝化乙二醇(Ng)、硝化棉(NC)等。

低级一元醇硝酸酯一般为液体,沸点较相应的醇类高,黏度比相应的醇类低,蒸气压高,易挥发。

硝酸酯能与大多数有机溶剂互溶,并能与其他液体硝酸酯互溶,有些还可以与硝基化合物形成低共融物,可作为增塑剂使用。

硝酸酯类化合物最重要的化学性质之一是水解,酯类在水溶液中会发生水解,酸、碱都有促进其水解的作用,因此在储存中应严格控制酸、碱的含量。

硝酸酯炸药的氧平衡比相应的硝基化合物高,因此爆炸威力大,另外它们的爆轰感度较高,如泰安的爆轰感度是常规炸药中最敏感的,所以可作为弹药系统的传爆系列,并且在爆炸加工中也得到广泛应用。

由于这类炸药的安定性较差且感度较高,在使用上受到了限制。

多数的硝酸酯炸药蒸气压较高,可通过呼吸道进入人体内,也可透过皮肤和粘膜进入人体内,使人的血管扩张,降低血压,伴有严重的头痛和恶心,重者皮肤变青、视觉错乱、四肢浮肿,甚至瘫痪等,严重者可导致死亡。如已中毒,轻者应迅速到室外呼吸新鲜空气,重者可注射咖啡因、苯甲酸钠或口服硫酸苯胺基丙烷。不同人的反应不同,许多人接触几天后即可适应,且无慢性中毒现象,但工作中断后,再度接触时还要重新适应。

许多硝酸酯类化合物,特别是硝化甘油早已在医学上被用作降压剂及扩张血管的药物来治疗心绞痛和冠心病,更多的是采用固体硝酸酯类化合物,因其不易被吸收,作用较慢且持久,所以可作为长效血管扩张的药物使用。

6.2 泰　　安

泰安(PETN)的化学名称是季戊四醇四硝酸酯,由托伦斯(Tollens)于1891年首次合成出来,第一次世界大战后,广泛应用于军事和民用爆破领域,可与梯恩梯、特屈儿、二硝基甲苯、硝酸铵及金属粉等配成混合炸药,用于装填雷管、导爆索及小口径弹药,还可用作传爆药柱,钝化后的泰安可装填杀伤弹,在民用爆破领域,可作为工业炸药的敏化剂,以提高爆轰感度。

泰安在硝酸酯炸药中的热安定性最好,威力稍大于黑索今,但能量密度不如黑索今。泰安具有良好的爆轰感度,最适于作为低爆速、低密度炸药的敏化剂,也是临界直径最小的爆炸、传爆器件装药,且原料来源广泛,所以泰安仍占有重要的地位。

泰安的分子结构式如图6.1所示。

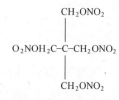

图6.1　泰安的分子结构式

6.2.1　物理性质

泰安为肉白色结晶,存在两种晶型:α型和β型,其中α型为稳定型,其结晶密度分别为:1.716 g/cm³(α型)、1.778 g/cm³(β型)。

泰安的熔点为141.3℃,工业品的熔点为138~140℃。

泰安不吸湿,几乎不溶于水,难溶于酒精、苯、汽油中,易溶于丙酮、醋酸甲酯等,泰安在某些溶剂中的溶解度见表6.1。

表6.1　泰安在溶剂中的溶解度(g/100g溶剂)

溶剂	0℃	20℃	30℃	40℃	50℃	60℃
丙酮	14.37	24.95	—	30.56	—	42.68
苯	0.15	0.45	—	1.16	—	3.35
四氯化碳	—	0.096	0.108	0.118	0.121	—
环己烷	—	0.35	2.8	6.1	9.2	12.2
乙醇	0.07	0.195	—	0.415	—	1.205
二氯乙烷	—	—	1.25	—	8.28	11.6
甲醇	—	0.46	—	1.15	—	2.60
乙酸甲酯	—	13.0	17.0	22.0	31.0	—
乙酸乙酯	—	6.322	—	—	17.868	—
四氯乙烷	—	0.18	0.27	0.40	0.58	—
甲苯	0.15	0.43	—	0.62	—	2.49
硝基甲烷	3.36	8.89	—	—	—	—
二甲基甲酰胺	—	—	—	40	—	50

泰安可溶于液态或熔融态的芳香族硝基化合物及硝酸酯中,与其形成低共熔物,具体组成见表6.2。

表6.2 含泰安的低共融物的熔点

组分	含量/%	熔点/(℃)
间二硝基甲苯/泰安	80/20	82.4
地恩梯/泰安	90/10	67.3
梯恩梯/泰安	87/13	76.1
特屈儿/泰安	70/30	111.3
硝化甘露醇/泰安	80/20	101.3
二乙基二丙基脲/泰安	88/12	68.0

泰安的蒸气压极低且溶解度小,故不会因吸入其蒸气而发生中毒,即使吸入少量泰安粉尘,也不会发生有害影响,泰安在医药上作为长效冠状动脉扩张药,用于治疗心绞痛。

6.2.2 化学性质

泰安是硝酸酯炸药中最稳定的,这主要是因为它的分子结构对称性好,即4个$-CH_2ONO_2$基围绕中心碳原子形成对称分布结构;另一个原因是由于其熔点较高,在熔点以下分解速度很低,在常温下放置12年无显著变化,在100℃下,连续加热40h仅失重0.1%,在140~145℃时,加热半小时后开始分解放出氧化氮。

泰安与水不发生反应,在125℃且加压的情况下,可发生快速水解。

泰安中含酸是很不安定的,在长期储存时会发生自燃,这是由于酸可促使泰安分解,其反应可按下式进行:

$$C(CH_2ONO_2)_2 + 2H_2SO_4 \leftrightarrow C(CH_2ONO_2)_2(CH_2OSO_3H)_2 + 2HNO_3$$

(6.1)

泰安与碱作用时,会发生皂化反应,其中以苛性碱的影响最大,其反应式为

$$C(CH_2ONO_2)_4 + 4NaOH \rightarrow C(CH_2OH)_4 + 4NaOH \quad (6.2)$$

在实际应用中可用碱溶液来销毁含泰安的废药。

相同条件下,泰安在不同介质中分解情况如图6.2所示。

泰安与梯恩梯及其他化合物混合时,低温下也能加速分解,尤其是当梯恩梯含量为20%左右时最易分解。这也是曾被广泛使用的 PETN 50/TNT 50 混合炸药被 RDX/TNT 混合炸药取代的重要原因。

泰安的晶体受到紫外线的强烈照射能够迅速分解,熔融态时,受到480J紫外线照射20μs即爆炸,在更大强度的激光照射下会迅速转为爆轰。

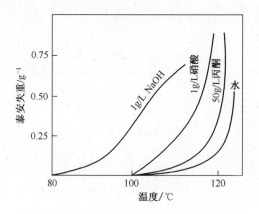

图 6.2 泰安在不同介质中的分解情况

6.2.3 机械感度

泰安的机械感度见表 6.3。

表 6.3 泰安的机械感度

项　目	特性值
撞击感度/%(10kg 落锤,25cm 落高)	100
摩擦感度/%(柯兹洛夫仪)	92
枪击感度/%(5 发)	100

泰安对各种机械刺激都非常敏感,作为爆炸装药使用时,须钝化处理。泰安的感度是硝酸酯炸药中最低的一种,但与其他常用炸药相比,感度中是非常高的,几种炸药的机械感度对比见表 6.4。

表 6.4 几种炸药的机械感度对比(2kg 落锤,50% 爆炸)

炸药	落高/cm
PETN	12.5
HMX	26.1
CE	38.5
RDX	23.3
TNT	157
HNS	53.7

6.2.4 爆轰感度

泰安具有很高的爆轰感度,几种常用炸药的极限起爆药量对比见表 6.5。

表 6.5 炸药的极限起爆药量

起爆药 炸药	雷汞/g	氮化铅/g	二硝基重氮酚/g
泰安	0.17	0.03	0.09
黑索今	0.19	0.05	0.13
特屈儿	0.54	0.10	—
梯恩梯	0.24	0.26	0.29
奥克托今	—	0.30	—

加入钝感剂后,泰安的机械感度降低,但其爆轰感度仍很高,如加入40%的水后仍能被8#雷管引爆,而在梯恩梯中加入15%的水时就不能爆轰了。根据这一性质,泰安被广泛用于导爆和传爆装药。

6.2.5 爆炸性质

泰安爆炸性质的显著特点是临界直径小,即爆速受药柱直径的影响小,可用其制成很细的导爆索,而且导爆索弯曲时爆速变化也很小,一般不超过1%。泰安的爆炸性能见表6.6。

表 6.6 泰安的爆炸性能

爆炸性能	参 数
爆速/(m/s)	$D=2140+2840\rho_0 (\rho_0 \leq 0.37 \text{g/cm}^3)$ $D=3190+3700(\rho_0-0.37)(\rho_0=0.37 \sim 1.65 \text{g/cm}^3)$ $D=7920+3050(\rho_0-1.65)(\rho_0 \geq 1.65 \text{g/cm}^3)$
爆热/(MJ/kg)	5.86
爆压/GPa	$P_{计算}=32.6(\rho_0=1.77\text{g/cm}^3)$ $P_{实测}=34.0(\rho_0=1.77\text{g/cm}^3)$
爆温/(℃)	4230
爆容/(L/kg)	768
猛度/mm(铅柱压缩值)	14~16
威力/mL(铅铸扩张值)	500

综上所述,泰安是一种高威力炸药,主要缺点是机械感度高,只能用于雷管中的第二装药及导爆索装药。当其用量大于10g时,必须钝化处理,钝化泰安可用于传爆药柱及小口径炮弹装药。泰安和其他炸药或非爆炸组分制成混合炸药的爆炸性能与以黑索今为基的混合炸药相当,但机械感度和热安定性能差,因此不如黑索今为基的混合炸药应用广泛,目前主要用于装填雷管、制造传爆药柱及导爆索。

6.3 硝化甘油

硝化甘油(NG)的化学名称为丙三醇三硝酸酯,也可称为甘油三硝酸酯,由意大利的索布列罗于1847年首先制得,之后有人研究将其作为炸药使用,但由于装填和使用中都有很大的危险而停止了试验,直到1862年,瑞典的诺贝尔采用硅藻土吸收硝化甘油,提高了使用的安全性,并用其代替黑火药进行采矿,使硝化甘油的生产和应用得到迅速发展。目前许多国家仍用它制造工业炸药,同时它又是发射药及推进剂的主要原料。

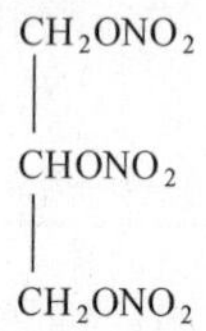

$$\begin{array}{c} CH_2ONO_2 \\ | \\ CHONO_2 \\ | \\ CH_2ONO_2 \end{array}$$

图 6.3 硝化甘油的结构式

硝化甘油的结构式如图6.3所示。

制造硝化甘油的原料是甘油、硝酸和硫酸,其反应方程式为

$$C_3H_5(OH)_3 + 3HNO_3 \leftrightarrow C_3H_5(ONO_2)_3 + 3H_2O \tag{6.3}$$

6.3.1 物理性质

纯的硝化甘油是无色透明的油状物质,工业品呈淡黄色或淡棕色,含0.2%~0.4%水时为半透明的乳白色液体,储存过程中,因分解会使颜色变深。液态硝化甘油的密度随温度的升高而降低,不同温度下的密度可用下式计算

$$\rho_0 = (1.17407 - 2.6834 \times 10^{-4} t)^3 \tag{6.4}$$

常温下硝化甘油的挥发性不大,加热时增加,50℃以上,挥发显著,并伴有焦糖甜味,再继续加热,开始分解。

固态硝化甘油有两种晶型,一种是斜方晶体,为稳定型;另一种为三斜晶体,为不稳定型,凝固点分别为13.2℃和2.2℃。两种晶型可以互相转化,不稳定型晶体一般只能静态保持1~2周不变,随着时间的加长则逐渐自动转变为稳定型。

硝化甘油在冷却凝固过程中,由于内部摩擦增大,变得非常敏感,其感度比液态或固态硝化甘油增大几倍之多,受到轻微的撞击、摩擦或震动,便可发生爆炸,因此在生产、储存和使用过程中,应使其温度保持在17℃以上,以防止硝化甘油凝固。

硝化甘油的吸湿性很小,常温及相对湿度100%的条件下放置24h,其平衡水分仅为0.12%。

硝化甘油溶于大多数有机溶剂中,常温下,能与甲醇、乙酸乙酯、无水醋酸、苯、甲苯、二甲苯、硝基苯、苯酚、乙醚、丙酮、氯仿、二氯乙烷、吡啶及硝化甘油的同系物(如硝化乙二醇、硝化二乙二醇、甘油二硝酸酯等)以任意比例混溶。同时,硝化甘油本身也是一种良好的溶剂,它可以溶解低含氮量的硝化纤维素(含氮量 11.8%~12.2%）并形成胶体,用来制造双基发射药和爆胶。硝化甘油还可以溶解许多硝基化合物（硝基苯、间位二硝基苯、梯恩梯、地恩梯、特屈儿、黑索今、硝化乙二醇、泰安、苯基脲烷、苯酞、甲基中定剂、二苯胺等）,形成低共熔物,这些物质非常有用,如硝化甘油与硝化乙二醇生成的低共熔物可以制造耐冻炸药。

浓硫酸和浓硝酸均能很快地溶解硝化甘油,但随着酸浓度的降低,溶解度减小。

硝化甘油几乎不和水混溶,在 1%~10% 的碳酸钠水溶液中溶解度更低。

6.3.2 化学性质

硝化甘油具有一般硝酸酯的化学通性,在中性水溶液中只有极轻微的水解反应,但在温度超过 80℃ 或有酸、碱存在的情况下,水解会明显加剧。

一般情况下硝化甘油不易被氧化,但易被还原剂还原,如在锡和盐酸作用下,还原成甘油和氨,在氯化亚铁的盐酸溶液中,被还原成 NO,其化学反应方程式为

$$C_3H_5(ONO_2)_3 + 5FeCl_2 + 5HCl \rightarrow CH_3COOH + HCOOH + 5FeCl_3 + 2H_2O + 3NO \tag{6.5}$$

经过精制的硝化甘油在常温下储存不发生分解,甚至保存几十年也不会分解,但超过 50℃ 时,就开始分解,到 135℃ 时,分解加快,215~218℃ 时,发生爆炸。硝化甘油热分解反应产物 NO_2 是分解反应的催化剂,具有强烈的自催化作用,如果分解进入自催化阶段,就有导致爆炸的危险,而此时的温度可能比爆发点低很多,因此要尽量避免在生产和储存中使硝化甘油含酸,可用碱中和产品中的酸和分解释放出的氧化氮气体,起到抑制分解的作用。

紫外线照射可以引起硝化甘油分解,有人曾将硝化甘油加热到 100℃,然后用能量为 900J 的紫外线照射,立即引起爆炸,因此在生产和使用中,应严格防止日光的直接照射。

6.3.3 机械感度

硝化甘油的机械感度很高,并随温度的升高而增大,其关系见表 6.7 和表 6.8。

表 6.7 硝化甘油 2kg 落锤的特性落高与温度的关系

硝化甘油温度/℃	落高/cm
冻结状	6
20	4
90	2

表 6.8　不同形态硝化甘油的撞击感度

形态	爆炸率/%	撞击能/(kg·N/cm²)
液体	10	0.08
	50	0.11
稳定晶体	10	0.5
	50	0.65
不稳定晶体	10	0.63
	50	0.78

另外,硝化甘油的撞击感度与晶型和形态有关。

撞击感度高低顺序为:液态>稳定型>不稳定型,在结晶过程中固液态共存的硝化甘油最为敏感,水是良好的钝感剂,用锯末或硝化棉吸收硝化甘油后,均可使机械感度下降。

6.3.4　爆炸性能

硝化甘油的氧平衡为 3.52%,爆炸时可全部变成气体,同时释放出大量的热,所以是一种威力很大的炸药。硝化甘油的爆炸性能见表 6.9。

表 6.9　硝化甘油的爆炸性能

爆炸性能	参　　数
爆速/(m/s)	1100~2400(起爆冲能低时)
	≥8000(起爆冲能足够大时)
爆热/(MJ/kg)	6.07~6.20
爆压/GPa	25.3(ρ=1.6g/cm³)
爆温/℃	3750
威力/mL(铅铸扩张值)	550
猛度/mm(铅柱压缩值)	24~26

鉴于硝化甘油具有较大的威力,因此可将其与胶棉先做成爆胶,再与其他氧化剂、可燃剂混合,制成爆炸能力很强的炸药,此类炸药通称为代那迈特,主要用于工业爆破。

硝化甘油还是双基发射药的主要成分,也是高能火箭固体燃料的重要组分。

6.4　其他硝酸酯炸药

6.4.1　硝化乙二醇

硝化乙二醇(Ng)是硝化甘油的同系物,化学名称为乙二醇二硝酸酯,化学结构式如图 6.4 所示。

硝化乙二醇为透明油状液体,凝固点为-22.8℃,沸点为 197.5℃,20℃时密度为 1.489 g/cm³,挥发性比硝化甘油大(60℃时挥发量为 2.2mg/(cm²·h),比硝化甘油大 20 倍)。

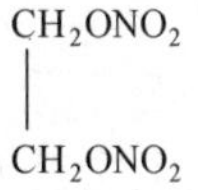

硝化乙二醇几乎不吸湿,可溶于大多数有机溶剂中,难溶于四氯化碳,对硝化棉的溶解能力比硝化甘油强,可与硝化甘油互溶,用于制造难冻胶质炸药。

$$\begin{array}{c} CH_2ONO_2 \\ | \\ CH_2ONO_2 \end{array}$$

图 6.4 Ng 的化学结构式

硝化乙二醇在酸或碱的作用下,可发生水解,但在浓酸中的分解速度比硝化甘油慢,在热水中也可水解。

硝化乙二醇是零氧平衡炸药,其爆热和威力都大于硝化甘油。爆炸性能数据及其与硝化甘油的比较见表 6.10。

表 6.10 Ng 和 NG 爆炸性能的比较

性能参数	Ng	NG
氧平衡/%	0	3.52
爆速/(m/s)	8200~8300	8000
爆热/(MJ/kg)	6.61	6.20
威力/mL(铅铸扩张值)	600	550

以上数据看出硝化乙二醇的爆轰性能及安全性均优于硝化甘油。

硝化乙二醇的爆速同样存在两种状态,但其更易于起爆和转为爆轰。

6.4.2 硝化二乙二醇

硝化二乙二醇为无色无嗅的油状液体,工业品有时带淡黄色,20℃时密度为 1.385 g/cm³。硝化二乙二醇有两种晶型,稳定型的凝固点为 2℃,不稳定型的凝固点为-10.5℃,挥发性介于硝化甘油和硝化乙二醇之间。其化学结构式如图 6.5 所示。

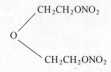

图 6.5 硝化二乙二醇的化学结构式

硝化二乙二醇溶于许多有机溶剂中,如硝化甘油、硝化乙二醇、醚、甲醇等,而不溶或微溶于酒精、四氯化碳、二硫化碳中,对胶棉的溶解能力很强,因此可用于生产硝化二乙二醇火药,具有易加工、塑性大、压延时不易着火以及可制"冷"火药等特点,也常与硝化甘油一起制造难冻代那迈特炸药。

硝化二乙二醇在热水、酸、碱的条件下都不易水解,但与生产中的废酸作用时,比硝化甘油还易分解,应注意生产过程中的立即脱硝。

硝化二乙二醇氧平衡为-40.8%,爆炸性能见表6.11。

硝化二乙二醇感度低、塑性好,可作为硝化甘油的战时代用品。

表6.11 硝化二乙二醇爆炸性能参数

爆炸性能	参 数
爆速/(m/s)	1800~2300(低速爆轰) 6800(高速爆轰)
威力/mL(铅铸扩张值)	425
爆容/(L/kg)	919
爆热/(MJ/kg)	4.48
撞击感度/cm(2kg)	160

6.4.3 硝基异丁基甘油三硝酸酯

硝基异丁基甘油三硝酸酯为淡黄色黏稠的油状液体,工业品呈深黄、棕黄或淡绿色,无气味但有辣味。凝固点为-39℃,极难结晶,低温时爆炸性能不变。15℃时密度为1.68 g/cm³,黏度比硝化甘油大8倍左右,挥发性很小。其化学结构式如图6.6所示。

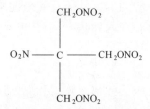

图6.6 硝基异丁基甘油三硝酸酯的化学结构式

硝基异丁基甘油三硝酸酯除微溶于石油醚外,可溶于大多数有机溶剂,在水或稀酸中溶解度较小,在稀碱液中水解严重。

硝基异丁基甘油三硝酸酯为零氧平衡炸药,爆炸性能见表6.12。

表6.12 硝基异丁基甘油三硝酸酯爆炸性能参数

爆炸性能	参 数
爆速/(m/s)	7860($\rho_0=1.64 g/cm^3$)
爆热/(MJ/kg)	7.15
威力/mL(铅铸扩张值)	578~605
爆发点/(℃)	180
机械感度/cm(2kg)	25

硝基异丁基甘油三硝酸酯炸药的爆热高、威力大,感度较硝化甘油低,且凝

固点低,是较好的增塑剂,可用于制造难冻代那迈特。

该化合物原料来源广泛,但毒性较大。

6.4.4 硝化甘露糖醇

硝化甘露糖醇为白色细针状结晶,熔点为 112~113℃,溶于丙酮、醚及热酒精中,不溶于水,难溶于冷酒精。硝化甘露糖醇的结构式如图 6.7 所示。

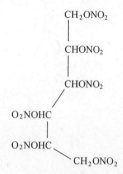

图 6.7 硝化甘露糖醇化学结构式

硝化甘露糖醇为正氧平衡炸药,其氧平衡为 7.1%,爆炸性能见表 6.13。

表 6.13 硝基异丁基甘油三硝酸酯爆炸性能参数

爆炸性能	参 数
爆速/(m/s)	8260($\rho=1.75\text{g/cm}^3$)
爆热/(MJ/kg)	6.09~6.36
威力/mL(铅铸扩张值)	560
撞击感度/cm(2kg)	4

由于其爆轰感度高、威力较大,适用于无起爆药雷管装药及传爆药柱等。

第7章

其他单体炸药

除上述各章介绍的广泛应用的单体炸药外,还有一些有应用价值的单体炸药,本章将做简单介绍。

7.1 硝 酸 盐

许多无机硝酸盐和有机硝酸盐都具有爆炸性,并且在炸药中占有重要的地位,如混合炸药中广泛使用的无机硝酸盐——硝酸铵,另外还有一部分硝酸盐,可作为混合炸药中的氧化剂,并被大量用于军事和民用混合炸药方面,本节主要介绍能单独作为炸药使用的有机硝酸盐炸药。

7.1.1 硝酸铵的甲基取代物

其结构通式为 $(CH_3)_n NH_{4-n} NO_3$,随着分子中甲基数目的增多,其氧平衡下降,因而爆炸性能下降,硝酸四甲铵其实已没有爆炸性。实际上只有硝酸甲铵在炸药工业中得到了应用,第二次世界大战中,德国曾将其作为熔注炸药的组分。

硝酸甲铵是无色晶体,晶体密度为 $1.422g/cm^3$,它的爆轰感度很低,要用传爆药柱才能引爆,在内径30mm、管壁1.5mm的钢管中,用40g泰安引爆,在不同密度下的爆速见表7.1。

表7.1 不同密度下,硝酸甲铵的爆速

密度/(g/cm³)	爆速/(m/s)
0.9	3140
1.0	3200
1.10	3280
1.20	2860
1.30	不爆轰

硝酸甲铵的其他爆炸性能见表7.2。

表 7.2 硝酸甲铵的爆炸性能

爆 炸 性 能	参 数
爆热/(kJ/kg)	3713
爆容/(L/kg)	1027
威力/mL(铅铸扩张值)	325
撞击感度/%(10kg,3m)	40
安定性/℃	195

硝酸甲铵可以与硝酸铵等无机硝酸盐形成低共熔物,如硝酸甲铵 67%/硝酸铵 33%的熔点为 55.5℃,硝酸甲铵 92%/硝酸铵 8%的熔点为 84℃,但上述低共熔物的爆轰感度低,需要加敏化剂才能应用。

硝酸甲铵极易吸湿,有人曾将 85%的硝酸甲铵水溶液作为混合炸药的组分,当该水溶液中含有气泡时,其撞击感度与泰安接近。

7.1.2 硝酸肼

硝酸肼的分子式为 $N_2H_5NO_3$,从分子结构式来看,硝酸肼没有碳元素,燃烧时没有烟,爆炸时可全部形成气态产物,其氧平衡为+8.4%,既可作为无烟推进剂,又可作为炸药使用。

硝酸肼是在 1889 年被合成出来的,在一次偶然的爆炸事故中发现了其猛烈的爆炸性,从此开始将其作为炸药使用,并出现了一系列以硝酸肼为基础的军用和民用混合炸药,商业名称为奥斯屈罗利特(Austrolite),其用途较为广泛。

硝酸肼有两种晶型:α 型(稳定型)和 β 型(不稳定型),其熔点分别为 70.7℃、62.5℃,转晶温度为 40℃。常温下,硝酸肼为 α 型,外观呈片状或柱状,晶体密度为 1.661g/cm³。

硝酸肼难溶于无水乙醇,但极易溶于水和肼中,硝酸肼在水中的溶解度见表 7.3。

表 7.3 硝酸肼在水中的溶解度

温度/℃	溶解度/(g/100g 溶剂)
10	63.63
20	72.70
30	80.09
40	85.86
50	91.8
60	96.51

硝酸肼的吸湿性较强,仅略低于硝酸铵。

硝酸肼具有良好的热安定性,30℃下,在95%的乙醇中,可保存4个月而不变质,100℃热失重低于硝酸铵,在250℃高温下,热分解小于1%,爆发点为307℃(50%爆炸)。

硝酸肼与锌、镉、镁等金属作用,但比硝酸铵水溶液缓和,在高温及熔融态时,与大多数金属及其氧化物、氮化物、碳化物作用并燃烧。

硝酸肼在-40℃时,与N_2O_4发生放热反应,但不会发生爆炸。

常温下硝酸肼与浓硫酸反应;硝酸肼、肼、水三元混合物对聚乙烯、聚苯乙烯、聚四氟乙烯、尼龙等高聚物无明显的不相容。

硝酸肼存在两种爆速,高爆速在8500m/s左右,低爆速在1400m/s,其爆速D_i和密度(ρ)的关系可表示为

$$D_i = 100 + 5390\rho \ (\text{m/s}) \tag{7.1}$$

硝酸肼的爆热不高(3834kJ/kg),但由于其不含碳,爆轰产物平均相对分子质量低,产物无烟且单位质量的爆轰产物体积大,爆温低,是一种良好的推进剂。另外,零氧平衡的硝酸肼/肼的混合物,爆速最大(肼含量为10%),威力为TNT的142%,当肼含量达到40%时,威力最大。

7.2 其他盐类炸药

除硝酸盐外,氯酸盐和高氯酸盐等都曾在工业上作为炸药使用过。目前,作为烟火剂、混合炸药、推进剂的氧化剂使用。

7.2.1 氯酸盐

大多数的无机氯酸盐都具有爆炸性,并且是强氧化剂。由于其机械感度高,一些国家禁止作为炸药使用。一般作为烟火剂的组分,如氯酸钾、氯酸钡、氯酸钠等,它们既是氧化剂,又是烟花的显示剂。

氯酸钾和氯酸钠曾用于制造混合炸药,由于氯酸钠的吸湿性较大,因此氯酸钾的使用更加广泛,氯酸钾的爆炸反应方程式为

$$KClO_3 \rightarrow KCl + 1.5O_2 \tag{7.2}$$

氯酸钾的晶体密度为2.344g/cm³,熔点为356~370℃,由于极易引起爆炸,因此与可燃剂共存时,不能加热,也不能在研钵中研磨。

氯酸盐本身机械感度较高,所以不能直接应用,在使用时一定要加入钝感剂,较好的钝感剂有硝基苯、煤油、凡士林、石蜡(油)、蓖麻油等。

7.2.2 高氯酸盐

高氯酸盐的热安定性比氯酸盐好,其中高氯酸铵、高氯酸钠、高氯酸钾、高氯酸锂等具有实用价值,由于高氯酸铵燃烧或爆炸后无固体残渣,实用价值最大,

目前主要用作固体推进剂的氧化剂。高氯酸铵的爆发点为350℃,铅铸扩张值为195mL,相当于TNT的68%。装药直径为35mm,密度为1.17g/cm³时,爆速为2500m/s。

在有机高氯酸盐中,主要有高氯酸肼、高氯酸胍,另外还有低相对分子质量的高氯酸酯及脂肪胺中的高氯酸盐,这些物质虽具有爆炸性,但均未作为炸药使用,有些曾作过固体推进剂中的氧化剂,也可作为混合炸药的敏化剂。它们的主要性能及其与常见物质的性能对比见表7.4。

表7.4 高氯酸盐及其与常见物质的性能对比

高氯酸盐	爆发点/℃	铅铸扩张值/(mL)	爆速/(m/s)
高氯酸肼	272	362	—
高氯酸胍	300	400	6000
苯胺	295	185	5980
邻硝基苯胺	235	245	6600
间硝基苯胺	245	235	6825
对硝基苯胺	256	210	6445
间苯二胺	350	335	—
α-萘胺	280	145	—
对苯二胺	326	235	7825
吡啶	335	245	6650
喹啉	291	195	—
8-硝基喹啉	303	240	—
7-硝基喹啉	290	240	—
6-硝基喹啉	296	235	—

7.2.3 含氟炸药

从20世纪50年代末开始,国外对含氟炸药进行了广泛的研究,主要的化合物有以下几类。

7.2.3.1 含氟烷基的化合物

含有$-CF_3$、$-CF_2-CF_3$、$-CF_2-CF_2-CF_3$等基团的化合物,这类基团本身不具有爆炸性,主要对炸药的熔点、热安定性、感度等起到调节作用。

7.2.3.2 碳链末端的氟二硝基化合物

其分子结构式如图7.1所示。

在脂肪族硝基化合物中,非末端的偕二硝基基团具有良好的安定性,但位于

图 7.1 氟二硝基化合物
分子结构图

碳链末端的偕二硝基化合物则因 α-氢原子非常活泼,化学安定性下降,如以氟原子取代 α-氢原子,其安定性可显著提高。又由于偕氟二硝基是正氧平衡基团,可改善炸药的氧平衡,因此某些含氟二硝基基团的化合物为猛炸药。

7.2.3.3 含氟硝胺化合物

分子中含有 $-NF(NO_2)$ 或 $-NF_2$ 基团的化合物,由于除去了伯硝胺基上的氢原子,因此消除了该类化合物的酸性。

虽然含氟炸药能够改善炸药的氧平衡,提高炸药的能量,但还是存在较多的问题。如氟取代原炸药分子中的硝基后,虽然爆热有所提高,但熔点下降,炸药的安定性降低;含氟炸药的机械感度也较高;氟取代硝基后炸药密度下降,使爆速也随之下降;另外含氟炸药的毒性普遍较大。由于上述原因,使该类炸药尚未得到广泛应用,但这类化合物的研究工作还在继续。

第8章 混合炸药概论

8.1 概 述

炸药的发展是随着化学工业、军事及其他相关领域的需求而发展起来的,随着科学技术的进步,单体炸药的性能越来越难以满足应用领域所提出的技术要求,因此混合炸药的发展成为必然的趋势。第二次世界大战以来,无论是在军事领域还是在民用爆破领域,综合性能全面的混合炸药已逐步替代了单体炸药,而单体炸药作为混合炸药的一种含能的原材料使用。

8.2 混合炸药的发展

人类最早发明并应用的炸药就是混合炸药,即我国古代的四大发明之一的黑火药,它是由硝酸钾、硫磺和木炭组成的混合物。公元10世纪,黑火药已用于军事活动,装填各种火器。直到19世纪后半叶,黑火药一直作为弹药的爆炸装药和发射装药,这一时期,黑火药对人类文明、军事技术和社会的进步都产生了深远的影响。

第一次世界大战期间发展起来的混合炸药,主要是以梯恩梯、苦味酸和硝酸铵为主配制而成的,为改善混合炸药的爆炸与安全性能,还加入了铝粉、石蜡及硝化棉等添加剂。这一时期军用混合炸药的特点是以熔融、半熔和干混状态进行装填,炸药的爆炸总能量不高。

第二次世界大战期间,随着高能单体炸药品种的增加,特别是将泰安、黑索今和特屈儿等作为军用混合炸药的组分,大幅度提高了混合炸药的爆炸能量。如德国和美国采用了梯恩梯与特屈儿组成的混合炸药,所有交战国都采用了含黑索今的混合炸药以提高炸药威力,如B炸药,其组分为 TNT 40%/RDX 60%/Wax 1%,装填榴弹后,使综合威力比第一次世界大战期间提高大约40%。另外,参战国大都采用了喷特利特熔注混合炸药,其组成为 TNT 50%/PETN 50%,用于破甲弹装药及爆炸装药。

为提高爆炸威力,第二次世界大战期间的军用混合炸药广泛采用含铝炸药,同时还采用液体炸药(如硝基苯 24.4%/硝酸 62.6%/水 13.0%),用于大面积扫雷。另外,塑性炸药较第一次世界大战期间有了较大的发展,以黑索今为主要成分的塑性炸药被广泛应用。为了扩大战争时期的炸药来源,含硝酸铵的混合炸药在第二次世界大战期间得到了进一步的发展,另外还使用过黑索今与蜡组成的混合炸药,如 A 炸药(RDX 91.0%/Wax 9.0%)等。

20 世纪 50 年代以后,各国对战争期间发展起来的混合炸药不断地完善和系列化。美国首先将 B 炸药系列化,发展了 B-3、B-4 熔注型混合炸药;完善了奥克托今熔注混合炸药(TNT 30%/HMX 70%、TNT 20%/HMX 80%),用于装填反坦克导弹及火箭弹战斗部,使熔注炸药的能量上了一个新台阶;接着又发展了 A 系列炸药,即 A、A-2、A-3、A-4(RDX 97%/Wax 3%,曾用于装填碎甲弹)、A-5 炸药(RDX 98.5%~99.0%/SA 1.5%~1.0%,用于制造传爆药柱)。苏联也研制出较新型的压装炸药,如用于装填反坦克破甲战斗部的 A-IX-Ⅰ,用于装填航弹、半穿甲及高炮榴弹的 A-IX-Ⅱ,另外还研制和发展了熔注型含铝炸药。

20 世纪 60 年代,苏联发展了 TNT 20%/RDX 80%的 Tr 炸药,用于装填萨姆导弹战斗部。世界各国全面采用了 TNT 和 RDX 组成的熔注混合炸药(赛克洛托儿炸药),各国所用配方略有差异,美国还发展了钝感 B 炸药。

20 世纪 70 年代初,美国使用燃料—空气炸药(FAE)装填炸弹,继第一代、第二代之后,发展了采用化学催化法将二次爆炸改为一次爆炸,以便简化武器结构,提高可靠性的第三代 FAE。目前,燃料空气炸药不仅在航弹、扫雷、防空导弹、反舰导弹和水兵器中得到了应用,而且还可以用于烟幕武器、核爆炸模拟和地探研究,具有广阔的发展前景。

在这一时期,塑料黏结炸药得到了迅速发展,由于高分子化合物能赋予混合炸药很多新的特性,因而拓展了混合炸药的种类和用途,由最初用于核武器的起爆装置,到后来逐步发展到导弹及常规武器的装药中。目前各国都在发展这类炸药,据不完全统计,该类炸药已达数百种之多。

综上所述,如果从黑火药作为弹丸爆炸炸药算起,到以奥克托儿(Octol)炸药作为战斗部装药为止,三百多年间混合炸药的威力已提高了近 13 倍。目前,混合炸药的基本特点是由单一追求高能量转化为提高混合炸药的综合性能,既具有高能量,又具备较高的安全、使用和储存性能。

8.3 混合炸药的组成和分类

8.3.1 混合炸药的组成

由两种或两种以上的物质组成的爆炸混合物称为混合炸药。混合炸药具有爆炸性是由于其含有氧化剂和可燃剂。另外,为了满足多种需求,可加入其他功能性添加剂。随着炸药应用领域的不断扩大和需求的各异,混合炸药的品种在不断增加。

根据不同的军事用途,混合炸药的组成可大体分为以下几种。

8.3.1.1 由两种或两种以上单体炸药组成的混合炸药

目前,这类炸药绝大部分是一种可熔炸药作为载体,与其他单体炸药组成悬浮体炸药来进行装药,如 TNT/RDX、TNT/HMX;也可以是两种或多种炸药形成的低共熔物,如 TNT 50%/CE 50%,RDX 30%/CE 30%/TNT 40%等。

8.3.1.2 以单体炸药为主并加入添加剂组成的混合炸药

这类炸药除了主体组分以外,为了改善其综合性能,通常根据需要加入不同性质的添加剂,常用的添加剂可分为以下几类。

(1) 钝感剂:用于降低炸药的机械感度、冲击波感度、静电及火焰感度等,从而保证炸药安全生产、运输和使用。

(2) 黏结剂:用于黏结各组分,改善药柱的力学性能和物理性能,提高药柱强度、尺寸稳定性和加工性。

(3) 增塑剂:用于增加黏结剂的塑性,提高炸药的成型性能。

(4) 敏化剂:与钝感剂相反,用于提高炸药的某一种感度,常用的是提高炸药的爆轰感度。

(5) 其他添加剂:为了改善炸药的某种性能或便于制备,还可加入一些其他添加剂,如表面活性剂、安定剂、引发剂、交联剂、发泡剂、脱模剂和染色剂等。

8.3.1.3 由氧化剂和可燃剂组成的混合炸药

这类炸药主要是含金属粉的混合炸药,如 NH_4ClO_4 78%/Al 6%/Wax 16%。

8.3.2 混合炸药的分类

混合炸药没有统一的分类方法,常根据用途、物理状态、性能、装填方法或其他某种特殊的性质进行分类。

8.3.2.1 按性能进行分类

(1) 高爆速混合炸药;
(2) 高威力混合炸药;
(3) 高强度混合炸药;
(4) 耐热混合炸药;
(5) 特种混合炸药。

8.3.2.2 按物理性能分类

(1) 塑性炸药;
(2) 挠性炸药;
(3) 弹性炸药;
(4) 黏性炸药。

8.3.2.3 按物理状态分类

(1) 固体混合炸药;
(2) 液体混合炸药;
(3) 气体混合炸药;
(4) 气固悬浮体爆炸混合物;
(5) 液固悬浮体爆炸混合物;
(6) 浆状、胶状混合炸药。

8.3.2.4 按装药方法分类

(1) 压装型混合炸药;
(2) 熔注型混合炸药;
(3) 塑态浇注型混合炸药。

8.3.2.5 按混合炸药的主体成分分类

(1) 梯黑炸药;
(2) 硝铵炸药;
(3) 塑性黏结炸药;
(4) 含铝炸药;
(5) 液氧炸药;
(6) 硝酸盐、氯酸盐类炸药。

按混合炸药的主体成分分类的方法在分类中是常见的,因此本书将采用按混合炸药的组分特点进行分类的方法详细介绍各类混合炸药的性能和特点。

8.4 对混合炸药的基本要求

混合炸药与单体炸药有很大的区别,某些单体炸药虽爆炸性好,但由于感度较高而不能直接使用。而混合炸药是可以直接使用的产品。因此,对其应有如下一些基本的要求。

(1) 要有足够的爆炸能量和威力,以保证对目标的摧毁作用。

（2）对各种环境刺激（机械、热、冲击波等）应具有适度的敏感性，以确保生产、使用、运输的安全性和引爆、传爆的可靠性。

（3）应具有良好的物理和化学安定性，以保证在长期储存后其各种性能不变，且使用和储存安全。

（4）每种混合炸药的性能应符合使用所提出的特殊要求，以保证良好的使用效果。

（5）原料来源广泛，力求立足于国内，生产和装药工艺简单，从而保障战时炸药的供给和平时生产良好的经济效益。

第9章
梯恩梯和其他高能炸药组成的混合炸药

9.1 概　　述

梯恩梯和其他高能炸药组成的混合炸药的特点是在溶态梯恩梯中加入高熔点的高能炸药固相颗粒,从而形成悬浮体炸药进行注装,也可以加入热值高的金属粉,形成含金属粉的熔融炸药,以提高炸药的爆热和威力。

这类炸药是目前世界各国在军事上应用最广泛的一类混合炸药,典型的代表是 TNT 与 RDX 以各种比例组成的混合炸药,它在第二次世界大战期间开始被应用,英国和美国称其为 B 炸药(Composition B)和赛克洛托儿(Cyclotol),苏联称为 T/r 炸药,德、法、瑞典及其他欧洲国家称黑索托儿(Hexotol),我国称其为梯黑炸药。这类炸药最早是由英、德两国研制的,后来由美国将其标准化。英、美、法、德等国家大量使用该类炸药装填榴弹、破甲弹、航弹、地雷及部分导弹战斗部,苏联也用此类炸药装填过破甲弹与导弹战斗部。这类炸药中最著名的是以 RDX 59.5%/TNT 39.5%/Wax 1.0%组成的 B 炸药,其是目前最重要的军用混合炸药之一,代表了相当一部分国家的炸药装药水平。

此类炸药能够得到发展和普遍应用的根本原因在于:与单一的梯恩梯相比,其能量可以得到较大幅度的提高,但感度却增加不多,并且还能满足各种弹药、不同药室形状的注装要求,同时,两种本来热安定性较高的炸药混合后相容性良好,能够满足长期储存的要求。尽管其综合性能较好,但由于机械强度较差且装药质量不易控制,易出现疵病等,使其在使用、运输和储存过程中存在安全隐患。我国研制的改性 B 炸药在满足了能量高的前提下,又改善了其发射安全性的问题,从而为我国炸药装备的更新奠定了基础。另外,还有采用热塑性弹性体为黏结剂,加入 RDX、HMX 等高能炸药及其他添加剂组成的混合炸药。

9.2 炸药的配方及性能

根据使用要求,此类混合炸药的配方可以在较大范围内变化,只要装药方法允许,并能保证装药质量,可以任意选择悬浮液中固体炸药的种类和含量。一般在导弹及破甲弹中的战斗部装药,可以使高能固相炸药含量多一些,在一般炮弹及航弹中,高能炸药的含量可少些。

9.2.1 RDX/TNT 混合炸药

9.2.1.1 典型配方

梯黑炸药(B 炸药)中,固相 RDX 在熔态 TNT 中的含量一般在 40%~60%,有的可高达 70%~80%,其中有 4% 的 RDX 溶解于液态 TNT,其他 RDX 颗粒悬浮于液态 TNT 中,另外还有蜡(Wax)等物质作为添加剂。

B 炸药系列一般组成为 RDX 59.5%/TNT 39.5%/Wax 1.0%。英国在 20 世纪 30 年代首先研制了含 1% 蜂蜡的 B 炸药,第二次世界大战期间,美国将蜂蜡换成石油基蜡,并将其标准化。目前,西方国家装备的大、中口径炮弹大多装填 B 炸药,正在研制的新弹种(如底凹榴弹及底排榴弹等)也装填 B 炸药。

另外,由各种比例的 RDX 和 TNT 混合组成的熔注混合炸药称为赛克洛托儿,但该类混合炸药在注装时 RDX 容易沉降且感度较高,因而在使用上不如 B 炸药广泛。

美国的 B 炸药系列中包括 B、B-2、B-3、B-4 及钝感 B 炸药。标准 B 炸药是用于常规弹药的主要装药,分Ⅰ型(片状)、Ⅱ型(粒状),Ⅰ型 B 炸药又分 A、B 二级,其主要区别在熔融状态下,A 级的流动性比 B 级的好。A 级 B 炸药可制造含铝炸药和装填破甲弹、榴弹等。B 级 B 炸药可装填地雷、航弹、手榴弹及初速低的炮弹等。RDX/TNT 组成的混合炸药典型配方见表 9.1。

表 9.1 RDX/TNT 混合炸药的典型配方

炸药名称	级别	RDX/%	TNT/%	Wax/%	其他
B 炸药	A	59.5	39.5	1	—
B 炸药	B	59.5	39.5	1	—
B-2 炸药	—	60	40	—	—
B-3 炸药	—	59.5	40.5	—	—
B-4 炸药	—	60	39.5	—	硅酸钙 0.5%
钝感 B 炸药	—	57.5	37.5	—	AristoWax 5.0%
		59	39		乙烯基漆 2.0%
Cyclotol	Ⅰ	75	25	—	—
Cyclotol	Ⅱ-A	70	30	—	—
	Ⅱ-B	69.6	29.9	—	硅酸钙 0.5%
T/r	—	50	50	—	—
T/r	—	50	50	—	石墨 0.5%(外加)
T/r	—	80	20	—	—

B-2炸药因不含蜡,感度较高,在使用中曾发生过事故,1944年美国已宣布停止使用并以B-3炸药取代。B-3炸药中TNT含量略高并且也不含钝感剂,但对RDX的粒度要求严格,需进行筛选和级配后才能使用,是美国能源部的专用装药及用于导弹战斗部的装药,因其成本较高,故未被广泛使用。

由于B炸药装填的炮弹发生过早炸事故,储存过程中也发生过渗油现象,因此在1960年用0.5%的$CaSiO_3$代替了1%的蜡,发展了不渗油的B-4炸药,用于装填地雷和过载小的战斗部装药,但药柱易出现裂纹,装药质量不够稳定,因此实际应用也不多。另外,苏联和东欧一些国家还发展和使用了T/r系列炸药,其主要组成为RDX 50%/TNT 50%。

9.2.1.2 爆炸性能

RDX/TNT混合物的爆炸性能随RDX含量的增加而提高。实测值与计算值见表9.2。

表9.2 RDX/TNT混合物的爆炸性能

RDX%/TNT%	ρ_{max}/(g/cm³)	D_{max}/(m/s)	$D_{计}$/(m/s)	$D_{测}$/(m/s)	威力/mL
0/100	1.6540	6970	—	—	290
10/90	1.6689	7142	6895(1.62)	7070(1.62)	300
20/80	1.6840	7312	7141(1.63)	7210(1.63)	310
30/70	1.6995	7495	7298(1.64)	7420(1.64)	315
40/60	1.7152	7676	7524(1.67)	7510(1.67)	345
50/50	1.7312	7861	7738(1.695)	7752(1.695)	365
60/40	1.7475	8050	7976(1.726)	7888(1.726)	390
70/30	1.7642	8242	—	—	410
80/20	1.7811	8457	—	—	445
90/10	1.7984	8637	—	—	465
100/0	1.8160	8840	—	—	480

9.2.1.3 改性与发展

尽管RDX/TNT混合炸药使用至今已有几十年历史了,但这类炸药仍存在一些问题。如当RDX含量高时,悬浮体系黏度增加,使得浇注困难,不能保证药柱的质量,还影响了使用的安全性;而RDX的含量低,又会影响弹药的威力。为此,国内外许多研究人员在改进和发展这类炸药的性能方面做了深入的研究,主要有以下几方面。

1)提高RDX/TNT混合炸药的爆炸能量

这方面的研究集中在通过提高RDX的含量来提高混合炸药能量。主要思

表9.3 RDX/TNT混合炸药的热安定性及感度

性　能		B炸药	Cyclotol		
			75/25	70/30	60/40
真空安定性/(mL/g)	100℃	0.7	0.23	—	—
	120℃	0.9	0.41	0.88	0.29
	150℃	11	—	—	—
热失重/%	1个48h	0.2	—	0.07	—
	2个48h	0.2	—	0.08	—
撞击感度/cm(H_{50},2kg落锤)		75		60	75
枪击感度/%(反应)		20	70	60	85
爆发点/℃(5s)		—		265	—
最小起爆药量/g(氮化铅)		0.2		0.2	0.2
最小起爆药量/g(雷汞)		0.22		0.21	0.22

路是降低悬浮液的黏度和提高装药密度。RDX的含量增加1%,混合炸药的爆速增加20m/s,爆压增大0.15GPa。在生产中可采用RDX的颗粒级配技术。国外利用这一原理,采用RDX颗粒级配为(200~500)μm/(20~80)μm=3∶1的RDX颗粒组成的梯黑炸药装填"霍特"反坦克导弹战斗部,可将RDX含量提高到73%,药柱密度可达到1.7692g/cm³。实际应用中采用颗粒级配的RDX,其含量可达80.7%;而采用真空振动装药及普通颗粒的RDX,其含量只能达到67%。按以上两个含量计算,前者的爆速可提高3.1%,爆压可提高7.2%,大幅度提高了炸药的爆轰性能。

2) 选择合适的添加剂

RDX/TNT混合炸药制成的药柱,在长期储存过程中,由于温度的变化,TNT中的低熔点物质反复融化和凝固,会使药柱发生不可逆膨胀,另外由于低熔点物质的渗出,也会导致装药结构疏松,同时还会出现裂纹等疵病,这些疵病和尺寸的变化都会影响弹药的性能和发射安全性。可在B炸药中引入某些高聚物(如聚氨基甲酸酯、聚醋酸乙烯酯、聚氨酯弹性体、硝化棉及热塑性高聚物等),作为低熔点物质的吸收剂,防止其迁移和渗出,同时还可以显著改善药柱的力学性能和物理尺寸的稳定性,还可加入一硝基甲苯等TNT的同系物,有利于增加炸药的塑性,降低弹性模量,防止产生裂纹,同时提高药柱的强度并防止渗油。

3) 采用新的注装工艺

为克服普通注装工艺带来的药柱疵病,提高药柱的质量,可采用低比压顺序凝固注装工艺,其原理是利用较低的压力,将冒口中的熔态炸药补充到逐层凝固的炸药缩孔中,药柱的密度高、结构致密,消除了缩孔和粗结晶及气泡,并减小了底隙,而且工艺简单,同时还减少了 TNT 蒸气对环境的污染。

有人研究采用压力注装工艺,其原理是利用熔态物质随压力增加熔点升高的特点,当对炸药施压后,熔态炸药各处的压力近似相等,使整个弹体内的熔态炸药同时凝固,避免了普通注装工艺靠热传导冷却所带来的疵病,并可提高 RDX 的含量。

在实际生产中还利用筛网式振动压滤法装药,不仅能提高装药质量,还可将 RDX 含量提高至 70%~90%,"米兰"反坦克导弹战斗部就是利用此法进行装药的,其平均密度可达 1.73g/cm³。

利用离心浇注法将 B 炸药浇注到破甲弹中,也可得到 RDX 含量达 75%以上的优质药柱。此外,真空振动注装及鼓气压力浇注等方法,都可以克服装药疵病,达到提高药柱质量和提高弹药威力的目的。

9.2.2 HMX/TNT 混合炸药

由于 HMX 具有较高的密度($1.90g/cm^3$)和较高的爆速(9150m/s),以 HMX 代替 RDX 与 TNT 组成一种更高能量的熔注型混合炸药(奥克托儿),两种炸药的性能对比见表 9.4。

表 9.4 Octol 与 Cyclotol 炸药性能对比

性　能	Octol(HMX/TNT)	Cyclotol(RDX/TNT)
配比/%	75/25	75/25
$\rho_{max}/(g/cm^3)$	1.8319	1.7726
$D_{max}/(m/s)$	8561	8354
P_{max}/GPa	34	30.8
$D/(m/s)$	8510(1.818)	8245(1.745)
P/GPa	33.4(1.818)	29.7(1.745)

表 9.4 中数据说明,Octol 的爆轰性能显著高于 Cyclotol,同样组成的 Octol 与 Cyclotol 相比,黏度较低,并且 HMX 在 TNT 中的溶解度较 RDX 低,因此可基本消除其悬浮液在反复融化时的增稠问题。

由于 HMX 的生产成本昂贵,使 Octol 的生产成本较 B 炸药提高 2.5~5.0 倍,因此限制了其广泛的应用,目前主要用于装填空心装药破甲弹,小型制导导弹,空空、空地和地空导弹战斗部。

9.2.3 PETN/TNT 混合炸药

由 PETN 和 TNT 组成的混合炸药(喷特利特,Pentolite),可根据不同的用途采用不同的配比,使用最多的是 PETN 50%/TNT 50%。第二次世界大战期间,常用其装填反坦克火箭武器和手榴弹,粉末状的喷特利特也用于装填雷管。由于 PETN 的爆轰感度和机械感度都较高,热安定性比 RDX 差,密度也比 RDX 低,因此其综合性能不如 B 炸药,目前已很少用于装填炮弹。其性能见表 9.5。

表 9.5　Pentolite 与 Tetrytol 的性能

性　能	Tetrytol(CE/TNT)				Pentolite(PETN/TNT)
配比/%	20/80	25/75	30/70	35/65	50/50
熔点/℃	68	68	68	68	76
爆速/(m/s)	7425(1.60)	7385(1.60)	7340(1.60)	7310(1.60)	7465(1.66)
威力/%(TNT 为 100%)	—	122	120	—	126
猛度/%(TNT 为 100%)	—	118(1.66)	117(1.60)	—	121(1.60)

9.2.4　CE/TNT 混合炸药

由特屈儿与 TNT 组成的熔注炸药(特屈托儿,Tetrytol),因其猛度较 TNT 高且易爆轰,所以在第二次世界大战期间用于装填榴弹、地雷和制造爆破药包。熔融的特屈托儿在凝固过程中具有较大的过冷度,特屈儿又限制了 TNT 结晶的生长速度,故可得到细结晶药柱。特屈托儿的机械感度比 TNT 略高,但热安定性均比 TNT 和特屈儿差,另外特屈儿毒性较大,所以现在很少应用。其性能见表 9.5。

9.2.5　其他 TNT 基熔注混合炸药

9.2.5.1　乙二硝铵/TNT 混合炸药

由乙二硝铵与 TNT 组成的熔注型混合炸药(比克拉托儿,Picratol),65℃ 以下不渗油,可减缓 TNT 结晶的生长速度,得到较细结晶的装药,其威力高于 TNT,但感度也比 TNT 高,在第二次世界大战期间曾用乙二硝铵 55%/TNT 45% 装填炮弹、炸弹和特种弹药的爆炸元件。

9.2.5.2　D 炸药/TNT 混合炸药

由 D 炸药与 TNT 组成的熔注型混合炸药(比克拉托儿),65℃ 不渗油,威力与 TNT 相当,但感度较 TNT 低。由于第二次世界大战期间装填 TNT 的炮弹对于装甲较厚的舰船、装甲车及混凝土工事常引起早炸,采用该炸药后效果较好,常用的配方为 D 炸药 52%/TNT 48%,曾用来装填混凝土破坏弹、半穿甲弹及穿甲弹等。

9.2.5.3　熔合炸药

为改善 TNT 注装药柱的起爆性能,在 TNT 中加入 5% 的三硝基二甲苯

(TNX)称为 L 熔合炸药,其凝固点为 74℃,得到的药柱结构较细,可用 8 号雷管起爆,威力与 TNT 相近,第二次世界大战期间,苏联曾用于手榴弹装药。当时德国还使用配方为 TNX 20%/TNT 80%的炸药,类似 L 熔合炸药,凝固点为 77℃,战时由于缺乏甲苯,也曾用过 TNX 45%/TNT50%/CE 5%熔注炸药,其熔点为 80℃,威力高于 TNT,但爆轰感度比 TNT 低。

另外,在 TNT 中加入 DNT,其结晶较细,药柱质量较高,爆轰感度较高,如 TNT 37.5%/DNT 62.5%融合物的熔点仅为 33℃,易于装药。TNT 80%/DNN(二硝基萘) 20%组成的 K-2 熔合物,其猛度低于 TNT,曾用于装填迫击炮弹。当密度为 1.451g/cm^3 时,TNT 50%/DNN 50%熔合物的爆速可达 5919m/s,也曾用于装填迫击炮弹;当密度为 1.579g/cm^3 时,TNT 90%/DNN 10%熔合物的爆速为 6620m/s,曾用于装填航弹。

9.2.5.4 以 TNT 为基的三元混合物组成的炸药

由三元混合物组成的混合炸药比二元混合物具有威力大和猛度高的优点。苏联曾在 76mm 榴弹上采用三元混合物装药,美国在此基础上提出了可用于注装的三元混合物炸药,如 PTX-1、PTX-2。其性能见表 9.6。

表 9.6 PTX-1、PTX-2 炸药的性能

性能	PTX-1	PTX-2
配比/%	RDX 30/CE 50/TNT 20	RDX 41~44/PETN 28~36/TNT28~33
爆速/(m/s)	7655(1.64)	8065(1.70)
威力/%	132	138
猛度/%	127(1.68)	141(1.71)

PTX-1 主要用于装填地雷和爆破装药,PTX-2 主要用于破甲弹空心装药及爆破装药。两种炸药在 65℃下均不渗油;将乙二硝胺加入到 CE 60%/TNT 40%中,可制成 PTX-3 炸药,其威力较高,但易渗油,需加吸附剂;将乙二硝胺加入到 PETN 70%/TNT 30%中,可制成 PTX-4 炸药,其威力也较高,但储存安定性差。

总之,三元混合物组成的炸药可以形成低共熔物,在凝固过程中可形成细结晶,使药柱的结构致密,从而提高了装药的爆炸性能。

除以上介绍的炸药以外,德国还曾采用 HEXYL(黑喜儿) 65%/TNT 35%熔注炸药装填鱼雷、地雷及航弹,还可在此炸药中加入铝粉来提高威力。由于战时资源缺乏,也曾使用六硝基二苯硫代替黑喜儿,还用过三硝基苯甲醚、三硝基萘和二硝基苯代替 TNT,以满足战时的需要。

日本曾采用过三硝基苯甲醚加入 RDX 的熔注炸药装填鱼雷和破甲弹,苏联和法国曾采用在苦味酸中加入二硝基萘、三硝基甲酚、二硝基甲酸及二硝基甲苯等制成的混合物装填航弹和制造爆破药包,但由于苦味酸储存安定性差,故平时

不用该类炸药。

从以上介绍的熔注炸药的特性中可以看出,该类炸药装填工艺简单,配方易于调整,原料来源不受限制且爆炸威力较高,适于各类弹种装填;但该类炸药在熔融状态下的热安定性明显降低,另外,由于低共熔物的存在,易在储存过程中发生渗油现象,这就会影响到使用的安全性。为了保证生产、运输、使用的安全性,在设计熔注炸药配方时,应保证作为载体的炸药熔点在 60~100℃的范围内,且要兼顾混合炸药各组分之间的相容性。

第10章 高聚物黏结炸药

10.1 概述

高聚物黏结炸药又叫塑料黏结炸药(PBX),是第二次世界大战后,首先由美国研究发展的一种新型混合炸药,一般由高能炸药 RDX、HMX、PETN 或 CL-20 等为主体,以高聚物为黏结剂,再加其他添加剂配制而成。该类炸药具有很高的能量密度和良好的物理力学性能,易于加工成型,是近代混合炸药的代表,也是近代炸药应用技术发展的重要成果。由于高聚物黏结炸药具有优良的特性,可根据需要设计成各种爆炸性能、物理力学性能、适用于多种用途的配方,因此自问世以来便迅速发展,现已遍及各个应用领域。

10.2 高聚物黏结炸药的分类与组成

目前,高聚物黏结炸药的种类很多,没有统一的分类方法。按爆炸性能,可分为高爆速、高爆压、高威力、低爆速炸药;按成型方法,可分为造型粉压装、注装、塑压炸药等类型;按物理状态,可分为造型粉、塑性炸药、挠性炸药、浇注热固性炸药等。典型高聚物黏结炸药的组成及性能见表 10.1。

表 10.1 部分高聚物黏结炸药的组成与性能

炸药代号	组成	$D/(m/s)$	P/GPa
PBX-9010 (造型粉压装型)	RDX 90%/氟氯乙烯聚合物 10%	$8370(\rho=1.78g/cm^3)$	$32.8(\rho=1.783g/cm^3)$
PBXN-101 (热固性)	HMX 82%/不饱和聚酯-苯乙烯树脂 18%	$7980(\rho=1.67g/cm^3)$	—
C-4 (塑性)	RDX 91%/聚异丁烯 2.5%/癸二酸二辛脂 5.2%/马达油 1.6%	$8040(\rho=1.59g/cm^3)$	$25.7(\rho=1.59g/cm^3)$
XTX-8003 (挠性)	PETN 80%/硅橡胶 20%	$7300(\rho=1.53g/cm^3)$	$17(\rho=1.546g/cm^3)$
低密度型 注装型	PETN 77.3%/聚氨酯泡沫塑料 22.7% TNT 58%/硝酸铵 29%/聚丙烯酰胺 13%	$2430(\rho=0.11g/cm^3)$ $6180(\rho=1.43g/cm^3)$	$1.01\times10^{-4}(\rho=0.11g/cm^3)$ —

10.3 高聚物黏结炸药中的组分及作用

高聚物黏结炸药的性能,取决于各组分的功能和性质以及相互间的作用,合理选择配方的组成,可以有效改善高聚物黏结炸药的性能。

10.3.1 主体炸药

混合物的爆炸性能取决于主体炸药的性能和含量,表10.2给出了不同主体炸药组成的高聚物黏结炸药的性能比较,表中数据说明,主体炸药的爆炸性能好,由其组成的混合炸药的能量就高。

表10.2 不同主体炸药的高聚物黏结炸药性能比较

炸 药	$\rho/(g/cm^3)$	$D/(m/s)$	P_{C-J}/GPa
TNT 97.5%/黏结剂 2.0%/钝感剂 0.5%	1.56	6718	18.0
RDX 90%/PVAC 8%/酞酸二丁酯 2.0%	1.60	7810	24.4
RDX 94%/Exon461 6%	1.60	7933	25.4
HMX 90%/VitionA 10%	1.87	8640	33.2
HMX 94%/NC 3%/CEF 3%	1.84	8800	37.5

另外,从式(10.1)可看出主体炸药含量对混合物爆炸性能的影响,即含量增加,混合物爆压增加。

$$P = P_1 \times \left(\frac{m}{\rho_1} \times \rho\right) \tag{10.1}$$

式中 P——混合物的理论爆压;

P_1——主体炸药的理论爆压;

m——主体炸药占混合物的质量分数;

ρ——主体炸药的理论密度;

ρ_1——混合物的理论密度。

除了主体炸药的性能及含量对混合物性能的影响外,炸药的粒度和粒度分布也会对混合物的成型性能与力学性能产生很大的影响。橡胶炸药要求主体炸药粒度较细,以保证其力学性能,且爆轰感度也较高。由氧化剂和可燃剂组成的主体炸药要求粒度越细越好,这样有利于氧化剂和可燃剂的反应,可提高爆炸能量。

总之,在选择主体炸药时,除了具有良好的爆炸性能及安定性外,还应注意主体炸药的粒度及其分布。

10.3.2 黏结剂

高聚物黏结炸药中的黏结剂一般为有机高聚物,其主要功能是改善混合物的物理力学性能并具有钝感作用。

10.3.2.1 分类

可用于高聚物黏结炸药的黏结剂种类很多,大体可分为以下几种。

1) 热塑性高聚物

这一类高分子聚合物品种多、来源广、性能优良、成本较低、规格稳定、易溶解于溶剂、便于包覆主体炸药并改善成型性能。热塑性高聚物在较高温度时塑性增大,使炸药易成型,降温后又可保持较高的强度,因此很适于压装型高聚物黏结炸药使用。

这类高聚物的缺点是当温度较高,接近高聚物本身的软化点时,药柱强度会明显下降,有时甚至会出现药柱变形和产生裂纹。

高聚物黏结炸药常用的热塑性高聚物有:聚氨酯、聚醋酸乙烯酯、聚甲基丙烯酸甲酯和丁酯、聚丙烯酸甲酯和丁酯、聚乙烯、聚苯乙烯、醋酸纤维素、醋酸丁酸纤维素、乙基纤维素、聚乙烯醇缩丁醛、聚酰胺、热塑性聚氨酯弹性体、聚丙烯腈以及丙烯酸乙酯与苯乙烯的共聚物、氯乙烯与醋酸乙烯的共聚物等。

2) 含氟高聚物

含氟高聚物具有优异的化学、物理稳定性和良好的耐热性及耐老化性,并且与混合炸药中的其他组分相容性好,本身的密度也很高,是一类性能良好的黏结剂,但由于价格较贵,且黏结性能不如热塑性高聚物,只在核武器、宇航研究的特殊爆炸用药和少量战斗部装药中使用,也可用作耐热炸药的黏结剂。常用的有氟橡胶(Vition A)、聚四氟乙烯、聚三氟氯乙烯、亚硝基氟橡胶及氟树脂等。

3) 热固性高聚物

热固性高聚物是与炸药和其他助剂一起加热后,加入固化剂使混合物在弹体中固化的。固化后的药柱物理、力学性能稳定,强度高、耐热性好且难以软化和变形。缺点是有些产品的固化温度较高,使爆炸组分易分解,带来操作上的不安全;另外,有些固化剂与炸药的相容性不好,也会导致炸药分解;该类物质固化后不溶不熔,对于产品的返修和回收造成了困难。

热固性高聚物主要用于配制高强度炸药和浇注型炸药。常用的有不饱和聚酯树脂、热固性聚氨酯和各种环氧树脂等。

4) 有机硅高聚物

此类高聚物具有很高的热安定性,物理化学性能稳定,并且耐热、耐低温、耐老化,与大多数混合炸药的组分相容,玻璃化温度低,因此该类材料在高温和低温时都能保持其力学性能,可用于热安定性要求高、耐热和耐低温的炸药,但其成本较高。常用的有硅橡胶、硅树脂、硅氧油等。

5) 橡胶及其弹性体

在制造具有一定挠性和弹性的高聚物黏结炸药时,往往选择橡胶和一些弹性体材料。橡胶的品种很多,有的耐热、耐磨、耐油,有的耐寒、耐老化,同时,橡胶还具有良好的工艺性,易与炸药组分混合均匀,因此这类高聚物是混合炸药较好的黏结剂和钝感剂。常用的品种有聚异丁烯、聚异戊二烯橡胶、丁基橡胶、丁苯橡胶、丁氰橡胶、丙烯酸酯橡胶、硅橡胶、氟橡胶、聚氨酯橡胶及聚硫橡胶等。

6) 活性高聚物

活性高聚物因含有硝基、氟、氯等元素,在混合炸药爆炸时能参加反应并贡献一定能量,既是黏结剂又是爆炸组分,因此可以减少混合物的能量损失,但这类高聚物的钝感效果较差,有的安定性不好,因此在一定程度上限制了它们的使用。常用的有硝化棉、活性聚丙烯酸酯、活性聚甲基丙烯酸酯、聚硝酸乙烯酯、硝基聚苯乙烯、多硝基聚氨酯、活性聚酯、含氟聚合物等。

7) 天然高聚物

此类高聚物来源广、成本低,但它们的黏结性能、溶解性能、物理化学稳定性不如人工合成高聚物。常用的有纤维素、淀粉、蛋白质等,能在混合炸药中使用的不多,能溶于水的天然树脂,可作为浆状炸药和水胶炸药的添加剂。

10.3.2.2 黏结剂应具备的条件

以上介绍了几类高聚物的性能特点,但并不是每种高聚物都可作为混合炸药的黏结剂,作为混合炸药的黏结剂必须具备以下条件。

(1) 对主体炸药具有良好的黏结性能。

(2) 高聚物本身应具有良好的物化稳定性,与主体炸药和其他组分相容性好。

(3) 具有良好的应用性能,易于溶解、分散和包覆,具有适宜的强度和塑性,并有钝感作用。

(4) 来源广泛,价格低廉,易于生产且无毒。

在选择黏结剂时,并不是某一类黏结剂只适用于一类炸药,一般是根据需要交叉选择,也可选择混合黏结剂,以得到性能良好的高聚物黏结炸药。如氟橡胶密度高、韧性好、有较强的黏结作用,而甲基丙烯酸甲酯与丙烯酸甲酯的共聚物模量高、强度大,这两种高聚物混合后,可使黏结体系的性能得到互补;再加入聚二甲基硅氧烷,使混合黏结剂的玻璃化温度降低,可适应较大的温度变化范围,药柱不易产生裂纹。

10.3.2.3 黏结机理

目前,黏结剂对炸药的黏结机理尚无成熟的说法,仅对目前较流行的理论作简单的介绍。

1) 润湿理论

这种理论认为,高分子黏结剂溶液必须对炸药颗粒表面浸润,才能对炸药起黏结作用。在溶剂挥发后,带有黏结剂的炸药小颗粒又互相黏结而成为较大的炸药颗粒。当黏结剂的表面张力显著高于单体炸药的表面能时，黏结体系对炸药表面的润湿性不良，使单体炸药和高分子材料不能充分靠拢到范德华力的作用范围，不能有效黏结在一起，致使混合炸药的包覆性差，钝感效果不好，反之则效果较佳。因此，润湿理论认为黏结力主要为范德华力。

2）酸碱配位理论

这种理论认为，高聚物黏结炸药实质上是高分子黏结剂与炸药晶粒表面存在着化学作用。如 RDX 的晶体结构中，亚甲基-CH_2 和硝胺基 $N-NO_2$ 的空间分布有利于与带 ζ_+ 或带 ζ_- 基团的聚合物相互作用，形成较强的酸碱配位作用。这种作用类似氢键，其作用力约为 50kJ/mol，比范德华力大，故可使高分子黏结剂与炸药晶体结合紧密。

根据这一理论，还可以向黏结体系中加入偶联剂，通过偶联剂与炸药和黏结剂之间产生化学键作用（键能约为 400kJ/mol），增强黏结作用。但并不是黏结剂与炸药晶体之间的每个接触点都可能形成化学键，其数目比分子间作用力的数目少得多。

3）扩散理论

这种理论认为，高分子溶液的溶剂对炸药晶体都有一定的溶解能力。当某种高分子溶液加入后，在相界面处会相互扩散，在溶液参数相等或相近时，则在炸药表面和高分子之间产生相似相溶而形成黏结。因此这种理论也称相似相溶理论，是润湿理论的补充。

实际上对于炸药产品，黏结剂只是对炸药晶体起到了黏结作用，黏结强度并不高，只有将其压成药柱时，各种界面作用力才能发挥出来。作者计算表明，当黏结剂分子与被黏结物分子间距离为 1nm 时，其间的引力达 10~100MPa；相距 0.3~0.4nm 时，可达 100~1000MPa。但实际情况和计算的结果相差很大，这是因为黏结的机械强度是一种力学性质而不是分子性质。

研究发现，在一定应力作用下，黏结剂从表面脱落，影响了炸药的感度和爆轰性能，降低了抗拉、抗压强度。目前采用的措施主要有：在炸药与黏结剂之间形成化学键；采用定向吸附，使黏结剂牢固吸附在晶体药柱的表面；在炸药表面形成坚韧的薄膜等。

10.3.3 增塑剂

10.3.3.1 分类

增塑剂一般是指能够降低高聚物的玻璃化温度并可增加其塑性的添加剂，一般可分为以下几类。

1）硝酸酯类

这类增塑剂是一种含能增塑剂，如硝化甘油、硝化乙二醇等，是最早被用作硝化棉的增塑组分来制造爆胶的增塑剂,但由于硝酸酯本身的机械强度较高及热安定性较差,在炸药中很少使用,常用于制造推进剂和发射药。

2) 芳香族硝基化合物

芳香族硝基化合物中的低硝化物、低共熔物常用作增塑剂,如 DNT、MNT、MNT 和 DNT、TNT 的混合物等,由于该类化合物及混合物的热安定性好,另外又含有一定的爆炸能量,因此在高聚物黏结炸药中应用很广。

3) 硝基缩醛类

这类增塑剂除了具有较高能量外,还具有明显降低玻璃化温度的作用,能有效改善炸药的塑性,并广泛地作为军用混合炸药和推进剂的增塑组分,其增塑效果优于芳香族硝基化合物和硝酸酯类化合物,但其热安定性较前两类化合物差,且与混合炸药中的主体炸药及其他组分常常出现不相容的情况,因此在一定程度上限制了其使用范围。应用较多的有双(2,2-二硝基丙醇)缩甲醛和缩乙醛及它们的混合物、双(2-氟-2,2-二硝基乙醇)缩甲醛等。

4) 其他含能增塑剂

除了上述几类含能增塑剂外,还有许多硝基化合物、脂肪酸多硝基酯类等。这些增塑剂中,有的因合成困难,影响大量使用;有的因蒸气压较大,使用不方便;只有脂肪族多硝基酯类应用较多。

5) 酯类增塑剂

这类增塑剂是应用最广泛的一类,其来源广泛,品种繁多,成本较低,且增塑效果好,并能起到钝感作用,改善药柱的耐冲击性。如邻苯二甲酸的乙酯、丁酯和辛酯均为液体,在温度很低时,能保持良好的增塑作用,使药柱的力学性能不会随温度的变化而降低。

6) 烃类增塑剂

这类增塑剂除可起增塑作用外,还可以增加炸药的流动性,使炸药易于加工,并起到钝感作用,且成本低廉,常用于制造挠性和塑性炸药,如应用较多的马达油和凡士林。第二次世界大战期间就采用马达油作为聚异丁烯的增塑剂来制造 C-4 炸药,目前也常用作塑性炸药中的增塑成分,以保证低温时炸药能够具有较好的塑性。

10.3.3.2 增塑剂应具备的条件

作为高聚物黏结炸药增塑剂应具备下列条件。

(1) 呈液态时沸点较高,凝固点较低;固态时熔点较低,能明显降低高分子的玻璃化温度,且挥发性和吸湿性要小。

(2) 与所增塑的高分子互溶性好,不渗出且工艺性好。

(3) 要有良好的热安定性和化学安定性,并与混合物中其他组分的相容性好。

(4) 有较高的爆燃点和较大的热容量,以便起到钝感作用。

配方设计时,应根据混合炸药的技术要求和使用条件选择增塑剂,兼顾成本和立足国内。对于军用混合炸药应注重考虑选择活性增塑剂,尽量减小能量损失;对于民用炸药可使用惰性增塑剂,并应尽量在不影响性能的情况下,降低成本且来源广泛。对于极性很强的高聚物,可以与其互溶的增塑剂很少,另外,有些高聚物结晶紧密,增塑剂不易渗入,这时可通过高聚物的共缩聚或大分子间的化学作用,向高聚物的分子上引入柔性链或侧基,来削弱大分子间的作用力,增加高聚物的流动性和塑性,这也称为内增塑法。

10.3.3.3 增塑机理

迄今为止,尚无一种全面的增塑理论来解释增塑剂对高聚物的增塑机理,因此只能综合较流行的一些理论来简述其增塑机理。

增塑剂可以形象地理解为是高聚物的一种低挥发性溶剂,互溶后可以扩大高聚物分子间的距离,从而达到降低分子间的作用力,使其塑性增加。

增塑剂与高聚物之间的互溶符合极性相近原则:对非极性增塑剂与非极性高聚物体系,增塑剂主要是进入高聚物大分子链间,增大分子间距离,降低分子间作用力。增塑剂体积越大,增塑效果越好。对极性增塑剂与极性高聚物体系,增塑剂是利用其极性基团与高聚物分子中的极性基团相互作用,替代高聚物大分子间极性基团的作用,而且还可利用增塑剂分子的非极性基团将高分子的极性基团隔开,使其不能与邻近的高聚物极性基团作用,从而达到增大分子间距离、减少分子间作用力、降低聚合物玻璃化温度的目的。

10.3.4 钝感剂

10.3.4.1 分类

钝感剂是指降低炸药对机械作用敏感性的添加剂。一般的黏结剂和增塑剂均有一定的钝感作用。这里着重介绍专用的钝感剂。

RDX、HMX、PETN 等高能炸药的机械敏感度都较高,若混合炸药机械感度不合适,还必须加入钝感效果显著的钝感剂,以达到安全使用的目的。常用的钝感剂可分为以下几类。

1) 蜡类

蜡类是使用最早的钝感剂,其钝感效果和安定性好,与一般炸药及材料的相容性好,且成本低、来源广,至今仍被广泛使用。常用的品种有石蜡、地蜡、蜂蜡、卤蜡、褐煤蜡、合成蜡及氨蜡等。大多数蜡因熔点较低,因此不耐热,而且容易渗油,使药柱的力学性能下降。另外,在单独使用蜡做钝感剂时(如对 RDX、PETN 进行钝感时),需加入 5%~10%才能将感度降低到安全使用的要求,这就明显降低了混合炸药的能量。因此在高聚物黏结炸药中,通常使用蜡和黏结剂、增塑剂的混合添加剂,蜡的加入量一般只需在 0.5%～1.0% 左右,既可保证混合炸药的能量水平,又能保持药柱的机械强度。另外,实验还表明,混合蜡比单一蜡的钝感效果要好;微晶石蜡比粗晶石蜡钝感效果较好;在蜡中加入苄基萘、四氢化萘等,也可提高钝感效果。

2) 含能钝感剂

这类钝感剂含有活性基团,能够减少炸药能量的损失,而且许多含能钝感剂又是黏结剂的增塑剂。一般来说,含有活性基团的化合物只要机械感度低于主体炸药,就可作为钝感剂使用,如 DNT 的爆炸能量是 TNT 的 70%,但其机械感度却相当低,在 RDX 中只需加入 3% 的 DNT 就可使 RDX 的撞击感度从 80% 下降到 56% 左右。常用的含能钝感剂有 DNT、TNT、乙二硝胺、硝基胍、三硝基苯乙硝胺、二硝基甘脲等。硝基烷可以降低液体硝酸酯的撞击感度,常用的有硝基丁烷、硝基戊烷、硝基己烷、硝基庚烷及硝基辛烷等。

3) 高聚物钝感剂

这类钝感剂具有黏结剂和钝感剂的双重功能,既可使混合炸药的能量损失减少,又因其包覆性能好,能在炸药颗粒表面形成较牢固的薄膜,起到了钝感作用,同时还改善了炸药的塑性和力学性能。如相对分子质量为 1500、熔点为 100℃ 的聚乙烯,只需要加入 1.67%,就可使 RDX 的撞击感度下降到 56% 左右;加入 2% 的聚氨基甲酸酯和 1.5% 的 58 号石蜡,可使 HMX 的撞击感度由 100% 下降到 10%。混合炸药中加入高聚物与其他钝感剂组成的混和钝感剂,其用量小而且效果好,常用的有 Viton、Estane、KelF、Exon461 及 F_{2311} 等。

4) 酯类钝感剂

这类钝感剂多为高聚物的增塑剂,兼有钝感的作用,但钝感效果不明显,因此很少单独使用。早期常用的有邻苯二甲酸二丁酯、癸二酸二辛酯等。

5) 脂肪酸及其盐类

这类钝感剂在制造混合炸药中,常作为表面活性剂及炸药成型时的脱模剂。如硬脂酸中的羧基使其具有一定的表面活性,易于在炸药颗粒表面形成均匀的包覆膜;同时又有良好的润滑作用,与蜡混合使用时,可取得较好的钝感效果。但硬脂酸对铜等金属材料有腐蚀作用,而硬脂酸盐对金属没有明显的腐蚀作用。常用的有硬脂酸、硬脂酸锌、硬脂酸钙等。

6) 其他钝感剂

其他常用的钝感剂还有石墨、二硫化钼、氟硼酸铵、凡士林、石蜡油、十八醇、聚己二醇等。其中石墨应用最为广泛,对降低混合炸药的撞击感度和摩擦感度非常有效。石蜡油不但可降低炸药的点火率,还可减少热点的传播。

10.3.4.2 钝感剂应具备的条件

钝感剂应具备的条件如下：
（1）钝感剂本身应具有较好的物理和化学安定性，与其他组分相容性好。
（2）应具有较小的硬度和摩擦因数、良好的塑性。
（3）应具有较大的体积比热和溶解热，较小的导热系数。
（4）来源广泛，成本低廉。

10.3.4.3 钝感机理

混合炸药在机械作用下发生的爆炸概率与炸药性质、物理状态、环境条件和钝感状况有关，目前还没有较全面的理论来阐述钝感机理，本节根据已有的一些钝感理论，对钝感机理进行分析和研究。

1）吸热作用

钝感剂在炸药受到机械作用后所产生的热点处吸收热量，降低热点处的温度，从而阻止了热点的形成和扩展，尤其是蜡类钝感剂，还可以熄灭热点。因此，钝感剂的吸热作用是能够使炸药钝感的重要原因，在选择钝感剂时，应采用具有较大比热容的吸热物质。

2）隔热作用

实验发现，钝感剂对阻止热点的形成是有限的，更主要的是使这些热点难于传播，起到了隔热或绝热的作用，热点就地衰减或熄灭。因此应选择那些导热系数小的物质作为钝感剂。

3）填充作用

钝感剂填充了炸药的间隙后，能使炸药在受到绝热压缩时的爆炸概率减小。这是由于钝感剂填充在炸药颗粒之间，不但能起吸热和隔热作用，而且还减少了炸药中的空隙，并避免了炸药颗粒之间的直接接触形成的应力集中现象，从而降低了热点形成的概率。根据这种观点，应选择那些塑性良好的物质作为钝感剂。

4）润滑作用

润滑作用对于降低炸药晶粒之间及炸药与弹壁之间的摩擦是很有效的，可以防止由于摩擦引起的热应力集中而易形成热点的现象，在选择钝感剂时，应注意采用摩擦因数小的物质。

以上4种观点对于钝感机理的描述均有一定的局限性，但总的原则还是阻止热点的形成和传播。对于不同的炸药应根据性能要求、试验数据及已有经验选择不同的钝感剂。

10.3.5 其他添加组分

为了满足混合炸药的某些特殊要求，提高高聚物黏结炸药的综合性能，在许多配方中还引入了各种功能的添加剂。

10.3.5.1 表面活性剂

混合炸药中各组分的表面性质及其相互作用,影响各组分混合的均匀性、黏结剂和钝感剂的包覆、成品的静电积聚、炸药产品的流散性等。表面活性剂具有润湿、乳化和分散的作用,在高聚物黏结炸药中加入表面活性剂,可以改善组分表面作用所带来的有害影响。

表面活性剂可以降低液体的表面张力,提高包覆效果。如用蜡钝感 PETN 时,加入少量的表面活性剂蓖麻酸钠,可以降低石蜡对 PETN 的表面张力,从而提高包覆效果和钝感效果。表面活性剂也有利于黏结剂的包覆。表面活性剂对 PETN 钝感效果的影响见表 10.3。

表 10.3 表面活性剂对 PETN 钝感效果的影响

炸药	2kg 落锤,25cm 落高(10 次中的爆炸次数)
PETN	10/10
PETN+蜡	5/10
PETN+蜡(含表面活性剂)	0/10

表面活性剂的乳化作用可降低界面张力,使其形成乳浊液,有利于均匀包覆和混合。另外,由于分散的微滴表面带有相同的电荷,其互相排斥的作用使炸药的颗粒不会聚集,所以又具有分散作用。

表面活性剂还可以起到润湿作用,如在制造造型粉炸药时,常采取悬浮造粒法,可加入少量明胶,因其具有憎水性又有亲水性基团,加入悬浮液中,可更好地润湿炸药颗粒表面,防止炸药颗粒结团及粘连,控制炸药粒度,提高产品得率。

以上几方面均为生产炸药的过程中使用的表面活性剂,在制成炸药成品后除去,所以炸药成品中不存在表面活性剂。

为了降低和消除炸药静电积聚的危险性,可使用去静电剂,以保证在筛选、包装及运输中的安全。这种去静电剂也是一种表面活性剂,微量添加剂可在炸药表面形成吸湿膜,降低介电常数或电阻率,使炸药颗粒表面变得易于导电,防止静电积累。常用的这类物质有石墨、脂肪酸酰胺与环氧乙烷的加成物、烷基酚与环氧乙烷的加成物等。

10.3.5.2 防老化剂

高聚物黏结炸药中的高聚物容易老化,尤其是挠性炸药和塑性炸药的力学性能要求更高,而 RDX 中的微量晶间酸可促使某些高聚物水解或降解,TNT 可使某些橡胶、高聚物硫化和降解等,一般采用添加防老化剂来防止高聚物的老化。常用的防老化剂有 N-苯基-2-萘胺、N,N-二-β-萘基对苯胺、N-环已基对苯二胺等。

10.3.5.3 安定剂

为了改善装药的储存安定性,可在混合炸药中加入安定剂,其作用是吸收和中和爆炸组分的分解产物或分解产生的酸,以抑制其催化或自催化的作用,如二苯胺可防止硝化棉的自催化分解。常用的安定剂有 2-硝基二苯胺、乙基中定剂及氢氧化钙等。

10.3.5.4 染色剂

染色剂的作用是检验生产过程中炸药是否混合、包覆均匀,有时也用于伪装及某些制品的外观装饰。常用的染色剂有苏丹红,用于 A-Ⅸ-Ⅰ炸药和钝化泰安;铬酸铅可把挠性炸药染成黄色;另外还有炭黑与铬酸铅混合物、孔雀绿、亮红、罗丹明 B、油性兰等,这些染料均应与炸药中的其他组分相容。

10.3.5.5 增强剂

为了增加炸药制品的物理力学性能,可在混合炸药中加入增强剂,如尼龙、玻璃纤维、聚丙烯腈、涤纶、聚酯纤维、棉麻毛纤维等。

10.3.5.6 其他

除上述添加剂外,还有改善炸药吸湿性的防潮剂,常用的有蜡、有机硅高分子、硬脂酸、硬脂酸盐等;为调节炸药的比重、降低爆速可加入发泡剂,常用的有三氯氟甲烷、戊烷等低沸点溶剂,加热产生气体使炸药中产生气泡,也可加入化学发泡剂,如亚硝酸钠等;有的炸药为提高商品性,还引入了气味剂;还有的炸药因某些特殊要求,如高导电性、高导磁性等,可引入石墨或铁磁物质;为提高炸药爆热可加入金属粉等。

总之,随着炸药应用的不断发展,新炸药的品种还在继续增加,这就使得各种功能添加剂的应用越来越广。

10.4 高聚物黏结炸药配方设计原则

高聚物黏结炸药的配方设计,须根据战术技术指标,合理地选择爆炸组分和其他添加组分,基本原则简述如下。

1. 能量设计

根据战术技术指标的要求,确定炸药的品种和含量,以保证其爆炸后获得足够的能量。

2. 安全性能设计

在保证混合炸药能量要求的基础上,根据生产和应用的环境及意外的环境刺激,制定炸药的安全性能,并以此为依据,确定钝感剂的品种及含量。

3. 安定性设计

根据混合炸药的储存年限、储存环境条件、生产加工环境等,考虑混合炸药中的各组分及它们之间的安定性和相容性。

4. 成型性能和力学性能设计

高聚物黏结炸药成型性能和力学性能直接关系到炸药的能量和使用的安全性,应注意选择理论密度较大的主体炸药及合适的增塑剂和黏结剂,以提高其成型性能与力学性能。

除以上几条基本原则外,还要考虑配方的综合性能,如原材料来源广泛、立足国内、配方组成简单、制造与处理工艺易行、混合炸药各组分对人体的毒性及对环境的污染小等,这样才能使配方具有实用价值。

随着炸药工业的发展,越来越多性能各异的高聚物黏结炸药不断被开发出来,其发展方向是使用能量密度高、感度低且安定性好的新一代含能材料,如CL-20炸药,密度可达 $2.1g/cm^3$,爆速为 $9820m/s$,爆压为 $46.7GPa$,这将使高聚物黏结炸药的能量水平显著提高。另外,需选择性能全面的黏结剂和其他添加剂,以改善高聚物黏结炸药的综合性能。

第 11 章

含铝炸药

11.1 概　　述

在使用和研制高威力混合炸药的过程中,人们发现炸药的做功能力与炸药的爆热和爆容有关,因此,提高炸药的爆热是使炸药做功能力增加的有效途径。而提高炸药的爆热最有效和最简便的方法是加入一些能够放出高热值的添加剂,如 Al、Li、Be、Mg、Si、Ti、B 等单质及它们的合金或氢化物。另外,加入高效氧化剂,可以改善炸药的氧平衡,也是提高爆热的重要途径。由于铝(Al)粉能够在爆轰反应中放出较高的热量,价格低廉且来源广泛,所以目前国内外在炸药中加入的高能添加剂主要是铝粉。

1899 年,德国首先将含铝炸药用于军事应用,用该类炸药装填炮弹(硝酸铵 89%/铝粉 11%,Ammonal),爆炸时可产生强烈的火焰,增强了爆轰能量。英、美、德等国又做了能量上的改进,用 TNT 代替部分硝酸铵,制成新型的 Ammonal(TNT/AN/Al),具有更好的爆炸效果。

第二次世界大战期间,交战各国都把含铝炸药用于水下兵器弹药、对空制导武器弹药和地面中小口径榴弹等,相继研制出 RDX/TNT/Al(Torpex)、RDX/AN/TNT/Al(DBX)、RDX/TNT/AN/Wax(HBX)等性能更为优良的系列品种,并逐渐发展为一类新型的高威力混合炸药,以适应战争的需求。从第二次世界大战结束至今,用于含铝炸药中的主体炸药品种和性能都在增加,常用的有 TNT、RDX、HMX、PETN、高氯酸铵及一些耐热或不敏感炸药。

11.2 高威力含铝炸药的组成

高威力含铝炸药一般由以下几种组成形式。

(1) 氧化剂与铝粉的混合物。氧化剂与能释放出大量热量的铝粉的混合物是最早发明的一类含铝混合炸药,如 AN 75%/Al 25%/C 5%。

(2) 炸药、氧化剂、铝粉的混合物。该类混合物中的炸药可以提高混合炸药的起爆及爆轰性能,如 TNT 67%/AN 22%/Al 11%。

(3) 炸药和铝粉的混合物。炸药和铝粉的混合物具有较大的做功能力,因此是较普遍使用的一类高威力混合炸药,如 RDX 42%/TNT 29%/Al 22%。

(4) 炸药与氢化铝的混合物。在炸药中引入高爆热的可燃剂外,再引入高比容的物质,炸药爆炸后不仅能够提高爆热,而且还能增加比容,进一步提高了混合炸药的威力。如 2 号炸药/氢化锂铝组成的混合炸药爆热和比容都很大,因此其威力很高。但是由于这类物质比较活泼,在空气中易吸湿,因此未得到实际应用。

除加入铝粉可以提高炸药威力外,还可以加入其他金属粉,如加入 Be、Li 粉后的炸药爆热可达同质量 TNT 爆热的 4.1~4.8 倍。但由于这类金属粉价格昂贵,来源困难,有些还具有毒性,因此限制了它们的应用。

11.3 含铝炸药的爆轰机理

含铝炸药虽然具有很高的爆热、爆温及爆轰反应时间长等特点,但其爆速和猛度却相对下降了。目前对这种现象还没有一种系统全面的理论来解释,比较认同的爆轰机理为:二次反应理论、惰性热稀释理论和化学热稀释理论。但这些理论也仅仅解释了含铝炸药爆轰的局部过程。

11.3.1 二次反应理论

这种理论认为含铝炸药爆轰时,在 C-J 面之前铝粉不参加化学反应,即使参与了化学反应,在达到 C-J 面时也远没有完全反应;在 C-J 面之后,铝粉才与爆轰产物进行反应,同时放出大量热量,此时的反应称为二次反应。因此含铝炸药的爆炸反应过程可概括为两步:第一步是主体炸药和其他活性组分的爆炸反应,此反应较易进行且速度较快;第二步是铝粉在炸药爆炸后产生的高温高压区内与炸药的爆轰产物再进行反应,此反应为放热反应且持续时间较长。

R. Flvckiger 在对含铝炸药的圆筒实验中发现,在炸药爆炸后 5~100μs 铝粉才参与反应,此时已完成破片的加速,所以铝粉二次反应中放出的能量并未用来加速破片。表 11.1 为 M. Defaurneaux 等人利用层状装药结构测定铝粉对炸药性能的影响结果。

表 11.1 铝粉在爆轰波阵面上的作用

炸药组成	$\rho/(g/cm^3)$	$D/(m/s)$	$E/(J/g)$	$E_{C-J}(J/g)$
RDX 42.7%/TNT 57.3%	1.700	7500	1020	4791
RDX 32%/TNT 43%/Al 25%	1.855	7180	865	4414
RDX 32%/TNT 43%/Al(3μm)25%	1.880	7300	860	3958

以上实验结果表明,铝粉在爆轰波波阵面上为惰性和吸热物质,因而导致含铝炸药的爆速、爆压及波阵面上的化学能下降。

铝粉与爆轰产物进行二次反应的主要反应包括:

$$2Al + 5O_2 \rightarrow Al_2O_3 \qquad \Delta H_f = -414 kJ/mol \qquad (11.1)$$

$$2Al + 3CO_2 \rightarrow Al_2O_3 + 3CO \qquad \Delta H_f = -826 kJ/mol \qquad (11.2)$$

$$2Al + 3CO \rightarrow Al_2O_3 + 3C \qquad \Delta H_f = -1314 kJ/mol \qquad (11.3)$$

$$2Al + 3H_2O \rightarrow Al_2O_3 + 3H_2 \qquad \Delta H_f = -939 kJ/mol \qquad (11.4)$$

$$2Al + N_2 \rightarrow 2AlN \qquad \Delta H_f = -335 kJ/mol \qquad (11.5)$$

此外,一些附加反应也是放热的,如:

$$Al_2O + 2CO_2 \leftrightarrow Al_2O_3 + 2CO \qquad (11.6)$$

$$2AlO + CO_2 \leftrightarrow Al_2O_3 + CO \qquad (11.7)$$

以上这些反应进行的时间较长,均为放热反应,使得含铝炸药在爆轰后可以延长高温高压的状态,增加了对外做功的总能力,具有较大的威力。表 11.2 为部分含铝炸药做功能力的比较。

表 11.2 部分炸药做功能力的比较

炸药组成	$\rho/(g/cm^3)$	$Q_V/(MJ/kg)$	$D/(m/s)$	P/GPa
TNT	1.595	4.184	6840	20.2
TNT 80%/Al 20%	1.720	7.406	6700	19.4
RDX 95%/Wax 5%	1.680	5.502	8450	19.3
RDX 76%/Wax 4%/Al 20%	1.770	6.443	8089	23.7
HMX 85%/氟橡胶 15%	1.860	5.523	8460	23.0
HMX 51%/氟橡胶 9%/Al 40%	2.000	8.368	7056	27.0
HNS 90%/聚四氟乙烯 10%	1.700	5.021	—	16.0
HNS 61.2%/聚四氟乙烯 6.8%/Al 32%	2.010	7.531	—	12.0

11.3.2 惰性热稀释理论

惰性热稀释理论认为,含铝炸药中的铝粉在爆轰反应区作为惰性物质,不参加化学反应,并且还吸收热量,从而降低了爆轰波的总能量,使含铝炸药的爆速、爆压及猛度下降。

由于铝粉热传导性能很好(导热系数为 230W/(m·k)),在爆炸瞬间不参加反应又未被爆炸气流带走,因此可以从具有高温的爆轰产物气体中吸收大量热量,这就使爆轰波波阵面的能量下降了。

在 C-J 面之前的瞬间,铝粉是通过热传导来吸收爆轰反应热的,金属的传热能力比非金属大两个数量级,且粒度越小,比表面积越大,吸收的热量就越多,因此波阵面的能量消耗就越明显。

有些研究人员还认为铝粉在爆轰波阵面的高压下沸点升高,估计可达 5000K 以上,因此认为这期间铝粉只是从固体变为液体。同时炸药爆轰产物的膨胀也使液体铝难以蒸发,而固体铝熔化需吸收大量的热,因此导致了爆轰波阵面能量的下降。

11.3.3 化学热稀释理论

该理论认为,铝在炸药爆轰时参与了爆轰波阵面上的化学反应,而其主要产物是气态 Al_2O_3,这种产物的生成是吸热的,从而使爆轰波阵面的能量下降。

根据这种理论认为:$Al_2O_3(g)/Al_2O_3(s)$ 的比率影响着含铝炸药的爆轰特性。在含铝炸药密度较低时爆轰,则在 C-J 面的温度和压力条件下铝的主要产物为 $Al_2O_3(g)$,以凝聚相形式存在的 Al_2O_3 较少,即 $Al_2O_3(g)/Al_2O_3(s)$ 比率较大,此时吸热现象显著,这将导致爆轰波的强度下降。当炸药密度增大时,$Al_2O_3(g)/Al_2O_3(s)$ 比率减小,则爆轰波阵面的能量增加。但值得注意的是,即使在最大的装药密度下,二者的比率也不会减小至零,所以在 C-J 面上产生 $Al_2O_3(s)$ 时的放热量仍不能抵消 $Al_2O_3(g)$ 的吸热作用,因此含铝炸药的爆速和爆压总是比相应的非含铝炸药低。

铝粉对炸药威力的影响主要是在爆轰产物膨胀阶段。当 C-J 面后的温度为 3000~3500K 以下时,爆轰产物开始膨胀,此时主要生成物为 $Al_2O_3(s)$,并放出大量的热,使爆轰产物膨胀做功。爆轰产物从 V_1 绝热膨胀到 V_2 时所做的最大有用功为:

$$A = \int_{V_1}^{V_2} p dV = Q_V - q \tag{11.8}$$

式中　V——爆轰产物的比容;

　　　V_1——爆轰产物开始膨胀时的比容;

　　　V_2——绝热膨胀到最终状态时的比容;

　　　Q_V——爆热;

　　　q——绝热膨胀至终态时爆轰产物中残留的热量。

根据式(11.8)可知,做功能力与爆热 Q_V 的值成正比,因此在任何情况下,$Al_2O_3(g)/Al_2O_3(s)$ 比率越小,做功能力越大。

11.4　铝粉含量、粒度及形状对含铝炸药爆轰性能的影响

11.4.1　爆速

11.4.1.1　铝粉含量对爆速的影响

含铝炸药的爆速随着铝粉含量的增加而降低。实验结果见表 11.3。

表 11.3　铝粉含量与爆速的关系

炸药组成	$\rho/(g/cm^3)$	$D_{测}/(m/s)$
RDX 87.975%/Wax 2.025%/Al 10%	1.726	8148
RDX 78.2%/Wax 1.8%/Al 20%	1.738	7713
RDX 68.425%/Wax 1.575%/Al 30%	1.723	7045

11.4.1.2　铝粉的粒度和形状对爆速的影响

加入不同形状及粒度的铝粉后,炸药爆速的变化情况见表 11.4。

表 11.4　铝粉粒度和形状对爆速的影响

炸药组成	铝粉形状	粒度/μm	活性铝/%	$\rho/(g/cm^3)$	$D/(m/s)$
A-IX-I 80%/Al 20%	粒状	250~420	98.10	1.55	7015
		65~100	98.67	1.55	6785
		1~56	89.76	1.55	6728
		1~56	99.56	1.55	6705
		9~16	99.18	1.55	6678
A-IX-I 80%/Al 20%	片状	100~160	98.06	1.55	6707
		80~100	99.44	1.55	6620

从表 11.4 可以看出,在铝粉含量和炸药密度相同时,粒度小的铝粉使炸药爆速降低得较多,而在铝粉粒度相同的条件下,片状铝粉使炸药爆速降低得明显。

11.4.1.3　铝粉含量对不同主体炸药组成的含铝炸药爆速的影响

研究发现,含铝炸药的爆速与主体炸药的爆炸性能有关,如图 11.1 所示。

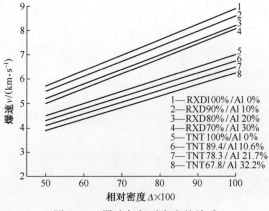

图 11.1　爆速与相对密度的关系

图中曲线说明,在铝粉形状及加入量相同的情况下,RDX 炸药的曲线斜率大于 TNT 炸药,说明铝粉对爆速较高的单体炸药组成的含铝炸药爆速影响较大,其爆速降低的幅度更大。

11.4.2 爆压

对含铝炸药来说,铝粉含量的增加会使其爆压迅速下降,见表 11.5。

表 11.5 铝粉含量与爆压的关系

炸药组成	$\rho/(g/cm^3)$	相对密度/%	P_{C-J}/GPa
RDX+Wax	1.6363	95	26.8
(RDX+Wax)90%/Al 10%	1.6981	95	26.1
(RDX+Wax)80%/Al 20%	1.7649	95	25.0
(RDX+Wax)70%/Al 30%	1.8371	95	23.7
(RDX+Wax)60%/Al 40%	1.9155	95	22.1
(RDX+Wax)50%/Al 50%	2.0001	95	20.1
(RDX+Wax)40%/Al 60%	2.0942	95	17.6

11.4.3 爆热和爆温

含铝炸药的爆热和爆温都比较高,见表 11.6。

表 11.6 含铝炸药与相应炸药的爆温与爆热

炸药组成	$\rho/(g/cm^3)$	$Q_V/(MJ/kg)$	T/K
RDX 95%/Wax 5%	1.680	5.502	4000
RDX 76%/Wax 4%/Al 20%	1.770	6.443	4860
RDX 65%/Wax 1.5%/Graphite 1.5%/Al 32%	1.904	7.046	6340

笔者的试验研究发现,含铝炸药的爆热随着铝粉含量的增加而增大,但到达一定值后爆热随铝粉含量的增加反而减小,见表 11.7。

表 11.7 铝粉含量与 RDX/Al 炸药爆热的关系

炸药组成	$Q_{V计算}/(MJ/kg)$	$Q_{V实测}/(MJ/kg)$
RDX 100%/Al 0%	5.736	5.720
RDX 90%/Al 10%	6.485	6.502
RDX 80%/Al 20%	7.301	7.088
RDX 70%/Al 30%	7.514	7.335
RDX 60%/Al 40%	7.699	7.782
RDX 50%/Al 50%	7.448	7.820

J. E. Kennedy 等人也曾研究过 TNT 基含铝炸药,结果表明,当铝粉含量为

30%时,爆炸威力最大;含量为17%时,猛度最大;而含量在0~70%的范围内,破片速度一直呈下降趋势。根据实验结果可以认为,在 TNT 中加入18%~20%的铝粉可以显著提高 TNT 的威力。此外,铝粉的形状和粒度对含铝炸药的爆热也有一定的影响,见表11.8。

表11.8 铝粉形状和粒度对炸药爆热的影响

炸药组成	形状	粒度/μm	活性铝/%	$\rho/(g/cm^3)$	$Q_V/(MJ/kg)$
RDX 76%/Wax 4%/Al 20%	粒状	250~420	98.10	1.55	6527
RDX 76%/Wax 4%/Al 20%	粒状	65~100	98.67	1.55	6648
RDX 76%/Wax 4%/Al 20%	粒状	0~56	89.76	1.55	6715
RDX 76%/Wax 4%/Al 20%	粒状	0~56	99.56	1.55	6849
RDX 76%/Wax 4%/Al 20%	粒状	9~16	99.18	1.55	6724
RDX 76%/Wax 4%/Al 20%	片状	100~160	98.06	1.55	6523
RDX 76%/Wax 4%/Al 20%	片状	80~100	99.44	1.55	6703

表11.8 中数据表明,在其他条件相同的情况下,爆热随铝粉粒度的减小而增大。这是由于铝粉的粒度越小,比表面积越大,容易参加二次反应,有利于提高爆热。片状铝粉化学热损失较小,放热效应较大。因此,为了提高含铝炸药的爆热,应采用一定粒度的铝粉,使其在一定含量时,炸药有最大的爆热。另外,含铝炸药的爆热还随装药密度的增加而增大。

11.4.4 爆轰产物与爆容

铝粉含量对含铝炸药的爆轰产物及爆容的影响见表11.9。

表11.9 铝粉含量对含铝炸药爆轰产物组成及爆容的影响

炸药组成	爆轰产物(实测)/mol						$V/(L/kg)$
	N_2	CO	H_2	H_2O	CO_2	CH_4	
RDX	3.0	1.80	1.20	1.80	1.20	0.00	908
RDX 90%/Al 10%	3.0	2.45	1.90	1.10	0.55	0.00	818
RDX 80%/Al 20%	3.0	2.90	2.60	0.30	0.20	0.05	730
RDX 70%/Al 30%	3.0	2.85	2.75	0.10	0.20	0.10	636
RDX 60%/Al 40%	3.1	2.70	2.85	0.05	0.15	0.15	548
RDX 50%/Al 50%	2.9	2.50	3.30	0.00	0.10	0.20	457

表11.9 中数据可以看出,随铝粉含量的增加,爆容显著减小。这是由于铝粉可与爆轰产物中 CO_2 和 H_2O 反应生成 Al_2O_3、CO 和 H_2,因此随着铝粉含量的增加,爆轰产物 CO_2 和 H_2O 含量大幅度减小,最后趋近于零。爆轰产物的固态物质只有 Al_2O_3,这种物质难于汽化。基于上述原因,使得含铝炸药的爆轰产物

体积比相应的非含铝炸药的要小。

11.4.5 对金属的加速能力

一般情况下,在炸药中加入铝粉,会降低加速金属的能力。但是在试验中发现,将粒度为 5μm 的铝粉加到 HMX/Viton 炸药中,可使金属的加速能力提高,见表 11.10。

表 11.10 部分炸药加速金属的能量对比

炸药组成	$\rho/(g/cm^3)$	$D/(m/s)$	加速金属相对能量
RDX 60.4%/TNT 37.8%/Wax 1.8%	1.72	7990	100
HMX 93%/PU 7%	1.84	8830	121
HMX 82.8%/Al 7.2%/Viton 10.0%	1.92	8520	123
HMX 43.0%/KClO$_4$ 40.0%/Al 5.0%/PU 1.0%	2.08	7460	118

表 11.10 中数据表明,加入 5μm 的铝粉后,炸药对金属的加速能力有一定的增加,但无一定规律。另外,从表 11.10 中也可以看出,高聚物黏结炸药中加入铝粉后,可增大加速金属的相对能量,主体炸药虽然减少了,但金属加速的能量却增加了。因此,设计合理的炸药配方并选择合适的铝粉及其他添加剂,可有效提高炸药能量利用率。

11.4.6 爆轰反应区

许多研究表明,在炸药中加入铝粉可使爆轰反应区加长,并且随着铝粉含量增高,反应区长度加长,如图 11.2 所示。随着含铝炸药的密度增大,反应区长度变小,如图 11.3 所示。

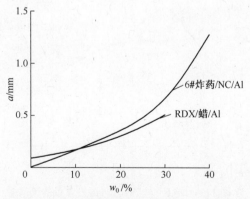

图 11.2 铝粉含量与反应区长度 a 的关系

含铝炸药爆轰反应区加长,可以使更多的铝粉在爆轰波阵面内参与反应,并释放出能量,从而增加了装药爆炸时初始冲击波的强度,加大了对目标的破坏作用。

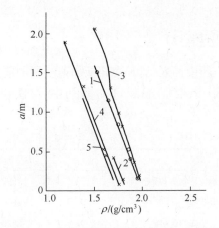

图 11.3 装药密度与反应区长度 a 的关系

1—RAX65%/Wax1.5%/石墨 1.5%/Al32%;2—RDX76%/Wax4%/Al20%;3—2#炸药 65%/聚乙烯 2%/Al33%;4—TNT80%/Al20%;5—TNT38%/RDX40%/Al17%/Wax5%。

11.4.7 威力

由于炸药的威力与爆热和爆容有关,爆热随铝粉含量在一定范围内增加而减小,因此炸药的实际做功能力要综合两方面的作用。铝粉含量对炸药威力的影响如图 11.4 和表 11.11 所示。

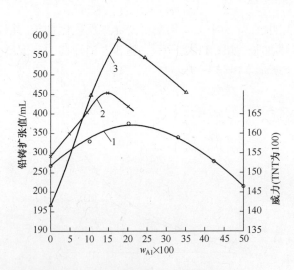

图 11.4 含铝炸药威力与铝粉含量的关系

由图 11.4 可知,含铝炸药的做功能力随着铝粉含量的增加达到最大值后开始下降,不同的炸药,最大威力点所对应的铝含量不同,与炸药的氧平衡、装药密度及爆容有关。一般认为,含铝量恰好使爆轰产物中的 CO_2 和 H_2O 全部还原成

CO 和 H_2 时,才达到最大威力。对 TNT/Al 炸药铝粉约为 20%,AP/Al 炸药对应值约为 18%。含铝炸药的铅铸扩张值见表 11.11。

表 11.11 含铝炸药的铅铸扩张值

炸药组成	扩张值/mL	炸药组成	扩张值/mL
TNT	285	高氯酸铵	195
TNT 95%/Al 5%	350	高氯酸铵 90%/Al 10%	435
TNT 90%/Al 10%	410	高氯酸铵 82%/Al 18%	565
TNT 85%/Al 15%	460	高氯酸铵 75%/Al 25%	500
TNT 80%/Al 20%	425	高氯酸铵 65%/Al 35%	412
RDX 60%/TNT 40%	345~357	硝酸铵 80%/TNT 20%	350
RDX 41%/TNT 41%/Al 18%	475	硝酸铵 80%/TNT 15%/Al 5%	400

11.4.8 猛度

由于含铝炸药降低了爆速和爆压,必然会影响到炸药猛度,一般来讲,含铝炸药的猛度比相应的非含铝炸药要低,如表 11.12 所列。

表 11.12 部分炸药的板痕试验结果

炸药组成	$\rho/(g/cm^3)$	药柱尺寸/mm	板痕深度/mm	相对猛度/%
TNT	1.615	ϕ41.3×127	6.58	100
TNT 80%/Al 20%	1.730	ϕ41.3×127	6.12	0.93
B 炸药	1.710	ϕ41.3×203	8.47	1.29
RDX 46%/TNT 34%/Al 20%	1.762	ϕ41.3×152	7.34	1.12
RDX 40%/TNT 30%/Al 30%	1.864	ϕ41.3×127	6.76	1.03

表 11.12 中数据说明,炸药的猛度随铝粉含量的增加而下降。

11.4.9 超压及冲量

研究发现含铝炸药虽然使爆速和爆压下降,但却能在爆炸后增加周围介质形成冲击波的超压及冲量。而装药爆炸后所形成的超压及冲量是评定榴弹、对空武器弹药及水中兵器弹药爆炸杀伤效应大小的重要指标。实验发现,在 RDX 和 HMX 炸药中加入 32% 的铝粉,与相应的单体炸药相比,其超压一般增加 10%~15%,冲量一般增加 20%~30%。因此含铝炸药被广泛应用到远距离的空中爆破武器、水下武器及对空武器的弹药装药。部分炸药爆炸冲击波参数见表 11.13。

表 11.13　部分炸药的爆炸冲击波参数(空气中爆炸)

炸药组成	超压/%	冲量/%	能量/%
TNT	100	100	100
TNT 80%/Al 20%	110	115	119
AN 40%/TNT 40%/Al 20%	115	116	133
RDX 60%/TNT 40%/Wax 1%	110	110	116
RDX 42%/TNT 40%/Al 18%	122	125	148
AN 21%/RDX 21%/TNT 40%/Al 18%	118	127	138

11.5　其他高能添加剂

由于铝的化学性质活泼,电离能与钠和镁相近,容易被氧化并释放出大量的热量,另外铝还具有较强的亲和性,易于和 O_2、H_2O 发生反应,使含铝炸药的威力较大,并且价格低、来源广,因此是一种广泛应用的高能可燃组分,但与其他可燃元素相比,铝的能量并不是最高的,见表 11.14。

表 11.14　部分高能可燃剂的热化学性质

元素	熔点/℃	氧化热/(MJ/kg)	氧化反应绝热温度/℃
Mg	651	25.1	12200
Al	660	31.0	13300
Be	1280	64.9	11600
Fe	1535	7.5	6600
Ti	1720	19.7	12500
Zr	1860	12.1	14300
B	2300	58.6	11300
Si	1420	30.1	11800
赤磷	5907	24.7	8600

从表 11.14 中数据可以看出,Be 和 B 的热效应较铝高很多,如 B 和 RDX、PETN 组成的混合炸药,爆炸时可得到较大的爆热。Be 的氧化热比 Al 高一倍,若与四硝基甲烷组成混合炸药,爆热可达到 1707kJ/kg,约比 TNT 的爆热高 3 倍。但是由于这两种材料价格太贵,且 Be 毒性较大,因此实际应用很少,但作为高能可燃剂在推进剂中的应用却占有重要地位。其他一些高能可燃剂如 Mg、Si、W 等也被引入炸药中,用来提高炸药的做功能力。

除上述的高能可燃剂外,还有金属氢化物和高效氧化剂。由于金属氢化物具有强烈的还原性、氧化反应热高、气体生成体积大,并能促进氮化物、B、Be 等成分的燃烧,可作为高威力炸药中的高能添加剂,以提高炸药的做功能力。部分金属氢化物与氧化物的反应热见表 11.15。

表 11.15 部分金属氢化物的反应热

氢化物	与氧反应放热量/(MJ/kg)	与氟反应放热量/(MJ/kg)
LiH	13.68	17.20
BeH_2	17.82	16.82
B_2H_6	16.36	15.10
MgH_2	12.09	14.64
AlH_3	14.77	14.35
$LiBH_4$	16.07	14.94
$LiAlH_4$	14.69	15.73

高效氧化剂比普通氧化剂的有效氧含量高,将其加入到高威力混合炸药中,可以充分发挥可燃剂的作用,获得较高的做功能力。部分高效氧化剂的热化学性质见表 11.16。

表 11.16 部分高效氧化剂的热化学性质

氧化剂	$\rho/(g/cm^3)$	生成热/(MJ/kg)	氧含量/g
NH_4NO_3	1.725	365.7	0.60
NH_4ClO_4	1.950	295.4	0.34
KNO_3	2.109	494.5	0.40
$KClO_4$	2.520	432.5	0.46
$NaNO_3$	2.261	467.8	0.47
$Ba(NO_3)_2$	3.240	992.0	0.32
$NaClO_4$	2.500	385.7	0.46

11.6 含铝炸药配方设计原则

11.6.1 主体炸药

主体炸药应具备以下功能。
(1) 作为主体爆炸组分,提供主要的做功能量。
(2) 爆轰产物可氧化可燃组分。
(3) 对由氧化剂和可燃剂组成的含铝炸药,应能保证炸药能正常起爆和传爆。
(4) 能赋予含铝炸药良好的装药工艺性、耐热性,能较好地包覆铝粉,防止在储存中吸潮和被氧化等。

11.6.2 铝粉

(1) 铝粉的含量应使其完全将爆轰产物中的 CO_2、H_2O 还原成 CO 及 H_2,并兼顾炸药的爆热与爆容,使炸药爆炸后具有最大的做功能力。

(2) 铝粉的形状应根据装药的要求选择,粒状铝粉活性较高,假密度大,流散性好,但易分层,可在直接法工艺中使用。片状铝粉假密度小,分散均匀,反应率高,但易氧化,可在注装含铝炸药中使用。

(3) 铝粉的粒度主要影响炸药的爆热,铝粉较细时,对混合的均匀性及提高爆热有利,但不易生产且活性降低,应在考虑综合性能的基础上,选择适宜的粒度。

11.6.3 高效氧化剂

为进一步提高含铝炸药的威力,可加入高效氧化剂来提供铝粉反应所需的氧,使铝粉发挥最大的放热效应,大幅度提高炸药的爆热。高效氧化剂应具备以下条件:

(1) 有效含氧量高。

(2) 本身为单体炸药,爆炸反应热效应大,产物中不含或少含固体残渣。

(3) 化学安定性好,与铝粉和其他组分相容。

另外,单纯从爆热出发可以引入大量的铝粉,但导致爆容减少,降低做功能力。应在不损害其他性能的前提下,提高炸药的含氧量。

11.6.4 其他添加剂

黏结剂和钝感剂可根据使用技术要求来选择。另外,为改善含铝炸药的储存性能和使用性能,还可加入其他添加剂。

综上所述,在含铝炸药的配方设计中,应在理论设计计算的基础上反复试验,才能获得综合性能良好的实用配方。

第12章

其他混合炸药

12.1 液体混合炸药

液体混合炸药是指两种或两种以上物质组成的、具有流动特性的爆炸混合物。制造液体混合炸药的设想在1871年就被提出来了,1881年发明了二氧化氮与可燃物组成的液体混合炸药,但一直未被广泛使用。主要是由于液体炸药的蒸气压较高,有的混合物又有较强的腐蚀性并且感度较高,给使用和储存带来困难。

20世纪60年代,美国发展了以硝酸肼为基的新型高能液体混合炸药Astrolite,这类炸药爆速高达8600m/s,威力约为TNT的2倍,不少国家对其进行了大量研究和制造。

20世纪70年代以来,日本研究了由氧化剂和可燃剂混合成的二元液体炸药,其可靠性和安全性大为提高;法国也研制了75%的汽油和25%的碳石制成的高威力液/固混合炸药,摧毁目标的能力大幅度增强。

液体混合炸药的优点主要表现为具有较好的爆炸性能和流动性、爆轰感度高、传爆性能好、制造工艺简单、安全性好、原材料来源广泛、价格低廉等。但也存在致命的缺点,包括安定性较差或挥发性较大,有些炸药对材料有严重的腐蚀性,有的毒性较大,一般不适宜长期储存等。尽管如此,该类炸药显著的优点使得各国的炸药工作者仍在不断地研究和发展综合性能良好的液体混合炸药,同时它也是制造分子间炸药的一条重要途径。

液体混合炸药按反应特性可分为两类:一类是由氧化剂和可燃剂混合成的液体混合炸药,如肼/硝酸肼炸药、硝酸/硝基甲苯炸药等;另一类是以某种液体组分为主爆成分,添加其他爆炸性或非爆炸性组分混合成的液体炸药,如RDX/硝基甲烷液体炸药等。

12.1.1 液体混合炸药的组成

12.1.1.1 氧化剂

液体炸药中的氧化剂是指在爆轰反应过程中能够提供氧的物质,常用的氧化剂及主要性能见表12.1。

表12.1 氧化剂的性质

名称	相对分子质量	熔点/℃	沸点/℃	$\rho/(g \cdot cm^{-3})(20℃)$	OB/%	$\Delta H_{f,m}/(KJ \cdot mol^{-1})$
浓硝酸(95%)	63.01	-4	86	1.5027	63.5	-173.0
四氧化二氮	92.0	-10.2	21	1.49	69.6	-9.8(气态)
四硝基甲烷	196.04	14.2	126	1.638	49.0	36.8
过氧化氢	34.02	-0.41	150	1.39	47.1	188.8
硝酸肼	95.1	70.7	—	1.64	8.6	-250.0
高氯酸肼	132.5	144	—	1.83	24.1	-176.4
高氯酸脲	160.5	83	—	1.623	9.9	—
TNEOF	552.2	128	—	1.80	10	-630.7
TNEOC	732.4	161	—	1.84	13	-500.9

12.1.1.2 可燃剂

一般混合炸药中使用的可燃剂大多可用作液体混合炸药的可燃剂,常用的有碳氢化合物、硝基化合物、肼、铝等。常用可燃剂的性质见表12.2。

表12.2 常用可燃剂的性质

名称	相对分子质量	熔点/℃	沸点/℃	$\rho(g \cdot cm^{-3})(20℃)$	OB/%	$\Delta H_{f,m}/(kJ \cdot mol^{-1})$
硝基甲烷	61.04	101.2	-28.6	1.14	-39.3	-113.1
硝基乙烷	75.07	114.0	-90	1.05	-95.9	-134.7
硝基丙烷	89.09	131.6	-108	1.03	-134.8	-167.6
甲苯	92.3	110.6	-90	0.866	-313.0	12.0
硝基甲苯	137.1	140.0	-10.5	1.16	-180.9	-25.1
2,4-二硝基甲苯	182.1	304.0	71	1.33	-114.4	-68.23
2,6-二硝基甲苯	32.05	290.0	65.5	1.33	-114.4	-43.92
肼	50.05	113.5	1.54	1.004	-99.9	50.42
水合肼	—	118.5	-40	1.048	-64	-242.5

12.1.1.3 添加剂

根据炸药使用的技术要求选择适宜的钝感剂、敏化剂、抗冻剂、胶凝剂等。

12.1.2 液体混合炸药的典型配方

12.1.2.1 硝酸、氮的氧化物为基的液体炸药

此类炸药是最早使用的液体炸药,其以浓硝酸或液态二氧化氮为氧化剂,以碳氢化合物或硝基化合物为可燃剂组成均匀的液体混合物。

其中硝酸类的液体炸药应用较广,其爆速与 TNT 接近,威力大于 TNT 且成本低廉,制造简单。由于硝酸具有很强的氧化能力,硝基化合物和某些碳氢化合物在硝酸中易溶解,可制成不同性质的液体炸药用于地雷和爆破装药。但由于强烈的腐蚀性和挥发性,且受热易分解,给使用带来困难。

另外是以二氧化氮为基的液体炸药,一般使用的可燃剂为硝基苯、硝基甲烷、汽油、二硫化碳等。由于二氧化氮易分解和挥发,因此使用和储存极为不便,通常采用分别包装,使用时临时进行混合,以确保安全。

12.1.2.2 四硝基甲烷为基的液体炸药

四硝基甲烷具有爆炸性,氧平衡为 49%,爆热 1.89MJ/kg。四硝基甲烷本身很不敏感,但与可燃物混合并接近零氧平衡时,就成为一种具有强烈爆炸性能的炸药。表 12.3 列出了部分以四硝基甲烷为基的零氧平衡混合炸药的爆炸性能。由于四硝基甲烷的毒性较大,一般情况下不采用该类炸药。

表 12.3 部分以四硝基甲烷为基的零氧平衡混合炸药的爆炸性能

混合物组成			$\rho/(g \cdot cm^{-3})$	$D/(m \cdot s^{-1})$	V/mL
组分名称	含量/%	$C(NO_2)_4$/%			
苯	13.75	86.25	1.47	7 180	520
硝基苯	23.15	76.85	1.53	7 430	470
邻-硝基甲苯	21.30	78.70	1.52	7 770	480
对-硝基甲苯	21.30	78.70	1.52	8 170	495
间二硝基苯	34.05	65.95	1.53	6 670	650
梯恩梯	39.85	60.15	1.58	6 670	565
α-硝基萘	19.70	80.30	1.57	8 160	490
特屈儿	51.00	49.00	1.63	7 100	570

12.1.2.3 含硝酸肼的液体炸药

这类炸药以硝酸肼或高氯酸肼为氧化剂,以液体肼为可燃剂,此外还可添加如氨这类能改善液体炸药物理性质的物质,以降低液体炸药的凝固点和黏度,使液体炸药在较低温度下仍呈液态。

将硝酸肼溶解在含水的水合肼中,也可以组成各种性能良好的液体炸药。如配方组成为硝酸肼 77.8%/水合肼 20.1%/水 2.1%的炸药,当密度为 1.42g/cm^3 时,爆速可达 8370m/s,且机械感度低、安定性好、爆炸安全,缺点是冰点较高。

硝酸肼与各种脂肪族胺的水溶液也可以组成性能较好的液体炸药,其中水可以使脂肪族胺对硝酸肼的溶解度增大,并使撞击感度降低。该类炸药挥发性小、无毒、无腐蚀作用,且制造简单、使用方便,因此具有工业化生产和实际使用价值。部分含硝酸肼的液体炸药的组成与性能见表 12.4。

表 12.4 Astrolite 炸药的组成和性能

炸药类型	W_i/%	ρ/(g·cm^{-3})	D/(m·s^{-1})
Astrolite	硝酸肼 91/肼 7/氨 2	1.42	8600
	硝酸肼 88/肼 7/氨 5	1.39	8500
	硝酸肼 84/肼 7/氨 9	1.35	8200
	硝酸肼 79/肼 7/氨 14	1.31	8100
硝酸肼/水合肼	硝酸肼 55/水合肼 45	1.267	7747
	硝酸肼 60/水合肼 40	1.293	7893
	硝酸肼 65/水合肼 35	1.325	8050
	硝酸肼 75/水合肼 25	1.387	8327
	硝酸肼 80/水合肼 20	1.421	8474

12.1.2.4 硝基甲烷液体炸药

硝基甲烷是一种很钝感的炸药,在薄壁容器中加热或使其燃烧都不易发生爆轰,在密闭的厚容器中加热至 300℃ 以上时发生爆炸。因其对加热和机械作用均不敏感,爆炸力又较强,原料来源丰富,价格便宜,且无腐蚀性,运输和操作都比较安全,所以国外将其作为液体炸药或液体炸药的重要组成部分。

由于单纯的硝基甲烷起爆感度较低,因此常加一些敏化剂,如乙二胺等,或添加硝基脂类炸药和硝胺类炸药作为敏化剂。

12.1.2.5 高氯酸脲液体炸药

该类炸药的特点是用水作添加剂,高氯酸脲作为氧化剂,硝基烷类可作为可燃剂,3 种组分可以任意比例混合组成多种液体炸药。该类液体炸药化学安定性好,不挥发,制造容易且操作安全,是一类较理想的高能液体炸药。其缺点是高氯酸脲水溶液对金属有强烈的腐蚀性,因此储存和运输这类炸药时,须用耐腐蚀的聚乙烯或玻璃制品。

高氯酸脲为基的液体炸药组成与性能见表 12.5。

表 12.5 高氯酸脲为基的液体炸药组成与性能

序号	W_i/%						ρ/(g·cm^{-3})	D/(m·s^{-1})
	高氯酸脲	硝基甲烷	硝基乙烷	硝基丙烷	TNEOF	水		
1	20	80	—	—	—	—	1.24	6560
2	40	60	—	—	—	—	1.31	6720
3	60	40	—	—	—	—	1.40	6950
4	70	30	—	—	—	—	1.46	7070
5	35	62	—	—	—	3	1.28	6590
6	78	20	—	—	—	2	1.51	7220
7	70	20	—	—	—	10	1.44	7040
8	78	10	20	—	—	12	1.19	7210
9	20	60	24	—	—	—	1.20	6300
10	60	16	—	—	—	—	1.38	6720
11	61	26	—	13	—	—	1.38	6730
12	10	40	—	—	50	—	1.44	7330
13	85	—	15	—	—	—	1.48	7150
14	85	—	—	15	—	—	1.47	7080

在设计液体混合炸药时,首先要考虑炸药的氧平衡,当体系为零氧平衡时,炸药能量才能有效利用,另外要考虑液体炸药的组分均匀性和体系的稳定性。最后,还要兼顾液体炸药的物理化学安定性和使用与储存的安全性等因素。

12.2 军用代用混合炸药

两次世界大战的历史和近年来各区域战争的现实表明,炸药在战争期间的消耗量是巨大的,炸药的生产和储备成为影响战争胜败的关键因素。事实上,仅靠军用炸药的生产能力及储备是满足不了战争的需求的,因此必须广泛地制造和使用代用炸药。

作为军用代用炸药应具备以下条件。
(1) 爆炸、物理、化学及使用性能等均能基本满足使用要求。
(2) 具有一定的安定性及储存性,在制造、运输、使用和储存时均安全可靠。
(3) 炸药组成简单,制造加工方便,原材料来源丰富,成本低廉,可利用现有生产设备进行大量生产。

12.2.1 含硝酸铵的代用炸药

该类炸药是最广泛使用的代用炸药。其主要是以硝酸铵为主要成分,与硝基化合物或其他可燃物组成的硝铵炸药(表 12.6)。

表 12.6 典型国家使用的硝铵炸药

使用国家	炸药名称	$W_i/\%$					
		硝酸铵	梯恩梯	铝粉	黑索今	三硝基萘	硝基胍
多国使用	阿玛托	90	10	—	—	—	—
	阿玛托	80	20	—	—	—	—
	阿玛托	50	50	—	—	—	—
	阿玛托	40	60	—	—	—	—
美国	含铝炸药	40	40	20	—	—	—
	DBX	20	40	18	21	—	—
德国	含铝炸药	70	20	10	—	—	—
	阿莫切克斯	50	40	—	—	10	—
日本	安瓦药 I	48	—	—	20	—	32
	安瓦药 II	51	—	—	15	—	34
	铵萘炸药	90	—	—	—	10	—
苏联	铵萘炸药	88	12				
	基纳蒙 K	90	(另10%为树皮粉)				

硝酸铵是重要的化肥和工业炸药的原料,大多数国家都具有相当规模的生产能力,来源丰富,价格低廉,可以和一些单质炸药和可燃剂制成各种混合炸药。

硝酸铵与硝基化合物组成的硝铵炸药,是最早在军事上使用的代用炸药。使用的硝基化合物包括 TNT、苦味酸、特屈儿、三硝基苯、二硝基苯、二硝基萘、二硝基甲苯等。该类炸药中最典型的是阿玛托,即硝酸铵与 TNT 的混合物(见表 12.7),主要用于杀伤榴弹、迫弹、杀伤航弹、爆破榴弹、爆破航弹、手榴弹等。第二次世界大战期间,为了使阿玛托获得更大威力,曾加入 RDX 代替部分硝铵炸药。

表 12.7 阿玛托的组成与性能

AN/%	TNT/%	$\rho/(g \cdot cm^{-3})$	$D/(m \cdot s^{-1})$	V/mL
40	60	1.54~1.59	6470~7440	320~350
50	50	1.60	5850	340~360
60	40	1.60	5600	350~370
80	20	1.46~1.50	5080~5920	370~400

该类炸药的爆炸性能随硝基化合物的含量增加而提高,但撞击感度却比纯硝基化合物高。这是由于硝酸铵混合炸药是由硝酸铵、含碳可燃物及敏化剂组成的机械混合物。可燃物一般为木粉、植物的杆、茎皮和果粉、煤粉、可燃油等;敏化剂可采用少量的硝基化合物或硝酸酯化合物。目前使用的粉状工业炸药大

都属这类炸药,其中一些性能良好的可作为军用代用炸药。

含金属粉的硝铵炸药可显著提高炸药的爆热,最常用的是铝粉,可起到提高起爆感度的作用。含铝硝铵炸药为阿蒙纳儿(Ammonal)。在两次世界大战中,各参战国均广泛使用 Ammonal。其中,配方为 AN 45%/TNT 30%/Al 23%/碳 2%的硝铵炸药,其爆热可达 6124kJ/kg,爆容为 605L/kg,爆温为 4050℃,铅铸扩张值为 470mL,表 12.8 为铝粉含量对 AN 炸药威力的影响。

表 12.8　铝粉含量对 AN 炸药威力的影响

AN/%	Al/%	铜柱压缩值/mm	$Q_V/(kJ/kg)$	V/mL
95	5	14.8(药量 200g)	2926	320
90	10	20.4(药量 200g)	4180	420
80	20	21.8(药量 200g)	6688	520

含铝硝铵炸药中,铝粉对其爆炸性能的影响比较复杂,铝粉含量达 10%以上时,猛度的增加大为减少,因此应从综合性能考虑选择铝粉的含量。

含水硝铵炸药是为解决硝酸铵吸湿问题而研制出来的,这类炸药主要包括浆状炸药、水胶炸药、乳化炸药。目前这类炸药的性能也具有较高的水平,适合在潮湿和含水的环境下使用,在一般的民用爆破工程中已得到广泛应用。另外,这类炸药中的爆炸性较好、易于起爆、性能稳定并适宜储存的品种可作为军用代用炸药使用。

12.2.2　含硝酸脲的代用炸药

硝酸脲的起爆感度较低,爆速和猛度也不高,因此不能单独作为军用炸药。但在加入 RDX 或 TNT 后,可有效提高起爆性能。如在硝酸脲中加入 10%~30% TNT,有效破片、杀伤半径、总杀伤面积等参数及综合性能均与 TNT 相当或略高。硝酸脲为基的混合炸药,从爆速性能、物化安定性等方面均能满足军用代用炸药的要求,且脲又是化学工业大量生产的化肥,有巨大的生产潜力,是一种较好的军用代用炸药。硝酸脲与 TNT、RDX 混合炸药的爆速见表 12.9。

表 12.9　硝酸脲与 TNT、RDX 混合炸药的爆速

硝酸脲/%	TNT/%	RDX/%	$\rho/(g \cdot cm^{-3})$	$D/(m \cdot s^{-1})$
90	10	—	1.00	4300
60	40	—	1.50	5300
50	50	—	1.60	6200
40	60	—	1.50	5750
95	—	5	1.00	4300
90	—	10	1.37	5200
80	—	20	1.40	5300
60	—	40	1.63	6400

12.3 燃料空气炸药

燃料空气炸药(Fuel Air Explosive,FAE)是以易挥发性的碳氢化合物或固体粉状可燃物为燃料,空气中的氧气为氧化剂组成爆炸混合物。它的作用原理是通过炸药爆炸,将燃料抛洒成液滴,分布于空气中,形成爆炸性云雾团,再由同时抛出的延时引信引爆云雾团,爆轰产生的冲击波超压可有效摧毁军事目标。由于只装填燃料,燃料空气炸药有效提高了武器的爆炸能量,从大面积冲击波破坏效应看,其能量比 TNT 大 3~5 倍,其应用和发展受到许多国家的重视,它的出现是常规武器弹药的重大革新和发展,并增加了一个新的炸药系列。

燃料空气炸药具有以下特点。

(1) 能量高。在等质量条件下,以环氧丙烷为燃料的燃料空气炸药,其破坏能力达到 TNT 的 2.7~5.0 倍,若采用高能燃料,可使 FAE 的能量进一步提高。

(2) 分布爆炸。FAE 属分布爆炸,具有杀伤面积大,冲击波作用时间长,总冲量大的特点。

(3) 适宜特殊目标的破坏。FAE 的密度一般大于空气,形成云雾会自动向低处流动,对一般弹药不易摧毁的目标(如掩避所、半地下工事及人员等)可实现有效毁伤。

(4) 原料来源广泛,便于平战结合。FAE 的原料大都为石油化工领域的一次或二次产品,原料丰富,生产工艺简单,成本低廉,适宜平战结合。

FAE 的缺点是猛度不高,不宜破坏硬目标。另外,FAE 的武器结构较复杂,且环境条件对爆轰性能也有一定的影响。

12.3.1 燃料

12.3.1.1 选择原则

燃料空气炸药是由氧化剂和可燃剂组成的,氧化剂为空气中的氧,因此对该类炸药的要求主要体现在燃料上,选择燃料的基本原则如下。

1) 具有较高的爆轰压力

燃料空气炸药的爆炸破坏效能主要是超压的毁伤作用(见表 12.10、表 12.11),而云雾边缘外主要是冲击波的超压破坏作用。另外,大量的燃料空气炸药爆炸还可能会造成缺氧,导致一定的窒息作用,同时也会产生一定程度的高温燃烧作用和热作用。

爆轰超压的近似表达式为

$$\Delta P = P_{C\text{-}J} - P_0 = 2(k-1)\rho_0 Q_V \qquad (12.1)$$

式中 ΔP——超压；
P_{C-J}——C-J面的爆压；
P_0——初始压力；
ρ_0——初始密度；
k——爆轰产物的等熵指数；
Q_V——系统的爆热。

又有

$$k = C_P / C_V \qquad (12.2)$$

式中 C_P——定压比热容；
C_V——定容比热容。

从式(12.1)和式(12.2)中可知，Q_V、k 及 ρ_0 均是影响超压的重要因素。选择燃料首先考虑燃料的燃烧热，燃料的生成热越小，爆轰产物的生成热越大，则爆热 Q_V 越大，接近零氧平衡时，爆热最大。其次，在燃烧热相同的条件下，应考虑爆炸产物的热力学参数，即提高 k 值，也就是找产物 C_P 较大的物质，且 C_P 的增加会使反应温度下降，可降低产物的解离，减少热量的损失。另外，产物的原子数较少也不易解离。总之，选择有较高燃烧热、爆轰产物有较大 C_P 和原子数较少的燃料会增加超压值。

表 12.10 空气冲击波超压、冲量对建筑破坏的程度

破坏等级	ΔP/kPa	I/(Pa·s)	建筑物的破坏程度
1	0.1~5.0	0.010~0.015	门窗玻璃安全无损
2	8~10	0.016~0.020	门窗玻璃有局部损坏
3	15~20	0.05~0.10	门窗玻璃全部破坏
4	25~40	0.10~0.30	门窗隔板被破坏；不坚固的干砌砖墙、铁皮烟囱被摧毁
5	45~70	0.30~0.60	轻型结构被严重破坏，输电线、铁塔倒塌；大树连根拔起
6	75~100	0.50~1.00	砖瓦架构房屋全部被破坏；钢结构建筑物严重被破坏；行进汽车被破坏；大船沉没

表 12.11 对人不同伤亡程度的超压值

序号	ΔP/kPa				
	耳膜穿孔	轻伤	中伤	重伤	死亡
1	19.01	—	—	44.13~58.84	>58.84
2	13.73~19.61	19.61~37.27	37.27~49.04	49.04~127.49	>127.49
3	—	10.79~27.46	35.31~49.04	49.04~156.91	>156.91
4	17.65	—	—	—	—

2) 燃料应易于分散

要求燃料黏度越低越好，这样易被发散成很细的液滴，可充分与空气接触，

形成爆炸云团;要求燃料有适宜的蒸气压,这样易形成气态,易分散,但蒸气压过高很难使用。

3) 燃料应有一定的爆轰感度和良好的物化性质

适宜的爆轰感度,可提高武器使用的可靠性;良好的化学安定性及与材料的相容性,可保证弹药的长储稳定性。燃料应保证在-50~50℃情况下为液体,以保证正常使用,故沸点不能太低,冰点不能过高,另外,燃料对人体的生理毒性要尽量低。

4) 燃料的原材料应来源广泛,价格低廉。

12.3.1.2 分类

燃料空气炸药常用的燃料有以下几类。

(1) 环氧烷烃。环氧己烷是燃料空气炸药最早采用的燃料,之后又研究使用了环氧丙烷和环氧丁烷。该类燃料起爆高度高,爆轰限宽,容易实现云雾团的爆轰。

(2) 烃类燃料。烃类是继环氧烷烃之后最有希望的燃料。单一烃类化合物不宜满足燃料空气炸药对燃料的要求,一般可采用混合燃料来弥补这一不足。该类燃料的缺点是起爆感度低,可加入敏化剂使其易于起爆。属这类燃料的有甲烷、乙烷、丙烷、(正)丁烷、(正)戊烷、(正)辛烷、乙烯、丙烯、丁烯和乙炔等,品种多、来源广,且稳定性好。

(3) 高能燃料。这类燃料主要有铝、镁等金属粉燃料及金属氧化物、硼烷金属氧化物,可提高燃料空气炸药的威力。

12.3.2 其他添加剂

燃料空气炸药中使用的添加剂主要是敏化剂,其作用是提高炸药的起爆性能,增强其对环境的适应能力。敏化剂一般选择反应能力比较强的化合物,已使用的主要有以下几类。

(1) 硝酸酯类:主要包括硝酸乙酯、硝酸丙酯或二者的混合酯,一般用于烷烃燃料,具有较好的敏化作用。

(2) 硝基烷类:比如硝基丙烷可作为混合烃燃料的敏化剂。

(3) 其他爆炸物:一些固体爆炸物会对燃料起敏化作用,使其爆轰强度提高。

(4) 活性较大的燃料:一些活泼的燃料可作为敏化剂,如乙炔、环氧烷烃可作为烷烃或烯烃的敏化剂。

12.3.3 关键技术

燃料空气炸药的大量使用,能完成常规武器难以完成的任务,可起到小型核武器的作用。为此,国内外对燃料空气炸药的研究与发展极为重视,研究的重点主要集中在以下方面。

12.3.3.1 提高爆炸能量、扩大毁伤面积

提高爆炸能量的主要手段是提高燃料能量,着眼点是将烃类燃料代替环氧乙烷,扩大冲击波的作用范围,同时加入一些高能燃料(如铝粉),使其在爆轰区内的超压值由目前的 2~3MPa 提高到 4~8MPa 的水平。

12.3.3.2 改善安全性

由于燃料空气炸药中的燃料大多是低沸点、易挥发的液体,对储存、运输和使用都带来不便,因此改善其安全性是燃料空气炸药急需解决的问题,目前尝试使用提高沸点、降低蒸气压和挥发度来改善燃料的使用、运输和储存的安全性。

12.3.3.3 发展第三代燃料空气炸药

燃料空气炸药于 20 世纪 60 年代研制出第一代,并于越南战争中使用。20 世纪 70 年代初开始研制第二代。第一、二代燃料空气炸药使用时需进行二次起爆,即一次起爆形成云雾,二次起爆引爆云雾。由于云雾的浓度分布随时间和区域而改变,并受空气和地理环境的影响,要求二次引信的落点和起爆延迟时间的精准度高,导致武器系统复杂化,且制造困难、成本高。而第三代燃料空气炸药武器是将二次爆炸系统改为一次爆炸系统,即在云雾形成的同时形成云雾爆轰,这样不仅可以简化武器的结构,还可以提高起爆可靠性和弹药能量。关键技术是直接起爆技术,目前研制的直接起爆方法主要有化学催化法和光化学起爆法等。

第13章 混合炸药性能参数的计算

混合炸药设计和使用中都需要进行性能参数的计算，以便对装药性能及爆炸性能参数进行预测。目前，对各组分从理论上解释其对混合炸药性能的影响是很复杂的，因此一般引用一些经验和半经验公式，它们都有较好的计算精度，可满足一般工程设计和应用要求。

13.1 原子组成的计算

设混合炸药的元素原子组成为 C_a、H_b、N_c、O_d、F_f、Al_g…，可按下式计算混合炸药中各种元素的原子数 n，即

$$n = \sum \frac{W_i n_i}{M_i} \tag{13.1}$$

式中　n——混合炸药中各元素的原子数（a、b、c、…）；

W_i——混合炸药中 i 组分的质量分数；

n_i——i 组分的分子式中某元素的原子数；

M_i——混合炸药中 i 组分的相对分子质量。

例1：计算 PBX-9010 炸药的原子组成。该炸药的配方组成为 RDX 90%/Kel-F3700 10%，其分子式分别为 $C_3H_6N_6O_6$、C_2ClF_3，相对分子质量分别为 222.10、116.48。

解：根据式(13.1)，将其各组分的参数代入得

$$a = \frac{3 \times 90}{222.1} + \frac{2 \times 10}{116.48} = 1.387$$

$$b = \frac{6 \times 90}{222.1} = 2.431$$

$$c = \frac{6 \times 90}{222.1} = 2.431$$

$$d = \frac{6 \times 90}{222.1} = 2.431$$

$$e = \frac{1 \times 10}{116.48} = 0.086$$

$$f = \frac{3 \times 90}{222.1} = 0.258$$

则 PBX-9010 的炸药原子组成,即分子式为

$C_{1.387}H_{2.431}N_{2.431}O_{2.431}Cl_{0.086}F_{0.258}$

13.2 氧平衡的计算

13.2.1 $C_aH_bN_cO_d$ 组成的炸药

若按生成 CO_2 计算,其氧平衡 OB_{CO_2} 值为

$$OB_{CO_2} = \frac{1600\left(d - 2a - \dfrac{b}{2}\right)}{100} \tag{13.2}$$

若按生成 CO 计算,其氧平衡 OB_{CO} 为

$$OB_{CO} = \frac{1600\left(d - a - \dfrac{b}{2}\right)}{100} \tag{13.3}$$

式中 OB——炸药的氧平衡,即 100g 炸药缺少或剩余的氧的克数;

a、b、c、d——炸药分子中 C、H、N、O 的原子数。

13.2.2 $C_aH_bN_cO_dF_fAl_g\cdots$ 组成的炸药

氧平衡的计算通式为

$$OB = \frac{800(\sum N_i A_i - \sum R_i V_i)}{100} \tag{13.4}$$

式中 N_iA_i——炸药组分中氧化元素的原子数与其化合价的乘积;

R_iV_i——炸药组分中被氧化元素的原子数与其化合价的乘积。

使用式(13.4)计算氧平衡时,氧化元素为 O、F、Cl 等,被氧化元素为 C、H、Si、B、Al 等,若 C 生成 CO_2 按 4 价计,生成 CO 按 2 价计。

例 2:计算含铝炸药 RDX 38%/Wax 2%/TNT 3.5%/NH_4ClO_4 31.5%/Al 25%的氧平衡。

解:按式(13.1)计算该炸药的原子组成为

$C_{0.764}H_{2.467}N_{1.341}O_{2.191}Cl_{0.268}Al_{0.926}$

若按 C 生成 CO_2 计算,由式(13.4)计算得

$$OB_{CO_2} = \frac{800[2.191 \times 2 + 0.268) - (0.764 \times 4 + 2.467 + 0.926 \times 3)]}{100} = -29.21$$

若按 C 生成 CO 计算,由式(13.4)计算得

$$OB_{CO} = \frac{800[2.191 \times 2 + 0.268) - (0.764 \times 2 + 2.467 + 0.926 \times 3)]}{100} = -16.98$$

13.3　生成热的计算

混合炸药的生成热可按下式计算:

$$\Delta H°_f = \sum (\Delta H°_{f_i} \cdot W_i) \tag{13.5}$$

式中　$\Delta H°_f$——混合炸药的生成热(J/g);

　　　$\Delta H°_{f_i}$——混合炸药组分 i 的生成热(J/g);

　　　W_i——混合炸药组分 i 的质量分数。

例3:计算 PBX-9404 炸药组成的生成热。已知其组成为 HMX 94%/NC 3%/CEF 3%,各组分的生成热为

HMX:$\Delta H°_{f_1} = 253.27$J/g;NC:$\Delta H°_{f_1} = -3317.7$J/g;CEF:$\Delta H°_{f_1} = -4388.81$J/g。

解:由式(13.5)计算有:

$\Delta H°_f = 253.27 \times 0.94 + (-3317.7 \times 0.03) + (-4388.81 \times 0.03) = 687.85(J/g)$

13.4　密度的计算

混合炸药的密度是计算炸药爆轰参数、物理力学性能的基础性参数,是一个非常重要的性能参数。

13.4.1　理论密度

理论密度是指在可能的条件下,达到的最大密度,是混合炸药配方设计中的重要参数之一,可按下式计算

$$\rho_{\max} = \frac{\sum m_i}{\sum V_i} = \frac{\sum m_i}{\sum \dfrac{m_i}{\rho_{\max_i}}} \tag{13.6}$$

式中　$\rho_{\max}$——混合炸药的理论密度(g/cm³);

　　　m_i—混合炸药 i 组分的质量;

　　　V_i—混合炸药 i 组分的体积;

　　　$\rho_{\max_i}$—混合炸药 i 组分的理论密度(g/cm³)。

13.4.2　相对密度

装药密度是指通过各种装药方法使装药达到的实际密度,其计算公式为

$$\rho_0 = \frac{\sum m_i}{V} = \rho_{max}(1 - \omega_0) \tag{13.7}$$

式中 ρ_0——混合炸药的装药密度(g/cm^3);

ω_0——空隙的体积分数 $\omega_0 = \left(1 - \dfrac{\rho_0}{\rho_{max}}\right) \times 100\%$;

V——实测装药总体积;

m_i——混合炸药 i 组分的质量。

相对密度是指装药密度与炸药理论密度的比值,即 ρ_0/ρ_{max}。它的大小与装药工艺条件、成型方法及炸药本身的塑性有关,其值越大,说明装药的密度越大,对提高炸药的爆轰性能越有利。

13.4.3 松装密度

炸药的松装密度常称为假密度或自然堆积密度,它是设计炸药成型模具和成品包装箱的重要参数,松装密度的大小与其本身的理论密度、粒度分布、造粒工艺有关。测定时采用标准装置进行反复测量,最后取其平均值。

13.5 爆速的计算

计算炸药爆速有多种方法,如 Kamlet 公式、Urizar 公式、$w-r$ 公式,这些方法计算混合炸药的爆速误差较大,Urizar 提出了计算混合炸药爆速应按下式进行:

$$D = \sum (D_i V_i) \tag{13.8}$$

式中 D——无限直径时混合炸药的爆速(m/s);

D_i——组分 i 的特征爆速(m/s);

V_i——组分 i 的体积分数。

Urizar 公式对任何一种炸药的空隙,D_i 值均采用 1500m/s,这会影响计算精度。另外对于新材料的 D_i 无法预估,且装药密度较小时,误差较大,因此可采用下式进行计算,其中所有的高聚物的 $D_i = 5400$m/s。

$$D = \frac{D_{max}}{4} + \frac{D_{max}}{4\rho_{max}}\rho_0 \tag{13.9}$$

式中 D——装药密度为 ρ_0 时的爆速(m/s);

D_{max}——混合炸药的理论爆速(m/s);

ρ_{max}——混合炸药的理论密度(g/m^3);

ρ_0——混合炸药的装药密度(g/m^3)。

用式(13.9)计算的爆速值更接近实际值,同时也适用于含惰性添加剂的混合炸药。

$w-r$ 公式是 1985 年由吴雄提出来的,计算结果与实测值也较为接近,近年来也得了国内外的广泛应用。计算公式为

$$D = 33.1Q^{1/2} + 243.2\omega\rho_0 \qquad (13.10)$$

式中　Q——混合炸药的爆热,$Q = \sum Q_i W_i$ (J/g);

ω——位能因子,$\omega = \sum \omega_i W_i$;

ρ_0——装药密度(g/cm³);

Q_i——组分 i 的爆热(J/g);

ω_i——组分 i 的位能因子;

W_i——混合炸药中组分 i 的质量分数。

炸药及添加剂的 Q_i、ω_i 值见表 13.1。

表 13.1　炸药及添加剂的 Q_i、ω_i 值

炸药及材料	Q_i/(J/g)	ω_i
TNT	4296	12.05
RDX	5790	14.23
HMX	5796	14.23
TATB	3658	12.78
Tetryl	5242	12.78
PETN	6192	13.80
NG	6226	13.57
NQ	2661	15.42
NC	5054	14.72
石墨	0	3.83
蜡	-2983	18.60
DOP	-239	15.20
Kel-F	2092	8.00
CEF	-1883	14.00
Estane	1536	13.90

例 4:计算 LX-04 炸药 $\rho_0 = 1.86 \text{g/cm}^3$ 时的爆速,配方组成为 HMX 85%/viton 15%。

解:

① $\rho_{\max}$ 的计算。

由式(13.6)有:

$$\rho_{\max} = \frac{100}{\dfrac{85}{1.90} + \dfrac{15}{1.82}} = 1.89$$

② D_{max} 的计算。

由式(13.8)得：

$$D_{max} = 9150\left(\rho_{max}\frac{0.85}{1.90}\right) + 5400\left(\rho_{max}\frac{0.15}{1.82}\right)$$

③ D 的计算。

由式(13.9)得：

$$D = \frac{8578}{4} + \frac{3 \times 8578}{4 \times 1.89} \times 1.86 = 8475(m/s)$$

实测 LX-04 炸药 $\rho_0 = 1.86 g/cm^3$ 时的爆速为 8460m/s，与计算结果基本一致。

13.6 爆压的计算

在混合炸药的设计和工程应用中，通常采用经验公式来估算炸药的爆压，计算简便并能满足应用所需精度。

13.6.1 Kamlet 公式

$$P = 1.558\phi\rho_0^2 \tag{13.11}$$

式中 P——炸药的 C-J 爆轰压(GPa)；

ϕ——炸药组分组成与能量储备示性数，$\phi = \sum \phi_i w_i$；

ρ_0——装药密度(g/cm^3)。

表 13.2 为常用单体炸药的 ϕ_i 值，可用来计算混合炸药的爆压。

表 13.2 常用单体炸药的 ϕ_i 值

炸药名称	分子式	ϕ_i 值	炸药名称	分子式	ϕ_i 值
TNT	$C_7H_5N_3O_6$	4.838	MNT	$C_7H_7NO_2$	2.740
RDX	$C_3H_3N_6O_6$	6.784	AP	NH_4ClO_4	3.462
HMX	$C_4H_8N_8O_8$	6.772	FEFO	$C_5H_6N_4O_{10}F_2$	5.976
PETN	$C_5H_8N_4O_{12}$	6.805	D 炸药	$C_6H_6N_4O_7$	4.993
NG	$C_3H_5N_3O_9$	6.840	NM	CH_3NO_2	6.769
Tetryl	$C_7H_5N_5O_6$	5.615	TNM	CN_2O_8	4.007
DATB	$C_6H_5N_5O_6$	5.030	DINA	$C_4H_9N_4O_8$	6.561
TATB	$C_6H_6N_6O_6$	4.975	662	$C_3H_4N_6O_7$	6.716
HNS	$C_{14}H_6N_6O_{12}$	4.882	4 号炸药	$C_5H_6N_6O_{14}$	6.386
DNT	$C_7H_6N_2O_4$	4.220	6 号炸药	$C_4H_4N_3O_{14}$	5.984
NQ	$CH_4N_2O_2$	5.589	2 号炸药	$C_6H_8N_{10}O_{16}$	7.128
NC(12.6%N)	$C_{12}H_{14}N_6O_{22}$	6.370	HDB	$C_6N_6O_{12}$	6.385
TACOT	$C_{12}H_4N_8O_8$	4.770	EDNA	$C_2H_6N_4O_4$	6.473

13.6.2 C-J理论简化公式

$$P = \frac{1}{4}\rho_0 D^2 \qquad (13.12)$$

式中 P——炸药的C-J爆轰压(GPa);
　　D——装药爆速(m/s);
　　ρ_0——装药密度(g/cm³)。

13.6.3 经验计算式

$$P = \sum \left(P_{\max_i} \cdot \frac{w_i}{\rho_{\max_i}} \right) \times \frac{\rho_0^2}{\rho_{\max}} \qquad (13.13)$$

式中 $P_{\max_i}$——混合炸药中爆炸组分i的理论爆压(GPa);
　　w_i——混合炸药中爆炸组分i的质量分数;
　　$\rho_{\max_i}$——混合炸药中爆炸组分i的理论密度(g/cm³);
　　ρ_0——混合炸药的装药密度(g/cm³);
　　$\rho_{\max}$——混合炸药的理论密度(g/cm³)。

例5:计算B炸药密度为1.68g/cm³时的爆压。B炸药的组成为RDX 59.5%/TNT 39.5%/Wax 1.0%,其中:RDX:$P_{\max}$=34.75GPa;TNT:$P_{\max}$=19.8GPa。

解:按式(13.6)计算$\rho_{\max}$:

$$\rho_{\max} = \frac{100}{\frac{59.5}{18.1} + \frac{39.5}{1.65} + \frac{1}{0.94}} = 1.7296 \text{g/cm}^3$$

按式(13.13)计算P:

$$P = \sum \left(P_{\max_i} \cdot \frac{w_i}{\rho_{\max_i}} \right) \times \frac{\rho_0^2}{\rho_{\max}}$$

$$= \left(\frac{34.75 \times 0.595}{1.81} + \frac{19.8 \times 0.395}{1.65} \right) \times \frac{1.68^2}{1.73}$$

$$= 26.38(\text{GPa})$$

实测值为26.4GPa,与计算结果相一致。

以上几个经验方程中,Kamlet公式由于未考虑惰性添加剂的影响,因此误差较大;而用式(13.12)、式(13.13)因考虑了惰性添加剂的影响,所以误差较小,与实验结果比较符合。

13.7 爆热与爆容的计算

13.7.1 爆热

可利用盖斯定律来计算炸药的爆热,其计算公式为

$$Q_P = \sum n_i \Delta H^0_{f,n_i} - \sum m_i \Delta H^0_{f,m_i} \quad (13.14)$$

式中 Q_P——定压爆热(kJ/kg)；

n_i——爆炸产物中 i 产物的量(mol/kg)；

$\Delta H^0_{f,n_i}$——爆炸产物中 i 产物的生成焓(kJ/mol)；

m_i——混合炸药中 i 组分的量(mol/kg)；

$\Delta H^0_{f,m_i}$——混合炸药中 i 组分的生成焓(kJ/mol)。

一般生成焓为定压热效应，可按下式换算成定容生成焓：

$$Q_V = Q_P + 2.477n \quad (13.15)$$

式中 Q_V——定容爆热(MJ/kg)；

n——1kg 的炸药爆炸后生成的气态爆炸产物的量(mol)。

常用炸药的生成焓见表 13.3。

表 13.3 常用炸药的生成焓

炸药	M_r	生成焓		炸药	M_r	生成焓	
		kJ/mol	J/g			kJ/mol	J/g
TNT	227.1	-50.21	-221.1	Tetryl	287.2	31.80	110.72
RDX	222.1	61.50	276.9	NQ	104.1	-84.89	-815.5
PETN	316.2	-461.66	-1460	DATB	243.1	-98.74	-406.18
TATB	258.2	-139.75	-541.23	NG	227.1	-350.24	-1542.24
HMX	296.2	75.02	253.27	PYX	621.3	87.45	140.75

13.7.2 爆容

可根据阿伏伽德罗定律计算混合炸药的爆容，即

$$V = 2.44 \sum n_{i,g} \quad (13.16)$$

式中 V——混合炸药的爆容(L/kg)；

$n_{i,g}$——爆轰产物中气体产物的量(mol/kg)。

13.8 爆炸反应方程式

炸药的爆炸反应方程式是计算爆容、爆热、爆速、爆压的基础，爆轰产物的组成与温度、压力有关且随时间变化，因而计算复杂。采用 B-W(布伦克里-威尔逊法)比较简便，该方法基于如下假设：对 $C_aH_bN_cO_d$ 炸药，O 可完全氧化 H 为 H_2O，余下的 O 将 C 氧化成 CO_2，剩余 C 以固态 C 游离出来，产物中无 CO 形成。即

$$C_aH_bN_cO_d \longrightarrow \left(\frac{c}{2}\right)N_2 + \left(\frac{b}{2}\right)H_2O + \left(\frac{d}{2} - \frac{b}{2}\right)CO_2 + \left(a - \frac{d}{2} + \frac{b}{4}\right)C \tag{13.17}$$

此法适用于各类氧平衡不同的炸药,相对密度较大时结果较好。

对含铝炸药 $C_aH_bN_cO_dAl_e$ 可写为

$$C_aH_bN_cO_dAl_e \longrightarrow \left(\frac{e}{2}\right)Al_2O_3 + \left(d - \frac{3e}{2}\right)CO + \left(a - d + \frac{3e}{2}\right)C + \left(\frac{c}{2}\right)N_2 + \left(\frac{b}{2}\right)H_2 \tag{13.18}$$

该类炸药爆炸后期的氧化顺序为:O 先将 Al 氧化为 Al_2O_3,剩余的 O 再将 C 氧化成 CO,剩余 C 为固态游离 C,这是由于一般含铝炸药缺氧较多所致。

对于含 Cl 或 F 的炸药,并假定其参与爆轰反应时,其爆炸反应方程式为

$$C_aH_bN_cO_dAl_eCl_fF_g \longrightarrow \left(\frac{e}{2}\right)Al_2O_3 + fHCl + gHF + \left(\frac{c}{2}\right)N_2 + \left(\frac{d}{2} - \frac{3e}{4} - \frac{a}{2}\right)H_2O +$$
$$\left(\frac{d}{2} - \frac{3e}{4} - \frac{a}{2}\right)CO_2 + \left[\frac{b}{2} - \frac{f}{2} - \frac{g}{2} - \left(\frac{d}{2} - \frac{3e}{4} - \frac{a}{2}\right)\right]H_2 +$$
$$\left[a - \left(\frac{d}{2} - \frac{3e}{4} - \frac{a}{2}\right)\right]CO \tag{13.19}$$

其氧化顺序为:O 将 Al 全部氧化成 Al_2O_3,全部的 Cl、F 生成 HCl、HF,剩余的 O 将 C 氧化成 CO,再剩余 O 的 1/2 生成 CO_2,另 1/2 的 O 生成 H_2O,剩余的 H 以 H_2 存在,最后剩余 C、Al 等。

13.9 格尼常数

格尼常数(Gurney)是炸药能量输出特性的示性数,可准确地计算由炸药爆炸所驱动的飞片速度。格尼常数与炸药性质有关,许多研究者提出其计算公式,Kamlet 和 Finger 提出:

$$\sqrt{2E} = 0.887\phi^{0.5}\rho_0^{0.4} \tag{13.20}$$

式中 $\sqrt{2E}$——格尼常数(mm/μs);

ϕ——混合炸药组成及能量储备示性值;

ρ_0——装药密度(g/cm³)。

国内炸药工作者提出:

$$\sqrt{2E} = 0.739 + 0.622\sqrt{\rho_0\phi} \tag{13.21}$$

通过对多种单体及混合炸药的计算,两式具有相同的精度,偏差大多在 2.0%以内,式(13.20)计算结果与实验值较为一致。

13.10 冲 量

通过混合炸药爆炸后的相对冲量值,可近似预估炸药的猛度,其表达式为

$$I = 15.06\rho_0^{1.182}\phi^{0.726} \tag{13.22}$$

式中 I——炸药的相对冲量(%);
ρ_0——装药密度(g/cm³);
ϕ——混合炸药组成及能量储备示性值。

第14章 炸药应用的安全技术

炸药在应用过程中总要进行各种处理,如粉碎、混合、加热干燥、成型、切削加工等,对于炸药在处理过程中的安全问题应引起特别的注意,下面介绍有关的基本知识。

14.1 炸药的筛选与混合

炸药制品一般分为粉状和片状,使用前一般需要过筛以除去杂质,筛选过程中应特别防止摩擦与撞击,筛子应能导电并有良好的接地,在工业生产中,一般不应采用人工筛选,这对人员身体健康和安全都十分不利,必要时应严格限量($<200g$),以减小危害。

对黑火药、特屈儿、泰安等敏感炸药筛选与混合时,应根据炸药量,配备防护装置,并进行隔离操作;对含铝粉等易燃金属粉的炸药也应注意隔离操作,但对TNT类的炸药可不必隔离操作。

炸药操作间应有防爆墙(见表14.1),对于药量小于6.8kg时,可采用钢板防护,钢板的厚度可由实验确定,实验用药量为实际最大用量的125%。

表14.1 炸药量与防爆墙的要求

药量	防爆墙规格与要求
$m>6.8kg$	300mm 钢筋混凝土墙,炸药距地面500mm,离墙至少760mm
$6.8kg<m\leqslant22.7kg$	760mm 钢筋混凝土墙,炸药距地面500mm,离墙至少760mm
$22.7kg<m<31.8kg$	910mm 钢筋混凝土墙,炸药距地面500mm,离墙至少760mm

在实际操作中,当药量较大时,虽有防护墙的保护,也应尽可能采用遥控的方式。

在炸药筛选和混合过程中,应注意有良好的通风设施,炸药粉尘浓度不能超过最大允许浓度,并安装粉尘的收集装置。

14.2 炸药的熔化与注装

由于注装成型的弹药一般为中大口径的弹丸,且生产周期较长,因此工房内的存药量较大;另外炸药在加温熔化和搅拌混合时,大量炸药蒸汽的存在,容易出现爆炸事故,这些都是事故的隐患,所以注药车间属于一级危险工房,要求工房周围有齐屋檐高的防爆墙,与其他工房保持安全距离;工房内有完善的安全和消防设备;采用防爆灯和防爆电机,所有设备装置要接地,以防静电的危害;地面宜采用无缝的软沥青铺设且有一定坡度,便于清理;熔药锅和预结晶处理设备都要定期清洗;操作间应尽量减少炸药的存放量;工房内应有较大的通风换气设备,便于控制炸药粉尘和蒸汽的浓度,以减少对人体的毒害等。

炸药熔化前,必须经筛选或肉眼检查,除去多余杂质。熔化后仍需过筛,以除去不熔的机械杂质。

一般规定,熔药温度与保温温度不超过 109℃,对于热安定性好的炸药(如 TNT、RDX/TNT 等),可以使用较高的温度,有时可高达 120℃,但炸药长期处于高温状态是不安全的。

由于高温态炸药的机械感度较高,输药管线的阀门应采用活塞开启式,塞子材料为氯丁橡胶或不与炸药反应的其他橡胶,这样可以避免金属与金属的摩擦或挤压,防止炸药进入螺纹等。

为防止静电火花,设备的注药管或出口应与弹体以导电金属连接,并有良好的接地。

熔药、保温、注药、凝固设备及炸药存放器具上方应配备接有易熔保险阀的雨淋装置,动力马达应有过负荷保护装置。

注药工房中,由于炸药粉尘、蒸汽都很大,有时使用铝粉,要求设备或工具使用时不发生火花,地面要求是不发火地面。为了防止升华的炸药聚集在机器上,应定期清理。

14.3 炸药的机械成型

在压药过程中,炸药本身承受着很大的压力,且冲头与模壁、炸药之间存在着摩擦力,夹在模具滑动部分间隙中的炸药也受到较大的挤压力,这些都有可能引起压爆事故。压爆事故的发生可以认为是由机械作用引起的,故可用机械起爆的热点理论来研究爆炸事故的原因。

在机械作用下,产生的热来不及均匀分布到全部炸药上,而是集中到炸药个别点处(如棱角处),这种局部温度很高的小点称为热点。当热点温度达到足够高($300 \sim 600$℃),尺寸达到足够大($10^{-5} \sim 10^{-3}$cm),维持时间足够长(10^{-7}s)时,爆炸反应首先就在个别热点处开始,随后扩展到整个炸药的爆炸。

从宏观角度讲,热点的形成除取决于炸药本身的性质外,还决定于作用在炸药局部的应力率或应变率,即应力或应变随时间的变化率,应力率或应变率越大,热点越易形成,爆炸越易发生。

从对几十年来爆炸事故原因的分析可见,发生压爆事故的主要原因有以下几点。

(1) 炸药中混入了坚硬的杂质。这些杂质包括砂子、小石子、玻璃渣或金属屑等。当这些坚硬的杂质处于模套边部时,在压药过程中与模壁摩擦很强烈,局部的压应力很大,在棱边尖角处能量容易集中而产生高温热点,导致爆炸。如TNT 含有 0.1% 的沙粒时,其摩擦感度(爆炸百分数)由 4%~8% 增加到 20%。另外,这些坚硬的小颗粒还可能将冲头卡住,随着压力的加大,冲头强行将其挤压下去,此时在卡壳处发生剧烈的摩擦,且伴有猛烈的冲击力,有可能会引起爆炸。

(2) 模具设计和制造不当。冲头和模套在设计和制造中若不符合要求,会发生配合不好的问题,主要是冲头和模套之间发生剧烈的塑性应变和摩擦(即啃模)。据笔者统计,在 32 次压药过程中发生的爆炸事故,就有 8 次是由于模具互啃造成的。造成模具互啃的原因主要有冲头互换性不好而造成了紧配合;模套淬火时,内壁的硬度通常比外壁低,而检验硬度又在外壁进行,故压药时冲头易啃入模壁;模具长期使用后产生了刻痕和毛刺;模具在压机上未放正或压机偏心加压,使冲头易嵌入模内壁等,这些都容易造成模套与冲头的剧烈摩擦和塑性应变,从而导致相邻炸药的爆炸。

(3) 在压药过程中操作不当。压药时由于各种不当操作而使炸药受压过大,也有可能引起爆炸。如称量错误或在模套中倒入双份药;在压群模时错用了长冲头,使一个模具单独受压过大而导致爆炸。

(4) 压药的加载速度过快。压药的加压速度过快时,由于应力率大易形成热点,因此,爆炸的可能性很大。但在缓慢加压到 4.9GPa 时,就连感度很高的黑索今都不会发生爆炸。在生产条件下的压药速度一般较快,尤其是群模压药时,单模承受全部载荷压力可达 2.0GPa 以上,炸药相当于绝热压缩而产生爆炸。据资料报道:TNT、特屈儿、苦味酸、硝基胍、黑索今、太安等炸药在缓慢加压到 4.9GPa 时未发生爆炸;但 TNT 在快速加压至 4.9GPa 时爆炸,而缓慢加压至 7.7GPa 和 10GPa 均未爆炸;苦味酸、硝基胍在同样试验条件下也未爆炸。

(5) 散粒体炸药预热温度过高。炸药的温度过高会使热点容易形成,另外炸药的机械感度也会随炸药温度的升高而加大。

(6) 模套内的残留药。由于冲头和模套之间有间隙,每次压药退模后易在模套内壁留有残药,尤其是在模套工作部分的拐角处、部件的接缝处及其他留有残药的部位,容易产生挤压和摩擦而生成热点,故压药前要注意清擦模具。

(7) 操作过程中模具的碰撞。压药模具一般采用淬火且硬度很高的黑色金属,在发生碰撞时,有可能对炸药或残留药产生摩擦或冲击加载,因而易产生热点而发生爆炸。

根据以上分析,在压装药柱时应特别注意以下问题:

(1) 压药和退模必须采取隔离操作。在压药室内进行压药和退模时严禁人员进入,严禁将防爆门打开。一般应在压机室的防爆门上安装安全开关,只有将门关上,压机才能通电操作,这样可保证操作的安全。

(2) 模具设计与加工要合理。压药模具的结构应设计合理且保证加工质量,尽量使药粉不进或少进入模具活动件之间的缝隙,便于随时清除积药,保证压药和退模安全、易行。模具强度应保证在压药过程中不产生能形成退模困难的弹性变形(膨胀)量。关于模具的硬度,应在加工时确保冲头比模套内壁软,且冲头工作端部应采用圆倒角以防啃模。

(3) 严禁超压和超药量压药。对于群模压药,应特别注意避免单个模具过载情况,严密监控压药前的装药和装配,杜绝重复装药,同时可设计专门的检测和自动卸压装置以保证安全。另外,应控制压机的加载速度不要过快。

(4) 杜绝引起爆炸事故的人为因素。除了在技术上提供必要的安全措施外,还必须杜绝人为因素引起的爆炸事故。例如,在压药前应筛选出炸药中的机械杂质;在装药前应检查模具是否有刻痕和毛刺,并应清擦干净以备使用;应检查压机运转是否正常,活塞移动是否平稳,有无倾斜情况;另外还应保持压药间清洁整齐,及时清理撒在模具上、压机上、工作台上和地面上的炸药。

由于压药工房属操作危险性质的工房,压机应放在符合安全规定的钢筋混凝土防爆小室内,房屋的建筑、照明、采暖和电力设施等也应按安全规定来设计和安装。

(5) 防止静电。在压药过程中,炸药与工具间的摩擦经常发生,因此易产生静电火花,可能引起炸药的燃烧和爆炸,尤其是含铝炸药,铝粉颗粒较小,比表面积大,静电量也相应增大,容易被引燃。为了防止静电带来的危害,在设备上必须安装接地线,并在装药、称药工房保持一定的湿度。

14.4 炸药的机械加工

在生产和研制工作中,需要对炸药制品进行一些必要的机械加工,如药柱的钻孔、磨光、切削、碾碎、锯断等。由于药柱在加工过程中受到较强的机械作用,因此这类加工均属危险操作,应在有防爆墙的小室内进行,并实行隔离操作。在钻孔和车、锯等过程中应加不可燃的无毒冷却液(如水),对含铝炸药加工冷却液不应含有水分,冷却液与加工机械应有联动闭锁装置,以保证冷却液不断流。

炸药的切削:加工切削的直线速度以不超过 5.3m/s 为宜,转动速度不超过 525rad/min;加工进刀速度不超过 0.9mm/rad。

炸药的钻孔:一次钻孔的深度不要超过 100mm,钻孔时应能使钻下的药屑顺利排出钻孔,否则在孔中阻滞将引起强烈的摩擦而发生安全事故。另外,加工刀具应保持完好、锋利,并尽可能使用有色金属刀具。

对于性质不明的炸药,一般是禁止加工的。若必须加工,应采用低加工速度,对小药柱逐步进行试验,认为有可靠保证后,再进行较大尺寸药柱加工。

14.5 炸药的销毁

销毁炸药必须在指定的场所进行,因为炸药在销毁过程中容易由燃烧转为爆轰,所以应考虑即使爆炸也不能波及周围人员及住所。

14.5.1 烧毁法

火药与炸药一般不允许在容器内或带壳燃烧,否则极易引起爆轰,药柱或散装药成堆焚烧也易转为爆轰。另外,应禁止将废药放在金属板或其他坚硬地面上销毁。

在销毁炸药时,通常将废药铺成厚度小于 1cm、宽度小于 5cm 的条状,然后在逆风方向一端点火,点火可用导火索或废纸,点燃后人员立即撤离现场,若大量销毁时,人员应远离或进入掩蔽所。

销毁前需检查废药中是否掺有火工品和金属零件,以防止爆轰或将杂物抛出,造成事故。

应禁止在原地立即进行第二次废药的销毁,因地面可能有残留火种且地面温度较高,当炸药倒在上面时会立即引燃;若必须在原地重复销毁,必须用水浇湿场地后再进行。

炸药销毁结束后必须认真检查现场,以免留下隐患。

14.5.2 爆炸法

起爆方式最好是采用电雷管引爆或导火索引爆火雷管再引爆炸药。

使用雷管时应特别注意各种意外引爆危险,如静电、感应电、高压线等;各种射频电(如雷达、电视发射台、电台等)也是导致电雷管早爆的可能原因。为了避免射电引爆电雷管,规定了起爆线路与电雷管的最小安全距离,发射机功率与最小安全距离的关系见表 14.2。

表 14.2 不适用于方向性很强的高频射线发射器。表中所规定的安全距离也能满足与工业电雷管敏感性相同的其他电引爆系统。

表 14.2　发射机功率与最小安全距离的关系

发射机功率/W	最小安全距离/m	发射机功率/W	最小安全距离/m
5~25	25.4	1000~2500	254
25~50	38.1	2500~5000	381
50~100	55.9	5000~10000	559
100~250	88.9	10000~25000	889
250~500	114.3	25000~50000	1143
500~1000	165.1	50000~100000	1651

电雷管在装入起爆药柱前应远离炸药进行检查。在装入过程中,雷管应保证短路,直至操作人员离开现场后才能拉开短路开关,当人员到达掩蔽所后,方能起爆。且装雷管和起爆均应由一人统一负责,打开雷管引线时,应将引线短路,不应用手抓雷管。

在雷雨天或雷雨将近时,不要进行爆破作业,如来不及拆除已接好线路,应及时加以短路。

电雷管不应放在装有无线电收发设备的车上运输,最好是用金属屏蔽箱放雷管。

使用导火索引爆时,每次操作前都要检查导火索的燃速,以便确定起爆时间。一般规定,燃烧时间应大于120s。

销毁带壳弹药要在爆炸坑内进行,坑的深度应不小于1m,并盖以不小于0.5m厚的土,这样可大大减小冲击波和破片的波及范围。销毁时,必须用足够量的炸药引爆,最好紧贴药柱端面,以保证可靠起爆。

在爆炸结束后,注意检查现场是否遗留未被引爆的零部件、药包、火工品等。若引爆失败,至少要等30min后再返回爆炸场地,由有经验的人员检查瞎火原因。

第15章 注装法

15.1 概　　述

炸药的注装是将固体炸药加热熔化,经过一定的处理后注入弹体(或模具中),冷却凝固成一定性能药柱的方法。

注装药在第一次世界大战期间开始应用,当时以苦味酸和梯恩梯注装成的弹丸占装药的绝大部分。由于苦味酸安定性较差,目前各国多不采用,一般使用的是梯恩梯及其混合物。注装法的设备简单,易实现机械化控制,不受药室形状和口径的限制;可以进行两种以上悬浮炸药的注装,增加了炸药品种并扩大了使用范围;另外,对于同类炸药而言,注装法的装药密度大,世界各国,特别是西欧和美国仍普遍采用注装法装药。但是注装法也存在不足,如生产周期长、质量不易控制、炸药蒸汽对人体健康有很大影响等。

15.1.1 注装法装药对炸药的要求

(1) 炸药应具有足够的威力,即单位体积的炸药有足够的能量并能快速释放出来,使装药能满足使用要求。

(2) 炸药的熔点不应超过110℃。

(3) 炸药温度高于熔点20~25℃时,能保持数小时不分解。

(4) 炸药的蒸汽及粉尘应无毒或毒性较小。

能满足上述要求的炸药包括单质炸药,如梯恩梯、苦味酸等;二元或三元低共熔物,如梯恩梯与特屈儿、梯恩梯与二硝基甲苯、梯恩梯与硝酸铵等;悬浮态炸药混合物,如梯恩梯与黑索今、梯恩梯与铝粉、梯恩梯与硝酸铵等。

由于注装法装药对炸药有特殊的要求,使许多炸药在应用上受到限制,对熔点较高且接近其熔点就分解的炸药,只能以固相颗粒加入到熔化的梯恩梯中,作为注装混合炸药使用。

15.1.2 注装法装药技术的分类

注装法装药根据炸药的液态性质不同可分为:纯液态炸药的注装(如梯恩梯、苦味酸),悬浮液炸药的注装(如梯恩梯加黑索今等),块装法(一定尺寸的药块加入液态炸药中一起进行注装)。

根据注装压力条件不同可分为常压下的普通注装、真空振动注装、压力注装等。

对于装药量大的弹丸或战斗部,如水雷、鱼雷、大型火箭弹的战斗部及航弹,一般采用块装法。口径大于152mm 的榴弹、工兵地雷及一些破甲弹也采用注装法装药。

15.1.3 注装过程介质的变化

注装过程均伴随着3个变化。

(1) 物态变化:即熔化炸药注入弹体中的结晶和凝固。

(2) 热量变化:熔化炸药的凝固过程要释放出结晶潜热和冷却热,由于炸药的不良导热性,导致炸药凝固时间加长。

(3) 体积变化:固体炸药熔化时体积膨胀,熔态炸药冷却、凝固时体积收缩。

由于注装法装药均存在上述三种变化,若装药过程中的工艺条件控制不严,则会出现粗结晶;熔态炸药如携带气体进入弹体,凝固后会形成气孔;炸药凝固过程中,体积收缩时会导致缩孔和底隙;药柱中温度不均匀导致药柱体积收缩不均匀,可能会产生裂纹等。

药柱中产生的粗结晶、气孔、缩孔和裂纹均称为注装药柱的疵病。含粗结晶的药柱结构疏松,密度和强度都较低,发射过程中,在惯性力的作用下,可能会使药柱破裂,经摩擦而引起膛炸。粗结晶的药柱爆轰感度低,容易使药柱起爆不完全。药柱中的缩孔、气孔和裂纹都会使药柱强度降低,从而使应力集中,影响弹药发射安全性。

因此,研究注装装药工艺的主要目的就是要得到无疵病的优质药柱。这就需要认识和掌握注装装药过程的基本规律,研究和制定出最佳的工艺条件和操作方法,并设计出合理的设备与工具。

15.2 熔态炸药的结晶机理

熔态炸药的结晶过程和一般熔态物质的结晶过程是相同的,目前公认的结晶理论认为:纯液体凝固时首先析出结晶核心(晶种),再由液相内形成微小的晶体聚合成为晶核,然后晶种在晶核的各方向上排列起来长成晶体,生长后的晶体互相接触,当晶体之间不再有液体时,凝固过程结束。

晶核的来源有两种：一是由熔态物质本身析出，即液体内形成晶格的原子团超过某一限度时，就形成了结晶核心，称为自发晶核；另一种由存在于熔态物质中难熔物质质点而形成，有时也可以是外来固体颗粒或容器的器壁，这些外在的核心称为非自发晶核。

下面对稳定晶核形成的条件、影响晶核生成的因素、晶体的生长、晶核与晶体生长速度对结晶结构的影响等问题作一些基本阐述。

15.2.1 自发晶核的形成

15.2.1.1 过冷度

一般物质液体冷却结晶曲线如图 15.1 所示。

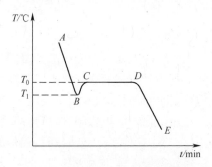

图 15.1　熔态炸药冷却结晶曲线

熔态物质由 A 点开始冷却，到凝固点 T_0 时仍为液体；到 B 点即 T_1 时，才开始出现微小晶粒；随着结晶过程的逐渐进行，不断地释放出结晶潜热，使温度回升至 T_0，并保持一段时间温度不变，即图中的 CD 段，直到全部液体完全凝固为止；然后温度沿 DE 线下降至室温，凝固过程完毕。凝固点 T_0 与温度 T_1 的差为过冷度，即

$$\Delta T = T_0 - T_1 \tag{15.1}$$

从理论上分析，熔态物质结晶时，温度必须降至凝固点以下，这是因为只有液态自由焓大于固态自由焓，结晶才能从液体中析出，即需要一定程度的过冷度。

德国学者塔曼研究了 153 种有机物质，其中 14% 的物质过冷时间只要几秒钟就能达到 10% 以内的过冷度；有 35% 的物质用同样的过冷时间就可达到 10%~20% 的过冷度；有 15% 的物质过冷度可达 20%；而 36% 的物质可以达到玻璃态。

纯度不同的液体的过冷度也不同，没有杂质的纯物质，其过冷度最大。如果杂质存在，就相当于在液态中增加了晶胚，有利于晶体的生成，杂质的种类、尺寸、形态不同，使得形成晶核的过冷度也不相同。总之，过冷度是自发晶核生成的必要条件之一。

15.2.1.2 相变驱动力

按热力学观点,系统在任何温度下及任意状态(气、液、固)下,均有一定的自由能,可表示为

$$G = H - TS \tag{15.2}$$

式中 G——系统自由能;
  H——系统的热焓;
  S——系统的熵值;
  T——绝对温度。

同一物质固、液相自由焓随温度变化的情况如图15.2所示。

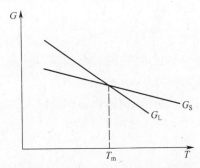

图15.2 固、液相自由焓随温度变化情况
G_S—固相自由焓;G_L—液相自由焓;T—物质的熔点。

① 当 $T = T_m$ 时,液相的自由焓等于固相自由焓,即

$$\Delta G = G_S - G_L = 0 \tag{15.3}$$

说明此时两项处于平衡状态。

② 当 $T < T_m$ 时,液相自由焓大于固相自由焓,即

$$\Delta G = G_S - G_L < 0 \tag{15.4}$$

说明此时固相稳定。

③ 当 $T > T_m$ 时,液相自由焓小于固相自由焓,即

$$\Delta G = G_S - G_L > 0 \tag{15.5}$$

说明此时液态稳定。

从图15.2还可以看出,固相自由焓随温度的变化程度小于液相自由焓的变化,这是因为在低温时,尽管液态的熵值较固态的大(因原子排列紊乱),但由于其内能高,液体的自由焓大于固体的自由焓。随着温度的升高,由于液体的结构较固体的结构松弛,原子振动较容易,熵值很容易增加,即 T_S(束缚能)增大的速度远比固体的快,致使液体的自由能比固体的下降快,因此在高温时液体的自由焓比固体低。

在系统中,结晶能否自动进行取决于自由焓的变化趋势,即取决于相变驱动力 ΔG。只有当 $\Delta G>0$ 时,液相中能自发生成晶核,结晶能够自动进行。

在液体熔点以下时,1mol 物质由液相转变为固相,其自由焓的变化为

$$\Delta G = G_S - G_L = (H_S - TS_S) - (H_L - TS_L)$$
$$= (H_S - H_L) - T(S_S - S_L) = -\Delta H - T\Delta S \tag{15.6}$$

在液体温度 T 与熔点 T_m 相差不大时,可以近似认为:$\Delta H = \Delta H_m$,$\Delta S = \Delta S_m$,其中,ΔH 为结晶潜热,ΔS 为熔融熵。

在温度为 T_m 时,$\Delta G=0$,即:$-\Delta H - T\Delta S = 0$,则

$$\Delta S = -\frac{\Delta H_m}{T_m} \tag{15.7}$$

将 ΔH_m、ΔS_m 代入式(15.6)得:

$$\Delta G = \frac{-\Delta H_m \cdot \Delta T}{T_m} \tag{15.8}$$

式中 ΔT——过冷度(说明纯态物质的结晶需要有一定的过冷度,而且过冷度是影响相变驱动力 ΔG 的主要因素)。

在过冷度较大或晶体与熔体的定压比热相差较大时,式(15.8)需要修正为

$$\Delta G = -\frac{\Delta H_m \cdot \Delta T}{T_m} + \Delta C_P \left(\Delta T - T\ln\frac{T_m}{T} \right) \tag{15.9}$$

式中 ΔC_P——物质液、固两相的定压比热容差值。

15.2.1.3 临界晶核半径

处于过冷状态的熔态物质是不稳定的,这是因为具有较高自由能的液态总是转变为自由能较低的固态,同时放出热量。此时系统中存在两种能量变化:一种是液态转变为固态释放出的相变能;一种是在液相中形成新相晶核需要的界面能,其总能量的变化为

$$\Delta G_V = -\frac{4}{3}\pi r^3 \cdot \frac{\Delta G}{V}n + 4\pi r^2 \sigma n \tag{15.10}$$

式中 ΔG_V——系统总自由焓变化量;
ΔG——固、液两相自由焓之差;
r——固相晶粒半径;
V——摩尔体积;
σ——液、固相界面的表面张力;
n——微粒的个数。

系统自由焓随晶核半径的变化如图 15.3 所示。

从图 15.3 中可以看出,最初形成微粒时,系统自由焓的变化随晶核半径的

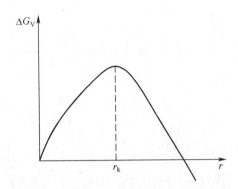

图 15.3　系统自由焓随晶核半径的变化

ΔG_V—系统自由焓的总变化；r—晶核半径；r_k—临界晶核半径。

增大而增加，即 $\dfrac{\mathrm{d}\Delta G_V}{\mathrm{d}r} > 0$，此时结晶过程是不稳定的，生成的微晶粒可能继续长大，也有可能熔化消失。当 $\dfrac{\mathrm{d}\Delta G_V}{\mathrm{d}r} < 0$ 时，结晶过程稳定。系统自由焓的总变化为零时，即 $\dfrac{\mathrm{d}\Delta G_V}{\mathrm{d}r} = 0$ 时，对应的 r_k 为临界晶核半径。在结晶过程中，晶核半径必须大于或等于临界晶核半径时，结晶才能自动进行。

由于

$$\Delta G_V = -\frac{4}{3}\pi r^3 \cdot \frac{\Delta G}{V}n + 4\pi r^2 \sigma n \tag{15.11}$$

当 $r = r_k$ 时，

$$\frac{\mathrm{d}\Delta G_V}{\mathrm{d}r} = -4\pi n \cdot \frac{\Delta G}{V} r_k^2 + 8\pi \sigma \cdot n \cdot r_k = 0 \tag{15.12}$$

则

$$r_k = 2\frac{\sigma \cdot V}{\Delta G} = -\frac{2\sigma \cdot T_m \cdot V}{\Delta H_m \cdot \Delta T} \tag{15.13}$$

上式说明，过冷度大时，临界晶核半径减小，此时稳定的晶核容易生成，即增加过冷度对结晶有利。

随着过冷度的增大，晶核的临界半径与晶核生成时的自由能都将减小，其变化关系如图 15.4 所示。

从图中看出，由于过冷度的增加，使得形成晶核所需要的能量减小及临界晶核半径较小，这有利于晶核的生成。但如果过冷度过大，将会使液体的黏度增加，分子运动受到阻碍。分子运动越慢，晶核生成的或然率就越低，如果液体的黏度极大，以致妨碍分子形成结晶所需要的定向排列，则将会形成无定形的物质。

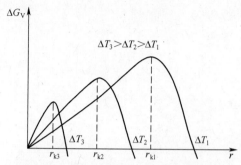

图 15.4　不同过冷度时 ΔG_V 与 r_k 的关系

ΔT_1、ΔT_2、ΔT_3—过冷度；r_{k_1}、r_{k_2}、r_{k_3}—临界晶核半径。

从临界晶核半径的表达式可知 r_k 与 σ 有关，σ 通常采用液滴法测出过冷度，再通过计算求得。由于推导过程比较复杂，此处只给出表面张力与过冷度的关系式：

$$\sigma = \left[\frac{159k(T_m - T)}{16\pi} \cdot \left(\frac{\Delta T \Delta H_m}{T_m}\right)^2\right]^{-\frac{1}{3}} \quad (15.14)$$

式中　k——波耳兹曼常数(1.38×10^{-23} J/K)，对一定的液体来说，ΔT、T_m、ΔH_m 为定值。

15.2.1.4　形核率

单位体积中，单位时间内形成的晶核数量称为形核率，其表达式为

$$N = C \cdot \exp\left(\frac{-\Delta G_A}{KT}\right) \cdot \exp\left(\frac{-\Delta G_K}{KT}\right) \quad (15.15)$$

式中　N——形核率；
　　　ΔG_A——分子扩散能；
　　　ΔG_K——与 r_k 对应的能量，即形核功；
　　　T——绝对温度；
　　　K、C——常数。

上式中，除 ΔG_K 外，其他均为常数，而 ΔG_K 又与过冷度有关，即

$$\Delta G_K = \frac{16}{3}\sigma^3 \left(\frac{T_m V}{\Delta T_K \Delta H_m}\right)^2 = \frac{1}{3}A\sigma \quad (15.16)$$

式中　ΔT_K——r_k 时的过冷度；
　　　σ——液、固相表面张力；
　　　A——临界晶核的表面能。

当 $\Delta T \to 0$ 时，$\Delta G_K \to \infty$，形核率 $N = 0$；当 ΔT 增大时，ΔG_K 变小，形核率 N 增大；当 ΔT 增大到一定值后，由于温度很低，分子扩散困难，从而使 N 值降低。形

核率与过冷度的关系如图 15.5 所示。

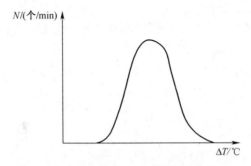

图 15.5 形核率 N 与过冷度 ΔT 的关系

N—晶核生成个数(个/mm);ΔT—过冷度(℃)。

图 15.5 说明,只有在适当的过冷度下,才有利于形核率的增加。晶核的形成除了与过冷度有关外,还与物质的分子结构有关,对称性差的分子形成晶核的能力较差。因为晶核生成时,一方面需要分子间相互接近,另一方面是当分子接近时,其分子的取向应该和物质的晶格排列相符,因此这类物质在结晶时就需要有更大的过冷度。物质的分子结构对称性越好,在同一过冷度下产生晶核的可能性越大,如金属原子或离子接近球状,只需要很小的过冷度就能生成晶核。在芳香族化合物中,对称结构的化合物与非对称的化合物结晶速度就有很大的区别,若以间位化合物的结晶速度为 1,可以得到表 15.1 所列数据。

表 15.1 物质的分子结构对结晶速度的影响

材料	间位	邻位	对位
二氯苯	1	3.1	35.7
苯二酚	1	4.2	15.7
二硝基苯	1	—	2.5

从表 15.1 中可以看出,结晶速度最大的为对称性好的对位化合物。

15.2.2 非自发晶核

如果熔态物质中有外来的固相颗粒或其他杂质及器壁时,对晶核的形成起着基底和"催化"作用,结晶往往从这些杂质上开始进行。

有人通过试验来检验杂质的影响,如用离心浇注法去除杂质,结果在该液体原能结晶的同一过冷度下不能结晶。又如将液体先进行结晶,使晶核长大后再过滤,过滤后的液体置于密封瓶中,即使经振动或冷却至很低的温度也不会使其结晶,但打开封口后又恢复了结晶能力,这是因为空气的灰尘进入了瓶中。以上试验均证明了外来杂质对结晶的作用。

外来杂质之所以能够促进晶核的生成,主要是由于新相晶核在现有界面上

(杂质或器壁)形成时,晶核表面的一部分与现有界面接触,另一部分和液体接触,这时形成的临界晶核所需的能量小于自发结晶时形成临界晶核所需的能量,也就是说,新相晶核与外来杂质或器壁相接触时的表面张力小于新相与液相接触时的表面张力,因此新相晶核容易在现有界面上形成。

晶体出现在现成界面上时,有3种界面能出现,包括σ_{LS}(液-固)、σ_{LC}(液-杂质)及σ_{SC}(固-杂质),当达到平衡时有以下关系:

$$\sigma_{LC} = \sigma_{SC} + \sigma_{LS}\cos\theta \tag{15.17}$$

式中 θ——润湿角。

晶核形成前,液体与夹杂界面接触,其界面能为

$$\sigma_{LC}A_1 = \sigma_{LC}\pi r^2 \cdot \sin\theta \tag{15.18}$$

式中 A_1——晶体与夹杂的接触面积;

r——晶核半径。

晶核形程后的界面能为

$$\sigma_{LS} \cdot A_2 + \sigma_{CS} \cdot A_1 = \sigma_{LS} \cdot 2\pi r^2(1 - \cos\theta) + \sigma_{CS} \cdot \pi r^2 \cdot \sin^2\theta \tag{15.19}$$

式中 A_2——晶核与液体的接触面积。

晶核形成前后的界面能变化为

$$\Delta G_g = \sigma_{LS}A_2 + \sigma_{SC}A_1 - \sigma_{LC}A_1 = \pi r^2 \sigma_{LS}(2 - 3\cos\theta + \cos3\theta) \tag{15.20}$$

晶核形成前后体积自由能的变化为

$$\Delta G_g = \pi r^2 \frac{2 - 3\cos\theta + \cos^3\theta}{3} \cdot \frac{\Delta G}{V} \tag{15.21}$$

因此,在形核时总的自由能变化ΔG_g为二者之和,即

$$\Delta G_{\sharp} = \Delta G_g + \Delta G_C \tag{15.22}$$

在有外来杂质或器壁的情况下,其形核功为

$$\Delta G = \left(\frac{16\pi\sigma^3}{3\Delta G^2}\right) \cdot \left(\frac{2 - 3\cos\theta + \cos^3\theta}{4}\right) = \Delta G_K\left(\frac{2 - 3\cos\theta + \cos^3\theta}{4}\right) \tag{15.23}$$

式中 ΔG_K——熔态物质的形核功。

从上式可以看出,$\Delta G_g < \Delta G_K$,即有利于形核。

另外,接触角θ越小,球面曲率半径越大,这样在较小的过冷度下就可以得到临界晶核半径的晶胚,即夹杂界面形核能力越高,接触角、过冷度与曲率半径r的关系如图15.6所示。

r_1、r_2、r_3与r_k相交的点为该接触角对应的形核过冷度,过冷度越大,晶胚尺寸越大,曲率半径也越大。但在相同的过冷度下,接触角小的晶胚,在折合成同等体积的情况下,其曲率半径要大,从图15.6中可知,θ角越小,形核过冷度越小,即形核能力越强。符合上述情况必须具备以下条件:即接触角与温度无关,夹杂基底必须大于晶胚接触所需面积,晶胚与杂质的接触地面必须为平面。

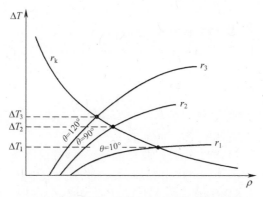

图 15.6 接触角、过冷度与曲率半径的关系

当接触面趋于零时,形核效果最好,此时没有过冷度也可以形核,也就是说,晶核与外来杂质的界面张力越小,越有利于形核。根据界面能产生的原因,两个相互接触晶面的面积(原子或分子排列的几何情况,大小和原子间距离)越近似,它们之间的界面能就越小。

接触面除与界面张力有关外,还与提供形核的界面形状和粗糙程度有关。凹面界面上形核的过冷度比平面、凸面界面上形核过冷度要小,如在弹内壁有深孔或裂纹就属于凹面情况,在结晶时,这些地方就有可能成为形核最有效的界面。

在注装弹药生产中,为获得细小的等轴晶结构的药柱,往往加入一些形核剂,形核剂的结构和化学性质、表面状况及大小等都对形核效果有影响。大量实验结果证明,外加形核剂可以是结晶物本身的颗粒,也可以是与结晶物相近的物质,或者是能和结晶物生成共晶物、络合物的物质,还可以是能吸附在结晶物分子表面的物质。但无论用那种添加剂,都必须保证它在熔态炸药中均匀分布,同时需要适当的过冷度。

15.2.3 影响晶核形成的其他因素

机械搅拌、振动、摩擦、气泡(压力脉冲)、超声波、电场、磁场等都能促进晶核产生。因为这些措施都能提高系统的能量,有利于大于临界晶核半径的晶核产生,而且也可以破碎粗大晶枝,形成细小的晶粒,从而增加了晶核的数量。

另外,若熔态物质预热的温度很高,则会使晶核数量下降,若加热时间过长,也会影响到晶核的生成。这是由于固态物质熔化后再结晶时,如果加热温度较低、加热时间不长,在熔态物质中往往还保留了一部分固体结晶分子有规律的排列,这在冷却时就很容易形成晶核。如果熔态物质的加热温度过大或时间过长,除了使固体结晶分子的有序排列打破以外,还会使杂质的表面状况发生变化,使结晶困难。另外,对于杂质表面缝隙中所吸附的微晶体,由于毛细管的作用,在温度较高时熔化,使原来的晶核消失。有人曾做过这样的试验,在100℃情况下放置200h,然后在室温(15℃)自然冷却,液态TNT长达几个小时仍没有晶核出现。

15.2.4 晶体的生长

晶体形成后就是晶体的生长,其生长的速度以线速度表示,方向是垂直于熔态物质和结晶的相界面,单位为mm/min或mm/s。

在熔点温度以下,晶核大小超过临界晶核尺寸时,晶体将稳定地生长。晶体长大时是通过单个原子或分子撞击到晶体表面,并按一定的规律与晶体连接起来,连接部位的多少与晶体表面的结构有关,而晶体表面结构则取决于晶体长大时的热力学条件。

液体在凝固过程中固液界面分粗糙界面和光滑界面。所谓粗糙界面,即从原子或分子这种微观的角度来看其是凹凸不平的,这种界面结构使液相中沉积下来的原子或分子很容易和晶体连接起来,只要液相中有充分的原子基团,晶体的长大可以连续不断地进行,故称为连续长大。所谓光滑界面,从微观的角度来看是光滑的,单个原子与晶面结合力较弱,因此这类界面的长大,只能靠界面上出现台阶,使液相中沉积下来的原子沿台阶的侧面(与界面平行的方向)长大,故称为侧面长大。

在光滑界面上出现台阶的方式有三种。一种是形成二维晶核,这是很难实现的。第二种是螺旋位错形成的台阶,它很容易接纳沉积的原子(或分子),并沿台阶边缘不断地扩展而扫过晶面,且每点的线速度是相等的。因位错中心的角速度大于远离中心位的角速度,结果形成一种螺旋塔状的晶体表面。对于晶体表面的位错理论已被现代科学理论和实验所证实,在过冷度不太大的时候,晶体是按螺旋状长大的,最后呈现螺旋塔尖的晶体表面。第三种为孪晶面,它和晶体表面易形成凹角沟槽,晶体可沿与孪晶面平行的方向长大,并能保持沟槽完整,从而使晶体继续长大。

实验发现,物质表面按粗糙面长大还是光滑面长大,不完全取决于熔融熵,还与物质在溶液中的浓度以及凝固时的过冷度有关。过冷度较大时,晶体按表面成核的原则成长,即首先在晶面上形成"小岛",然后以它为核心向四周生长,直至形成完整的一层,如此反复地生长下去最后完成整个晶体的生长。当过冷度更大时,可认为晶体的生长以扩散吸附为主,即该液相分子向晶体表面扩散,并通过吸附层向晶体沉积,使固液相界面原子(或分子)层变厚,粗糙度也随之变大。因此晶体的成长与过冷度有密切关系,不同的物质有不同的临界过冷度。

15.2.5 晶体的生长速度

晶体的生长在其界面上的所有位置都是等效的,微观上表现为原子(或分

子)紊乱地、连续不断地在界面上沉积而使界面向前推进,晶体的生长速度 R 表示为

$$R = -aV_{LS}\frac{\Delta H_0 \cdot \Delta T}{KT_m^2} \tag{15.24}$$

式中　a——当界面增加一个原子时向前推进的距离;
　　　V_{LS}——原子从液态变为固态的频率;
　　　ΔH_0——一个原子的结晶潜热;
　　　ΔT——晶体长大时的动力学过冷度;
　　　K——阿伏伽德罗常数(6.23×10^{23});
　　　T_m——物质的熔点。

由于 $V_{LS}=\dfrac{D_L}{a^2}$,则

$$R = -\frac{D_L}{a^2} \cdot \frac{\Delta H_m \Delta T}{KT_m^2} \tag{15.25}$$

式中　D_L——液相中原子的扩散系数;
　　　ΔH_m——1摩尔液态物质的结晶潜热。

式(15.25)反映了晶体生长速度与过冷度的关系,实验证明其关系如图15.7所示。

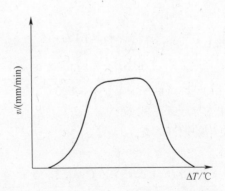

图15.7　晶体生长线速度 v 与过冷度 ΔT 的关系

从图15.7中可以看出,在熔点时,结晶生长的线速度为零;随过冷度 ΔT 的增大,v 增加,当 ΔT 达到一定值时线速度增至最大;之后又随过冷度的增加而减小。由于随结晶成长速度的增加,释放出的结晶潜热来不及扩散,使得界面上建立起了温度平衡,故在曲线上出现一段线速度不变的平坦区域,在热量从系统中散去以后,结晶能够继续进行。但炸药是热的不良导体,使结晶过程受到阻碍,因此随着过冷度的增加,晶体的生长速度不再增加,而液体黏度随之增大,使分子不易扩散沉积,给排成二度空间核心造成困难,所以晶体生长速度降低。

另外,结晶的形状与冷却速度有关。在冷却速度很慢时,晶核长大也很慢,每个晶核基本保持其规则外形而逐渐长大。而实际情况是冷却速度都比较快,在开始时晶体呈规则状,以后由于在尖角处散热条件较好,可以使结晶释放出的潜热很快地传走,此外在尖角处有利于分子沉积和吸附,因此晶体在尖角迅速地长大,形成"一次晶轴";在其长大变粗的同时,又在"一次晶轴"上形成与之垂直的"二次晶轴";随后又出现三次、四次晶轴,使晶体形成一个复杂而有规则的树枝状结构;多个这种结构互相接触后晶体才停止长大,此时在骨架空隙处还充满着熔态物质并继续进行结晶,直到全部结晶结束。

15.2.5.1 螺旋错位长大

螺旋错位形成的台阶一端固定在位错线上,台阶将围绕位错线长大且是连续进行的,当螺旋中心达到一个临界晶核半径时,晶核迅速长大,并沿着螺旋线向外扩展,界面长大方向与螺旋台阶的侧面相垂直,此时界面向前推进的速度为

$$R = \frac{R_L}{L} \cdot b \tag{15.26}$$

式中　R——螺旋位错界面长大速度;
　　　R_L——螺旋台阶横向扩展速度,与 R 方向垂直;
　　　L——螺旋台阶之间的距离;
　　　b——螺旋台阶的高度。

由于 $L = 4\pi r_k$,$r_k = \dfrac{\sigma \cdot T_m \cdot V_S}{\Delta H \cdot \Delta T}$,又因为

$$R_L = -\frac{D_L \cdot \Delta H_m \cdot \Delta T \cdot (2 + g^{-0.5})}{b \cdot T_m^2 \times 6.023 \times 10^{23}} \tag{15.27}$$

式中　D_L——液相中原子扩散系数;
　　　g——固-液相的散开系数。
则

$$R = \frac{R_L}{4\pi r_k}b = \frac{D_L \cdot \Delta H_m^2 \cdot \Delta T^2 \cdot (2 + g^{-0.5})}{4\pi\sigma T_m^2 V_S \times 6.023 \times 10^{23}} = \mu_K \Delta T^2 \tag{15.28}$$

式中　μ_K——常数。

在过冷度较小的情况下,具有光滑界面的晶体长大按螺旋位错的方式进行;在过冷度较大时,则按粗糙界面的连续长大方式进行。晶体长大速度与过冷度的关系如图 15.8 所示。

图 15.8 中 1、2、3 条曲线说明 g 值对长大速度的影响,g 值越小,螺旋位错长大与连续长大越接近。

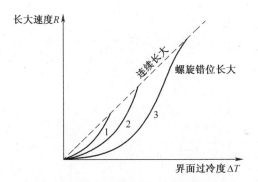

图 15.8　晶体长大速度 R 与过冷度 ΔT 的关系

15.2.6　过冷度与晶核、晶体生长速度的关系及对晶体结构的影响

熔态物质的结晶是否致密,主要取决于晶核的生成速度和晶体生长的线速度,而二者又都与过冷度有密切的关系,主要有以下三种情况。

（1）第一种情况如图 15.9 所示。

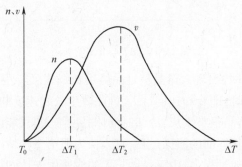

图 15.9　ΔT 与 n、v 的关系

晶核生成的速度比晶体生长线速度先达到极大值,当体系的冷却速度较小时,即过冷度为 ΔT_1 时,就产生了大量的晶核,且 n/v 较大,因此晶粒较细,可以成为细结晶的结构。若一开始就剧烈冷却,即快速达到过冷度 ΔT_2 时,由于 n/v 小,晶核生成的数目少,则成为粗结晶的结构。一般情况下,自发形成的晶核结晶多属于第一种情况。

（2）第二种情况如图 15.10 所示。

晶核生长速度和体生长线速度可在同一过冷度下达到极大值。当过冷度为 ΔT_1 和 ΔT_3 时,因为 n/v 大,所以得到的是粗结晶;而当 ΔT_2 时,n 和 v 都为最大,即能生成大量晶核,并能使晶体迅速成长,因此可以得到细结晶的结构。

（3）第三种情况如图 15.11 所示。

从图 15.11 中可看出,晶体生长线速度的最大值比晶核生成的极大值出现得早。若缓慢冷却时,晶体生长的线速度大于晶核生成速度,此时形成粗结晶;

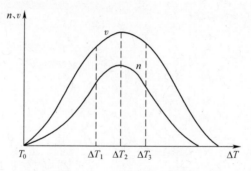

图 15.10　ΔT 与 n、v 的关系

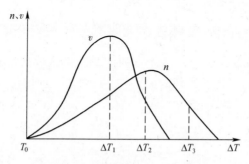

图 15.11　ΔT 与 n、v 的关系

当剧烈冷却至 ΔT_2 时,出现大量晶核且晶体生长线速度较小,此时形成细结晶;如果过冷度为 ΔT_3 时,即冷却速度过大,则晶体生长线速度曲线和晶粒生成速度曲线不相交,此时结晶很难生成,冷却时液体黏度增大,只能以玻璃态存在。

对于芳香族硝基炸药的凝固过程,有人认为属第二种情况;还有一些研究者则认为熔态炸药冷却过程中,由于晶体长大的线速度先达到最大值,所以才使炸药在缓慢冷却时产生粗结晶。

为得到细结晶的结构,就要求晶核生成速度增加,晶体生长的线速度下降,即 n/v 值要大。一般情况下,单位体积内的晶粒数 Z 和晶核生成速度 n、晶体生长速度 v 有以下关系:

$$Z = K\sqrt{\dfrac{n}{v}} \tag{15.29}$$

式中　K——比例常数。

晶粒的尺寸由下式推算:

$$a = K' \cdot 4\sqrt{\dfrac{n}{v}} \tag{15.30}$$

式中　K'——比例系数;

　　　a——晶粒的线速度。

目前,各国的炸药工作者对于炸药的结晶过程都在进行研究,克鲁伊夫等人曾测定了某些炸药的晶体生长线速度,其结果见表 15.2。

表 15.2　几种炸药的结晶线速度

炸药	冷却温度/℃	V_{max}/(mm/min)
α - TNT	40	203.4
β - TNT	60	176.0
苦味酸	37	858.0
2,4 二硝基甲苯	40	154.0

15.3　熔态炸药在弹体中的结晶与凝固

熔态炸药的熔点、熔化热、蒸发热、密度、结晶潜热、导热系数、比热容、黏度、表面张力等性能参数影响炸药的凝固过程,并直接影响注件质量。如熔点越高,其原子间作用力就越大,但加入其他溶质之后,其熔点下降;又如结晶潜热大、热容量大、导热率小的熔态炸药流动性好,液态保持时间长。所谓流动性好是指在相同注装条件下,熔态炸药容易充满容器,得到形状正确和轮廓清晰的注件。

15.3.1　熔态炸药结晶过程中粗结晶的形成与预防

当熔态炸药刚注入弹体时,由于弹壁温度低于熔态炸药较多,因而产生了较大的过冷度,另外由于弹壁内表面较粗糙,所以在熔态炸药中立即生成了大量的晶核。靠近弹壁处的是等轴的细小结晶或称球状结晶,且这一层的结构致密。由于熔态炸药在结晶过程中不断释放出的热量加热了弹体,提高了弹体温度,结果使第二层熔态炸药的过冷度比第一层熔态炸药的小,冷却速度减慢,晶核生成的速度减小,结晶就比较粗,晶体沿着与传热方向相反的方向生长,形成一层柱状结晶。随着结晶的继续进行,结晶潜热不断地释放出来,使凝固的炸药层不断加厚,而炸药又是热的不良导体,所以处于弹体中心位置的熔态炸药处于较小的过冷度状态,这就使晶核的生成速度减小,晶体生长速度也趋于减缓。另外由于凝固时间较长,使原有的晶核由于重力的原因逐渐沉积于底部,因此药柱中心部位会出现粗结晶,使药柱结构疏松。

由此可见,熔态炸药在弹体中靠自然结晶,是不能得到细结晶和结构致密的药柱的。若采用降低环境温度和弹体温度来加大过冷度,虽可改善粗结晶的状况,但由于炸药药柱中心部位与边部的温度差过大,使药柱的热应力增加而导致裂纹的出现,因此单靠增加过冷度来解决粗结晶的问题是不行的,在实际生产中通常采取以下方法来防止粗结晶的出现。

15.3.1.1 外加晶核

在熔态药中可加入一些固体炸药的颗粒作为晶核,同时进行搅拌,促使大量晶核生成,然后再注入弹体。作为外加晶核的物质,可以是熔态炸药自身的固体颗粒,或与其晶体结构相似的物质以及能与其生成共晶或固体溶液的物质。

15.3.1.2 加入共熔物

由于共熔物吸附在晶体生长部位的表面,阻碍了晶体的快速生长,在熔态炸药中加入共熔物能明显地抑制晶体生长的速度,即能获得细结晶的药柱。共熔物对 α-TNT 晶体生长线速度的影响见表 15.3。

表 15.3 共熔物对 α-TNT 晶体生长线速度的影响

共熔物	含量/%	晶体生长线速度降低量/%
β-TNT	0.5	16.0
	1.5	37.5
γ-TNT 或 DNT	0.5	8~10
	1.5	25~26
三硝基苯或三硝基二甲苯	0.5	6
	1.5	10~16

从表 15.3 中数据可以看出,在梯恩梯中存在杂质时,能明显地降低晶体长大的线速度,即能获得细结晶的药柱。

15.3.1.3 搅拌

将熔化的过热炸药,用人工或机械进行搅拌,使炸药加速冷却,以促使晶核生成,另外搅拌还可以打碎较大的晶体。研究表明,形成大量晶核所需要的过冷度随搅拌次数的增加而降低,但搅拌也不能太剧烈,在达到一定次数时所需过冷度不再降低。将以上生成的大量晶核的熔态炸药注入弹体中即可获得较细结晶的药柱。

外加晶核及搅拌称为熔态炸药的预结晶处理。在实际生产中,为了使过热的梯恩梯产生大量的晶核,一般采用在熔态梯恩梯中加入片状梯恩梯的方法,操作时应注意均匀地撒入并需强烈地搅拌。

晶次一般用来表示熔态炸药中晶核的含量,晶次越高表明晶核含量越高,凝固所需时间越短。在注装时,可根据弹丸的要求选择不同晶次的熔态炸药进行浇注。

15.3.2 熔态炸药在凝固过程中缩孔的形成与预防

在自然状态下,一次浇注的熔态炸药在弹体中凝固是由弹壁处开始一层一层地往中心部位进行,由于结晶潜热是通过弹壁和弹口部表面传出的,那么中心位置必然最后凝固。开始凝固的体积收缩处可由尚未凝固的药液来补充,但最后凝固的中心位置内无液体来补充时则形成较大的空洞,也称为集中缩孔。缩孔与气孔不同,缩孔的内壁是光滑且体积较小。

除了集中缩孔,在一定条件下还可以出现分散缩孔,这是由于结晶时冷却速度较大,晶体长成树枝状的骨架,由于骨架阻碍了药液的流动,使得骨架间药液凝固时不能得到别处药液填充,于是就产生了分散的小缩孔。

一般熔态炸药的黏度较小,流动性好,容易产生集中缩孔;而黏度较大,枝晶发达的则易产生分散缩孔。缩孔的存在,是使药柱的强度降低,并引起膛炸的重要原因之一,因此对缩孔的研究就十分必要。弹体一次注装凝固时的情形如图 15.12 所示。

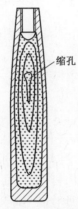

图 15.12 弹体一次注装凝固时的情形

15.3.2.1 缩孔的体积

缩孔的相对体积 V_P 可用下式表示:

$$V_P = \beta_1(T_1 - T_0) + \varepsilon_V - \frac{1}{2}\beta_2(T_0 - T_c) \tag{15.31}$$

式中 V_P ——缩孔的体积与完全凝固注件的体积之比;

ε_V ——由液态凝固成固态时的体积收缩的相对变化;

β_1 ——熔态物质的体积收缩系数;

β_2 ——固态物质的体积收缩系数;

T_1 ——熔态物质的浇注温度;

T_0 ——熔态物质的凝固点;

T_c ——固态物质的温度。

由式(15.31)看出,缩孔的大小与熔态物质的收缩系数、浇注温度及相变收缩率等因素有关。对于液态收缩,主要决定因素为浇注温度和收缩系数;对 TNT

来说,β_1 为定值;对 TNT/RDX 等悬浮液体炸药来说,β_1 随 TNT 含量的增加而变大。另外浇注温度升高,β_1 增大,缩孔体积增大。

对于凝固时的收缩,除因温度降低发生收缩外,还更有相变发生及晶体长大等变化,对于悬浮炸药来说,固体含量越多,其收缩量越小。因此为减少缩孔的体积可降低浇注温度和提高悬浮体炸药中的固体含量。

对于固态的收缩,是指完全凝固后直到冷却至室温时为止,注件在没有受到阻碍的条件下的收缩,称为自然收缩,但大多数情况下是要受到机械或热的阻碍的,受阻收缩量较自由收缩量要小些,因此在实际生产中为减少收缩量需要采取一定的措施。

缩孔体积百分数可按下式计算:

$$A = \left(1 - \frac{\rho_L}{\rho_S}\right) \times 100\% \tag{15.32}$$

式中 A——缩孔体积百分数(以熔态炸药体积为 100);
ρ_L——熔态炸药的密度;
ρ_S——熔态炸药凝固后的固体密度。

15.3.2.2 缩孔的位置和形状

缩孔在注件中的位置和形状与注件的形状有关。注件为上大下小,其生成的缩孔集中于上部,且离注入口的距离最短;反之,注件为上小下大,其缩孔最长。此外,实验证明,长而狭窄的注件产生深而窄的缩孔,宽大的注件则产生较集中的短粗缩孔。因此,不论何种形状的弹体采取一次注药而不采取其他措施,总会在最后凝固的部位产生缩孔。

15.3.2.3 预防缩孔的措施

药柱中存在缩孔会使药柱出现应力集中的现象,并降低药柱的强度,同时影响发射安全性及其爆轰性能。为防止缩孔的产生,通常采取改良熔态炸药在弹体中由表及里的凝固次序,而让其自下而上地逐渐凝固,这样就使先凝固的炸药由于体积收缩而形成的空隙由上面未凝固的熔态炸药来补充。另外,在弹体口部要加冒口漏斗,弹体最后凝固在口部所留下的收缩空隙由冒口漏斗中的熔态炸药来进行补充,通常也称"补缩"。

在生产中为防止浇注的药柱出现缩孔,往往采用以下措施。

(1) 分次注装:将预结晶的熔态炸药分若干次注入弹体。每注入一次,冷却一段时间以后再注入下一次,这就使熔态炸药能够自下而上地凝固。根据经验,对于中口径弹装填梯恩梯一般分 3~4 次,大口径弹为 7~8 次。

(2) 先注入晶次高的熔态炸药,再注入晶次低的。

(3) 在弹口部装上冒口漏斗,漏斗内熔态炸药的温度较弹体内的高,使其作为补缩用药而最后凝固,并将缩孔引至冒口,如图 15.13 所示。

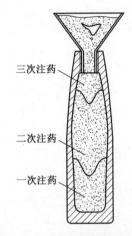

图 15.13 炮弹装药的分次注装

为了保证冒口漏斗能够引出缩孔,冒口漏斗必须具有足够的熔态炸药,一般而言,冒口漏斗的容积为药室容积的 1/2,高度为弹体药室高的 1/3,大多数的冒口漏斗采用圆锥形,其装药量较多,高度最小,有利于将缩孔集中到冒口中。另外,需要注意弹口部及冒口漏斗的保温,以保证药液状态,起到补缩的作用。

15.3.3 熔态炸药在凝固过程中气孔的产生及预防

熔态炸药中存有气体且在凝固前未能及时逸出而形成气孔。气体混入熔态炸药是由于在炸药熔化之前以吸附或溶解方式带入,或在熔化药时,由于搅拌而带入;也可能来自弹体,即弹体药室内可能有水分或油污吸附气体;也可能来自操作不当,如注入熔态炸药时过猛,药液飞溅将空气卷入,或注药速度过快,药室的空气未来得及排走。

为了消除气孔,得到合格的药柱,有必要了解气泡的形成机理及影响因素,气泡的形成如图 15.14 所示。

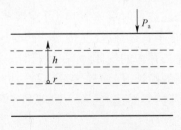

图 15.14 气泡的形成

在液面 h 处生成一半径为 r 的小气泡。气泡的生成首先是要形成气泡核,并应具有最小的临界半径。当气泡核半径 r 很小且熔态炸药的表面张力 σ 很大时,生成气泡核的阻力 $2\sigma/r$ 就很大,因此气泡容易在现存的界面,如杂质表面、器壁表面、注件表面等处形成。

气泡的生成不仅与产生气泡核有关,而且还和压力有关,即只有当逸出气体的总压力大于外压力总和时,气泡才能形成,可用数学式表述为

$$P > P_a + h\rho + \frac{2\sigma}{r} \tag{15.33}$$

式中　P——逸出气体的总压力;
　　　P_a——大气压力;
　　　h——熔态炸药表面距气泡的液柱高度;
　　　ρ——熔态炸药的密度;
　　　σ——熔态炸药的表面张力;
　　　r——生成气泡的半径。

由式(15.33)看出,逸出气体的总压力,即气泡内部的压力要大于作用于液体表面的大气压力、液柱的静压力和液体的表面张力总和,才能逸出液面,而二者的压力差越大,气体逸出的越多。因此采用真空浇注的方法可以大大减少注件中的气泡,从而得到结构致密的药柱。

气泡生成后上浮的速度可近似地按斯克托斯公式计算,即

$$v = \frac{2r^2(\rho_L - \rho_g)}{9g\eta} \tag{15.34}$$

式中　v——气泡上浮速度;
　　　r——气泡半径;
　　　ρ_L、ρ_g——液体和气体的密度;
　　　η——液体的黏度。

由式(15.34)可以看出,气泡上浮的速度与气泡的直径、熔态炸药的黏度及其密度有关,即气泡大,液体黏度小时,气泡就容易上浮,因此适当地调节熔态炸药的黏度,有利于气泡的逸出。根据气泡产生的原因,在注药生产中可采取以下几种措施来防止气孔的出现。

(1) 防止在熔化和浇注炸药时混入气体,可在熔药前将固体炸药预先进行真空处理,熔化炸药时搅拌不宜过猛,浇注熔态炸药时速度不应过快。

(2) 从熔态炸药中除去存在的气体,如在注药时采用真空振动的方法;熔态炸药注入弹体后进行适当的搅拌,促使气泡逸出;注药时药温不要太低,否则黏度会增加;应控制熔态炸药的凝固速度,若太快不利于气泡的逸出;合理设计冒口漏斗,使其具有排气功能等。

(3) 阻止气体从熔态炸药中分离出来。如采用压力下注装,使得气泡难以形成或形成细小的气泡。

15.3.4 熔态炸药在凝固过程中底隙的产生及预防

熔态炸药在弹体内由液体逐渐凝固,由于炸药与弹体的收缩系数不同,使得药柱与弹底之间出现间隙,也称为底隙。当底隙超过一定值时,就可能影响弹丸的发射安全性,导致膛炸或早炸。因此,在生产中有必要采取相应的措施来减少或避免底隙的出现。

前人消除底隙是采用后循环热处理方法,即将已装药的弹丸装在小车上,放入加热窑,65℃和24℃交替加热窑内的弹丸,每个温度下分别加热12h,室内温度用热风控制,整个过程约需70~80h,然后取开合弹,将其锯开检验。若底隙不合格,则窑内产品重新返工,再次进行加热循环处理,直至合格为止。此种方法周期长,生产线上加热弹丸数量多,既不能完全保证质量又影响安全生产。

美国在20世纪70年代采取的方法是,将弹丸加热到45℃,或为常温弹丸,在弹口部加一杠杆螺塞并对弹内药柱施加压力,然后将其挂在传送带上浸入水温为81℃的水槽中放置一段时间后提出。用该方法处理过的弹丸经X射线检验,底隙可完全消除,且适于流水作业,操作方便,生产周期短,可靠性好。

20世纪90年代以来,徐更光院士等人提出了采用低比压顺序凝固工艺,其特点是利用压力将熔态炸药补充到逐层凝固的炸药空隙中,这样不仅消除了底隙,而且使药柱中不易产生气泡和缩孔,装药密度提高,结构致密,因而从根本上解决了发射安全性的问题,并有效地提高了弹丸的爆轰性能。

15.3.5 注装药柱裂纹的产生和预防

熔态炸药在弹体中完全凝固以后,中心至边部的各部位温度是不一致的,导致收缩量也有所不同,这样就产生了由于温度差而引起的内应力,也叫热应力。

内应力是内在的,与任何附加外力无关。在药柱中产生的内应力,除了由温差引起的热应力以外,在药柱收缩时,还可能由于机械阻碍而引起收缩应力。由于炸药是热的不良导体,因此一般注装药柱中的内应力主要是热应力的作用。如果内应力超过药柱的极限强度,就会使药柱产生裂纹,而炸药大都属脆性材料,抗拉强度较低,所以在拉应力较大的情况下药柱会产生裂纹,这种装药疵病是引起炮弹在发射时发生膛炸的主要原因之一,同时也不符合精密装药的要求。

15.3.5.1 药柱中的热应力

首先讨论内应力的产生,图15.15(a)表示在自由状态下长度为 L_1 和 L_2 的两根弹簧,图15.15(b)表示两根弹簧连成整体后,两根弹簧的长度均为 L,且 $L_1 < L < L_2$,此时整体的拉应力和压应力处于平衡状态,弹簧Ⅰ受拉应力而伸长,弹簧Ⅱ受压应力而缩短,横梁所受的合力为零,其力的平衡式为

$$\sum P = P_1 - P_2 = 0 \qquad (15.35)$$

式中 $\sum P$——横梁所受合力；
P_1——弹簧Ⅰ对横梁的作用力；
P_2——弹簧Ⅱ对横梁的作用力。

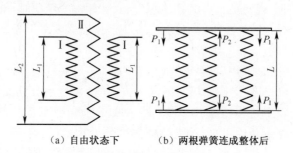

（a）自由状态下　　（b）两根弹簧连成整体后

图 15.15　弹簧的应力变化情况

若去掉弹簧Ⅰ,则横梁受 P_2 作用,向外伸长至 L_2;反之,若去掉弹簧Ⅱ,则横梁受 P_1 作用,尺寸收缩至 L_1,因此在无外力的作用下,系统尺寸变化仅由内应力引起。

当试件在不均匀受热或受冷的条件下,也有类似的情况发生。图 15.16 表示两根结合在一起的长度相同、材料相同的试件,当温度为 t_1 时,两试件长度均为 L_1,若只加热Ⅱ试件到温度 t_2,则其长度膨胀到 L_2。如果只考虑长度方向的线膨胀时,有如下等式：

$$L_2 = L_1[1 + a(t_2 - t_1)] \tag{15.36}$$

式中　a——材料的线膨胀系数。

由于两试件为一个整体,且试件Ⅱ不能自由膨胀至 L_2,因此两试件只能伸长至 L_3,即 $L_1 < L_3 < L_2$,此时内应力处于平衡状态,试件Ⅰ受热应力拉伸量为 $L_3 - L_1$,试件Ⅱ受热压应力压缩量为 $L_2 - L_3$,其合力为 $\sum P = 0$,即

$$\sigma_1 A_1 - \sigma_2 A_2 = 0 \tag{15.37}$$

式中　σ_1、σ_2——试件Ⅰ、Ⅱ分别受到的拉应力和压应力；
A_1、A_2——试件Ⅰ、Ⅱ的横截面积。

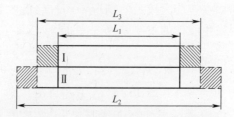

图 15.16　试件受热不均时的变形

以上两个事例说明,不论是机械阻碍引起的内应力还是由温差引起的热应力均与外力无关。

药柱中热应力的产生也有以上类似情况,可以通过圆柱形注装药柱来分析,如图15.17(a)所示。当整个药柱刚凝固完全,其中心部分的温度明显高于边部的药层,取相邻的两层药筒进行分析,两层高度相同但是温度不同,内层温度高于外层温度,当冷却至室温时,若两药筒不受约束地分别收缩,外层由 a 缩短至 b 的位置,内层由 a 收缩至 d 位置。但由于两层为牢固的整体,冷却后应该保持同一高度,即在某一平衡位置 c 处,这样,外层收缩要大些,因此产生颗粒轴向的压应力,而内层收缩要小些,所以产生了轴向拉应力。当这种热应力超过了药柱的极限抗拉强度时,裂纹就会出现。轴向拉应力引起横向裂纹,径向拉应力引起环状裂纹,切向拉应力引起径向裂纹。一般而言,药柱出现的裂纹是各种热应力综合作用的结果,如图15.17(b)所示。

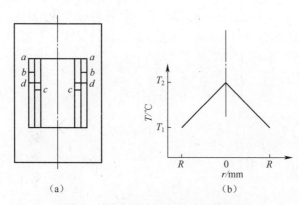

图 15.17　药柱热应力引起的变化

注装药柱不仅在注装凝固过程中产生热应力,在药柱凝固后受温度变化的影响,也会产生热应力。在检验装药质量时有些弹药需要做高温试验来检查热应力对药柱的影响。因此,对于热应力的研究是非常必要的。

热应力可应用弹性理论和热传导理论来进行计算,对于简单的形状和简单的边界条件可得到分析解,但是需要三个假设条件。

(1) 假定药柱是理想弹性体,符合广义的胡克定律。注装和压装药柱的抗拉强度是抗压强度的1/7,不完全是弹性体,但在常温和低温下可认为其与本假设近似。

(2) 假定药柱的物理、机械性能是均匀的,且各向同性,但实际上注装药柱边部结晶较细,密度较大,而中心位置的结晶较粗,且密度较低。而梯黑炸药还存在黑索今颗粒沉降,使上下部位的密度不均匀;块状法得到的药柱结构也不均匀,因此只能认为其与本假设近似地符合。

(3) 假定药柱的物理、机械性能不随温度、时间及载荷的大小而变。但实际上,温度升高时,药柱的弹性模量、抗拉强度和导温系数降低,线膨胀系数增大,而药柱的泊松比也随载荷的增加而增加,但对于工程计算来说,是可以应用本假定的。

根据以上假设,可以应用热传导理论和弹性理论来研究几种简单情况下热应力的计算。

第一种情况,药柱为圆柱形,长度比直径大几倍。药柱各部分温度是均匀的,即为t_0,将此药柱投入水温为t_s的搅动的冷水中。

上述问题是无限长的圆柱体,轴对称温度场。因搅动的冷水传热很快,可以认为药柱表面温度立即降为t_s,而且保持不变,这种可以给出任何时刻的物体表面温度条件称为第一边界条件。由于药柱表面比药柱中心收缩得多,因此表面产生的拉应力最大,而中心部分的压应力最大。此后随着浸入冷水中的时间增长,药柱内部的温度逐渐降低,热应力也随之降低。当整个药柱均降至水温t_s时,热应力降为零。那么在药柱的什么部位热应力最大呢?通过计算可知,在药柱投入冷水中的瞬间,即$t=0$时,药柱边部受到的拉应力最大,中心部位的压应力最大,由于:

$$\sigma_Z = \sigma_\theta + \sigma_r \tag{15.38}$$

式中 σ_Z——轴向热应力;

σ_θ——切向热应力;

σ_r——径向热应力。

又:当时间$\tau = 0$时,$\sigma_r = 0$,则

$$\sigma_Z = \sigma_\theta = \frac{E\alpha}{1-v}(t_0 - t_s) \times 0.958 \tag{15.39}$$

式中 E——药柱伸长和压缩的弹性模量;

α——药柱的线膨胀系数;

v——泊松比;

t_0、t_s——药柱的初始温度和冷水的温度。

由上式计算出的热拉应力若大于药柱的抗拉强度,药柱便会出现裂纹。

第二种情况为薄的炸药平板,如图15.18所示。

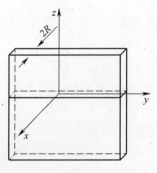

图15.18 炸药平板示意图

板的厚度不超过薄板长或宽的 1/5,故属于无限大板的第一类边界条件,用直角坐标,去板厚为 2R,炸药投入冷水的瞬间,即 $\tau = 0$ 时刻,板表面最大的热拉应力公式为

$$\sigma_Z = \sigma_\theta = \frac{E\alpha}{1-v}(t_0 - t_s) \times 0.741 \tag{15.40}$$

由上式算出的热应力若大于炸药板的抗拉强度,炸药便出现裂纹。

第三种情况为圆柱形药柱,条件与第一种情况相同,只是将 t_s 温度的药柱放在静止或流速不大的且温度为 t_s 的冷空气中。此时药柱表面并不能瞬时达到冷空气的温度,而是按照交换规律进行传热,这种边界条件属于第三类边界条件,且更接近平时的实际情况,但比前两类情况要复杂。经计算,药柱表面的热拉应力最大,而中心位置的热压应力最大。药柱表面的径向拉应力为

$$\sigma_r = 0$$

切向和轴向拉应力为

$$\sigma_Z = \sigma_\theta = K \cdot \frac{E\alpha}{1-v}(t_0 - t_s) \tag{15.41}$$

此式与第一种情况的计算公式区别在于 K 值为不同的数值,主要取决于产生最大热应力的时间(τ_m)和比欧准数(B_i)两个因素。

因为产生最大热应力的时间不能直接确定,所以只能用不同的时间代入公式来计算热应力,以得到最大应力相对应的时刻 τ_m,此时也正是药柱中心与药柱表面的温差达到最大值的时刻,药柱中心与药柱表面温度随时间的变化如图 15.19 所示。

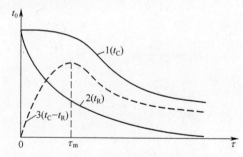

图 15.19 药柱温度随时间的变化
1—中心温度;2—药柱边部温度;3—药柱中心与边部温差。

图中 τ_m 处为产生最大热应力时刻。要计算还必须给出比欧准数 B_i,其值是一无量纲数群,可表达为

$$B_i = \frac{\alpha_\alpha \cdot R}{\lambda} \tag{15.42}$$

式中 λ——药柱的导热系数;

α_α——空气对药柱表面的给热系数;

R——药柱的半径。

不同 B_i 值所对应的 K 值见表 15.4。

表 15.4 最大温差时不同 B_i 值所对应的 K 值

B_i	0.236	0.471	0.655	1.07
K	0.053	0.090	0.123	0.167

从计算结果得知,药柱放在冷空气中产生的热应力比放在同温度并加以搅拌的冷水中的热应力要小得多,如当 B_i 为 0.471 时计算出的热应力是第一种情况计算出公式中的系数 0.958 计算的热应力的 1/9 左右。

对炸药薄板放在静止或流速不大的冷空气中时,其计算产生的最大热应力的方法与第三种圆柱形相似,即产生最大热应力的时间与产生最大温度差($t_C - t_R$)的时间 τ_m 相一致,最大热应力的计算也与 B_i 值有关,其计算公式为

$$\begin{cases} \sigma_r = 0 \\ \sigma_Z = \sigma_\theta = K \cdot \frac{E\alpha}{1-v}(t_0 - t_s) \end{cases} \tag{15.43}$$

第四种情况,圆柱形药柱,长度比直径大几倍(可做无限长圆柱采用一维处理),求注装时产生的热应力。

当药柱中心凝固时,中心温度为 t_1,即炸药凝固温度,此时药柱表面($r=R$)的温度为 t_2,设药柱中温度的分布为线性分布,此时药柱中没有热应力产生。随着中心部位温度的下降,就产生了热应力,当温度下降至表面温度 t_2 时,此时温差最大,即产生的热应力最大。设药柱为理想弹性体,符合前述三个假定条件,那么最大切向热应力为

$$\sigma_\theta = \frac{E\alpha}{1-v}(t_2 - t_1)\frac{2r - R}{3R} \tag{15.44}$$

药柱中心处 $r=0$,则

$$\sigma_\theta = -\frac{1}{3}\frac{E\alpha}{1-v}(t_2 - t_1) \tag{15.45}$$

药柱表面 $r=R$,则

$$\sigma_\theta = \frac{1}{3} \cdot \frac{E\alpha}{1-v}(t_2 - t_1) \tag{15.46}$$

式(15.45)与式(15.46)计算的结果相同,即在药柱中心的热应力与表面的热应力值相等,但中心为热拉应力,所以产生裂纹可能性最大。

从以上四种情况来看,虽然计算起来比较复杂,但可将其归纳为如下公式来计算:

$$\sigma = K\frac{E\alpha}{1-v}\Delta t \tag{15.47}$$

式中 Δt——温度差;

K 值可按表 15.5 中的不同条件选择。

表 15.5 不同条件下的 K^* 值

条件 药型	置于搅拌的 冷水中	置于静止或流速不大的冷空气中					注装后冷 却过程
		$B_i = 0.263$	$B_i = 0.403$	$B_i = 0.471$	$B_i = 0.655$	$B_i = 1.07$	
药板	0.741	0.07	0.108	0.12	—	—	—
药柱	0.958	—	—	0.09	0.123	0.167	0.333

注:原 K 值计算时,其中 σ、E 的单位均取 kg/cm²。

对于药柱或药板因受环境温度而引起的热应力,取药柱或药板的温度 t_0 和周围温度 t_2 之差;对于注装凝固后冷却过程中的热应力,取中心凝固时刻的药柱表面温度和炸药的凝固温度 t_1 之差。

综上所述,药柱或药板不产生裂纹的条件为:其抗拉强度要大于它的热拉应力,即

$$\sigma_c > \sigma \tag{15.48}$$

式中 σ_c——装药的抗拉强度;

σ——装药的热拉应力。

另外,式(15.48)也可以写为

$$\sigma_c > K\frac{E\alpha}{1-v}\Delta t \text{ 或 } \frac{E\alpha}{(1-v)\sigma_c}K \cdot \Delta t < 1 \tag{15.49}$$

式(15.49)中包括装药形成裂纹的主要影响因素。一是 $\frac{E\alpha}{(1-v)\sigma_c}$ 项,其完全由炸药的特性所决定,而与装药的形状无关,此值越小,越不易产生裂纹。如梯恩梯的注装药柱抗拉强度较低,易产生裂纹,若加入高分子材料硝化棉时,可提高药柱的抗拉强度,从而达到消除和减少裂纹的目的;又如在平时的生产和储存中,若遇低温,药柱的弹性模量 E 增大,抗拉强度 σ_c 降低,药柱变得又脆又硬,易产生裂纹。在混合炸药中若加入一些高分子增塑剂,使药柱具有较好的塑性,其弹性模量降低,抗拉强度增大,这样就可在低温条件下防止药柱出现裂纹。二是 $K \cdot \Delta t$ 项,此项与药柱尺寸和传热条件有关。Δt 越大,热应力越大。圆柱形药柱比平板药的 K 值大,其热应力也随之增加。另外,在第三边界条件下,比欧准数 B_i 值越大,K 值越大,则产生的热应力也越大。由于 $B_i = \frac{\alpha_\alpha \cdot R}{\lambda}$ 值,若冷空气流速较大时,传热加快,使空气对药柱表面的给热系数 α_a 增加,也会使 B_i 值增大;若冷空气流速过大,使药柱表面温度立即变成冷空气的温度时,就相当于处在第一边界条件下,此时 K 值最大,为 0.958,也是产生最大热应力的边界条件。因此药柱应尽量避免直接接触冷风,冬季将药柱拿到室外要采取保温措施,以避

免裂纹的产生。此外,随着炸药直径 R 的增加,B_i 值也增大,因此对于同一种炸药的药柱,在传热条件相同时,热应力随圆柱形药柱半径 R(或炸药板厚的 1/2)增加而增加,在一定条件下,R 增加一倍,热应力也增大一倍,故大直径的药柱在温差较大时易产生裂纹。

例:计算梯恩梯 40%/黑索今 60% 注装药柱放在搅动的冷水中产生热裂纹时的临界温度差,已知:$E=23.7{\rm Pa}$,$\alpha=7.26\times10^{-3}℃$,$v=0.38$,$\sigma_c=1.853{\rm Pa}$。

解:由式(15.39)得

$$\sigma = \frac{E\alpha}{1-v}(t_0 - t_s) \times 0.958$$

$$1.853 = \frac{23.7 \times 7.26 \times 10^{-3}}{1 - 0.38} \times \Delta t$$

$$\Delta t = 6.96(℃)$$

计算结果表明,温差达到 6.96℃ 时,药柱可能产生裂纹。

另外,作者还做了如下试验,将长 100mm、直径 21mm 的梯恩梯 40%/黑索今 60% 药柱恒温后放在激烈搅动的冷水中,过 5min 后取出并观察药柱中段表面有无裂纹出现,结果见表 15.6。

表 15.6 药柱热裂纹试验

药柱序号	温差 Δt/(℃)	试验次数	药柱表面情况
1	10	4	裂
2	7.5	4	裂
3	6.5	3	裂
4	5.5	7	4 发裂,3 不裂
5	5	4	不裂

从表 15.6 中数据可以看出,当温差为 6.5℃ 时全部出现裂纹,在 5.5℃ 时,有裂纹和不裂的情况,这说明计算和实际情况相近,但有些偏高。这是因为假设与实际情况有出入,如假设药柱为理想弹性体,实际上为弹塑性体等,但作为近似计算还是有一定的参考价值。

15.3.5.2 药柱中的收缩应力

炸药在冷却凝固过程中,由于机械阻碍引起注件收缩可产生收缩应力,当机械阻碍消失后,应力便完全消失,因此又称其为一时性内应力。这种机械阻碍有可能是弹体或弹具、冒口漏斗或药柱中芯杆因抵抗药柱的收缩引起的,其主要是由于材料与炸药的收缩率不同造成的。

例如在注装药中放入芯杆,其收缩率小于药柱的自由收缩率,在注件中产生的收缩应力可表示为

$$\sigma_y = E(\varepsilon - K) \tag{15.50}$$

式中 E——炸药的弹性模量；

ε——炸药圆筒的自由收缩率；

K——芯杆的收缩率。

从上式可以看出,两种材料的收缩率差值越大,产生的收缩应力就越大。实际上炸药的收缩率比弹体模具或冒口漏斗的收缩率大很多倍,若不采取措施,可能会因此而产生裂纹。

为了防止裂纹的产生,可以采取以下措施。

(1) 采用收缩率大的材料作芯杆；

(2) 采用空心的芯子；

(3) 及早撤去阻碍炸药收缩的芯子或其他物件,如冒口漏斗等。

15.3.5.3 表面张力对注件热裂纹的影响

由于物件的表面是两种不同的相分界面,具有与内部不同的性质,即表面现象。如固体或液体对其所接触的气体或液体的分子有吸附作用等。研究表明,注装过程中模具及注件的表面情况、熔态炸药中气体的析出等问题都与表面现象有关。因此,为提高注件的质量,有必要研究注装过程中的表面现象,从而掌握注装内部的规律。

表面张力是物体表面上平行于表面方向且各方向大小相等的张力。而物体表面自由能为产生新的单位面积表面时系统自由能的增量,表面自由能是由表面内能和表面熵组成的,即

$$\sigma = u_0 - TS_b \tag{15.51}$$

式中 σ——表面自由能；

u_0——表面内能；

T——绝对温度；

S_b——表面熵。

在一定温度下,表面自由能主要取决于 u_0,而 u_0 又取决于物质原子间结合力的大小,结合力越大,表面自由能越大。若向系统中加入可削弱系统中分子或原子间结合力的物质,则会使 u_0 降低,熵值增大,表面自由能减小。从物质结构来看,金属键结构的物质表面张力最大,离子键结构的物质次之,极性或非极性共价键结构的物质表面张力最小。

当两相共存时,其质点间的结合力越小,表面张力越大,如水银和玻璃两者难以结合,其表面张力就大；反之,表面张力就小。

另外,表面张力一般随温度的升高而降低。这是由于温度升高使物质的体积膨胀,导致密度下降,因而减少了物质内部分子和表层分子之间的吸引力,使表面张力降低。此外,随温度的上升, TS_b 值增大,必然使表面张力 σ 下降。

表面张力的作用在大体积系统中不是很明显,但在微小的体积系统中则显示出很大的影响。在炸药注装过程中,注件与弹壁之间是否牢固,在凝固后期,枝晶之间存在极薄的液膜,这时凝固收缩是否会使注件出现裂纹,都取决于表面张力的大小。另外,表面张力还会影响形核功及结晶形态和凝固后各相的物理、化学和力学性质。

在注件凝固后期,枝晶之间存在着未完全凝固的液膜,由于表面张力的作用,液膜将其两侧的枝晶紧紧地吸附在一起,液膜越薄,其吸附力越大,拉断应力与表面张力的关系如图 15.20 所示。

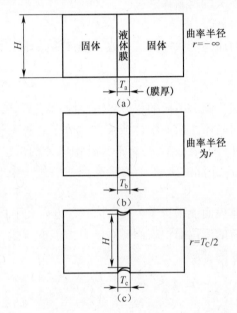

图 15.20 单位面积的拉断应力和表面张力及液膜厚度的关系

如图 15.20(a) 所示,两固体枝晶间存有厚度为 T_a 的液膜,液膜长度为 H,宽度为 1,此时为静止状态,液膜的表面为平面,即其曲率半径为 ∞。当凝固收缩时,液膜两侧的固体枝晶拉开,设液膜与外界的液体隔开,则液膜厚度由 T_a 变成 T_b,此时由于曲率中心在液体之外,所以 r 值为负,如图 15.20(b) 所示。当外力继续增大时,即凝固接近完全时,液膜的厚度由 T_b 增至 T_c,长度由 H 减小至 H',其曲率半径继续减小,如图 15.20(c) 所示。

在外力作用于液膜两侧的固体枝晶上的过程中,由于表面张力的作用,始终存在着一个与外力方向相反、大小相等的力,其值为

$$\Delta P = -\frac{\sigma}{r} \tag{15.52}$$

式(15.52)假设液膜为圆柱体,式中负号表示液膜表面为凹面,曲率半径 r 为负值。上式表明,r 越小,应力 ΔP 越大,r 有一最小值,即 $r = T/2$(T 相当于毛

细管的直径)。当 r 为极小值时,ΔP 达到最大值,若继续拉开液膜,使 r 变大,外力将大于由表面张力所产生的应力,从而使液膜两侧的固体枝晶突然分离,即热裂纹形成。液膜的断裂应力为

$$f_{\max} = \Delta P = \frac{\sigma}{r} = \frac{2\sigma}{T} \quad (15.53)$$

在实际生产中,热裂纹的过程是很复杂的,它既受到凝固速度的影响,又与拉伸速度,即收缩速度有关,通常可以分为以下 3 种情况。

(1)液膜与大量未凝固的液体相通,这时液膜两侧的固体枝晶拉开的地方有液体补充进去,所以不产生裂纹,这种情况一般为凝固的早期,或靠近液体的两相区内。

(2)液膜已经与液体分开,但由于低熔点物质的大量存在,如 TNT 中含有 DNT 等低熔点物质,使液膜增厚,且凝固速度较慢,这样就使较厚的液膜会在较长时间保持下去,在此期间若有大的拉伸速度,则会产生热裂纹,这是由于液膜厚度 T 增加,使液膜的最大断裂应力 $f_{\max}$ 减小的缘故。

(3)液膜虽然与液体区隔开,但由于液膜中低熔点物质较少,其熔点相对较大,故凝固速度较快,使得液膜很快变薄,此时若液膜两侧的固体枝晶受到拉力,则会受到较大的 $f_{\max}$ 抗力,这将使高温固体内部产生蠕变,从而避免了热裂。

尽管凝固过程中可归纳为上述 3 种情况,但在实际生产中往往要复杂得多。如液膜与液体区由开始的相通到后来变成隔绝的;又如液膜的拉开速度大于凝固速度,或凝固速度大于拉开速度等,均使其过程变得非常复杂。

15.3.6 熔态炸药冷却凝固时的传热方程

熔态炸药冷却凝固时都要放出热量,热量传出的快慢会直接影响到药柱的凝固速度。因为熔态炸药的注件一般是圆柱形、平板或球形,所以推导传热方程时可以简化为一维模型,如图 15.21 所示。

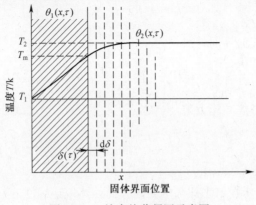

图 15.21 熔态炸药凝固示意图

将熔态炸药凝固的初始表面作为 y-z 平面,原点定在该平面上,并取 x 轴伸向熔态炸药的固液界面。假设固相与液相的导热系数、比热容及导温系数分别为 λ_1、c_1、a_1 和 λ_2、c_2、a_2,并假设在界面处刚刚形成的新固相炸药与即将形成新固相的熔态炸药的密度相等,略去由相变而产生的体积变化,固相与液相的温度分别为 θ_1 和 θ_2,并认为熔态炸药中没有热对流,可将三维热传导方程简化为一维热传导方程,即将下式:

$$\frac{\partial \theta}{\partial \tau} = a \nabla^2 \theta + \frac{Q_a}{\rho c} \tag{15.54}$$

简化为

$$\frac{\partial \theta_1}{\partial \tau} = a_1 \frac{\partial^2 \theta_1}{\partial x^2} \quad (0 < x \leqslant \delta) \tag{15.55}$$

$$\frac{\partial \theta_2}{\partial \tau} = a_2 \frac{\partial^2 \theta_2}{\partial x^2} \quad (\delta \leqslant x < \infty) \tag{15.56}$$

式中 a_1、a_2——分别为凝固炸药及熔态炸药的导温系数;
  δ——凝固炸药层的厚度,是时间的函数;
  τ——时间;
  Q_a——每单位体积、单位时间放出的热量。

在固相与熔态相的界面 $x = \delta$ 处,由于熔态炸药不断地释放出结晶潜热,固相也就不断地形成。若在 $d\tau$ 时间内,固相界面向熔态炸药内部的行进长度为 $d\delta$,则每单位面积放出的结晶潜热为

$$Q = \Delta H_m \cdot \rho \cdot d\delta \tag{15.57}$$

式中 ΔH_m——熔态炸药的结晶潜热;
  ρ——凝固炸药的密度。

另外,在 $d\tau$ 时间内,通过单位界面面积流向熔态炸药的热量为

$$Q_1 = \lambda_1 \left(\frac{\partial \theta_1}{\partial x}\right)_{x=\delta} d\tau \tag{15.58}$$

由熔态炸药流向界面的热量为

$$Q_2 = \lambda_2 \left(\frac{\partial \theta_2}{\partial x}\right)_{x=\delta} d\tau \tag{15.59}$$

如果在界面处建立热平衡,则有 $Q = Q_1 + Q_2$,分别将各自的表达式代入该方程,整理得

$$\lambda_1 \left(\frac{\partial \theta_1}{\partial x}\right)_{x=\delta} - \lambda_2 \left(\frac{\partial \theta_2}{\partial x}\right)_{x=\delta} = \Delta H_m \rho \frac{d\delta}{d\tau} \tag{15.60}$$

式(15.60)表示在熔态炸药的凝固界面处热流连续性的一个边界条件。

若凝固炸药的初始表面温度为 T_1,熔态炸药的底面温度为 T_2,凝固点为

T_m,则其他边界条件为

$$x = 0, \theta_1 = T \tag{15.61}$$
$$x = \delta, \theta_1 = \theta_2 = T_m \tag{15.62}$$
$$x = \infty, \theta_1 = \theta_2 \tag{15.63}$$

如果自由给出初始条件,不容易得到解析解,因此求满足边界条件的解时,首先要考虑它满足的条件,下面分两种情况进行讨论。

15.3.6.1 半无限大熔态系统的凝固传热

由式(15.55)及式(15.56)的一般解写出热传导的温度分布为

$$\theta_1 = A_1 + B_1 \mathrm{erf}\left(\frac{x}{2\sqrt{a_1\tau}}\right) \tag{15.64}$$

$$\theta_2 = A_2 + B_2 \mathrm{erf}\left(\frac{x}{2\sqrt{a_1\tau}}\right) \tag{15.65}$$

式中 A_1、A_2、B_1、B_2——常数;
　　　$\mathrm{erf}(x)$——误差函数。

由于 $x = \delta$ 界面处的温度总是定值,所以按式(15.62),$\mathrm{erf}\left(\dfrac{\delta}{2\sqrt{a_1\tau}}\right)$ 必须不随时间 τ 的变化,因此只有 $\delta \propto \sqrt{\tau}$ 才行。若设比例常数为 r,则

$$\delta = r\sqrt{\tau} \tag{15.66}$$

根据式(15.66),并使式(15.64)、式(15.65)满足边界条件式(15.61)、式(15.62)及式(15.63),又由于误差函数 $\mathrm{erf}(0) = 0$,$\mathrm{erf}(\infty) = 1$,故可得下式:

$$A_1 = T_1 \tag{15.67}$$

$$A_1 + B_1 \mathrm{erf}\left(\frac{x}{2\sqrt{a_1\tau}}\right) = T_m \tag{15.68}$$

$$A_2 + B_2 \mathrm{erf}\left(\frac{x}{2\sqrt{a_1\tau}}\right) = T_m \tag{15.69}$$

$$A_2 + B_2 = T_2 \tag{15.70a}$$

解式(15.67)~式(15.70)可得

$$A_1 = T_1 \tag{15.70b}$$

$$B_1 = \frac{T_m - T_1}{\mathrm{erf}\left(\dfrac{r}{2\sqrt{a_1\tau}}\right)} \tag{15.70c}$$

$$A_2 = T_2 - \frac{T_2 - T_m}{1 - \mathrm{erf}\left(\dfrac{r}{2\sqrt{a_1\tau}}\right)} \tag{15.70d}$$

$$B_2 = \frac{T_2 - T_m}{1 - \mathrm{erf}\left(\dfrac{r}{2\sqrt{a_1 \tau}}\right)} \tag{15.70e}$$

又因条件式(15.60)可写为

$$\frac{\lambda_1 B_1}{\sqrt{\pi a_1 \tau}} \exp\left(-\frac{r^2}{4a_1}\right) - \frac{\lambda_2 B_2}{\sqrt{\pi a_2 \tau}} \exp\left(-\frac{r^2}{4a_2}\right) = \frac{\Delta H_m \rho}{2\sqrt{\tau}} r \tag{15.71}$$

将式(15.70c)和式(15.70e)解得的 B_1、B_2 代入式(15.71)整理得

$$\frac{\mathrm{e}^{-\beta^2}}{\mathrm{erf}(\beta)} - \left(\frac{T_2 - T_m}{T_m - T_1}\right) \cdot \frac{\lambda_2}{\lambda_1} \cdot \sqrt{\frac{a_1}{a_2}} \cdot \frac{\mathrm{e}^{-\frac{a_1}{a_2}\beta^2}}{1 - \mathrm{erf}\left(\beta\sqrt{\dfrac{a_1}{a_2}}\right)} = \frac{\sqrt{\pi} \cdot \Delta H_m \cdot \beta}{c_1 (T_m - T)}$$

$$\tag{15.72}$$

其中

$$\beta = \frac{r}{2\sqrt{a_1}} = \frac{\delta}{2\sqrt{a_1 \tau}} \tag{15.73}$$

如果能求出方程式(15.72)的根,就能知道从熔态炸药凝固开始,经过时间 τ 后凝固层的厚度 δ,那么凝固炸药中及熔态炸药中的温度分布为

$$\theta_1 = T_1 + (T_m - T_1) \cdot \frac{\mathrm{erf}\left(\dfrac{x}{2\sqrt{a_1 \tau}}\right)}{\mathrm{erf}(\beta)} \tag{15.74}$$

$$\theta_2 = T_2 - (T_2 - T_m) \cdot \frac{\mathrm{erf}\left(\dfrac{x}{2\sqrt{a_2 \tau}}\right)}{1 - \mathrm{erf}\left(\beta\sqrt{\dfrac{a_1}{a_2}}\right)} \tag{15.75}$$

在式(15.74)、式(15.75)中,当 $\tau \to 0$ 时,在 $x \to 0$ 附近有 $\theta_2 \to T_2$,此时 θ_1 变成不定值,即在熔态炸药凝固的最初瞬间,由于凝固相不存在,所以不考虑凝固炸药的初始温度。

另外,当熔态炸药中的温度等于凝固点时,即 $T_2 = T_m$,可将确定 β 值的方程式(15.72)简化为

$$\beta \mathrm{e}^{\beta^2} \cdot \mathrm{erf}(\beta) = \frac{c_1 (T_m - T_1)}{\sqrt{\pi} \Delta H_m} \tag{15.76}$$

式(15.76)中的 β 为单调增加的,如作级数展开可得

$$\beta \mathrm{e}^{\beta^2} \cdot \mathrm{erf}(\beta) = \beta \left(\sum_{n=0}^{\infty} \frac{\beta^{2n}}{n!}\right) \cdot \left(\frac{2}{\sqrt{\pi}} \cdot \sum_{n=0}^{\infty} \frac{(-1)^n \beta^{2n+1}}{n!(2n+1)}\right)$$

$$= \frac{2}{\sqrt{\pi}}\left(\beta^2 + \frac{2}{3}\beta^4 + \frac{4}{15}\beta^6 + \cdots\right) \tag{15.77}$$

当熔态炸药凝固时,式(15.76)右边的潜热比 $c_1(T_m - T_1)/\sqrt{\pi}\Delta H_m \ll 1$,故式(15.76)可近似地写为

$$\frac{2}{\sqrt{\pi}} \approx \frac{c_1(T_m - T_1)}{\sqrt{\pi}\Delta H_m}$$

则有

$$\beta = \sqrt{\frac{c_1(T_m - T_1)}{2\Delta H_m}} \tag{15.78}$$

此时,又因为

$$\theta_1 = T_1 + (T_m - T_1)\frac{x}{\delta} \qquad (\theta_2 = T_2 = T_m) \tag{15.79}$$

而条件式(15.60)又变为

$$\frac{\lambda_1(T_m - T_1)}{\delta} = \Delta H_m \rho \frac{d\delta}{d\tau} \tag{15.80}$$

积分得

$$\delta = \sqrt{\frac{2\lambda_1(T_m - T_1)\tau}{\Delta H_m \rho}}, \quad \beta = \frac{\delta}{2\sqrt{a_1\tau}} = \sqrt{\frac{c_1(T_m - T_1)}{2\Delta H_m}} \tag{15.81}$$

推导结果式(15.81)与式(15.78)是一致的,此时表明了熔态炸药在凝固时,凝固层厚度与时间的关系。

15.3.6.2 圆柱体和球体熔态炸药的凝固传热

由于圆柱体与球体熔态炸药的几何形状是对称的,因此只考虑径向传热,其传热的基本方程为

$$\frac{\partial \theta_1}{\partial \tau} = a_1\left(\frac{\partial^2 \theta_1}{\partial r^2} + \frac{n}{r}\frac{\partial \theta_1}{\partial r}\right) \tag{15.82}$$

$$\frac{\partial \theta_2}{\partial \tau} = a_2\left(\frac{\partial^2 \theta_2}{\partial r^2} + \frac{n}{r}\frac{\partial \theta_2}{\partial r}\right) \tag{15.83}$$

式中 注脚1、2——分别表示凝固炸药与熔态炸药中的参数;
n——形状系数,$n=1$ 为圆柱体传热,$n=2$ 为球体传热;
r——距圆柱体轴线或球体中心的距离。

式(15.82)、式(15.83)的定解条件为

$$\tau = 0, \ r > R, \ \theta = T_0$$
$$\tau > 0, \ r = R, \ \theta = T_1 = T_m$$

式中　T_0——初始温度；
　　　R——圆柱体或球体凝固炸药的半径；
　　　T_1——铸型与熔态炸药的界面温度。

有人根据上述条件提出注型内温度分布的近似解为

$$\theta_1 = T_1 + (T_m - T_1)\left(\frac{R}{r}\right)^{\frac{n}{2}}\left[1 - \text{erf}\left(\frac{r-R}{2\sqrt{a\tau}}\right)\right] \quad (15.84)$$

经推导得出凝固时间与凝固速度的关系为

$$\delta = R - \left[R^2 - \frac{2\sqrt{\lambda_1 \rho c_1 \tau}(T_m - T_1)R}{\sqrt{\pi}\Delta H_m \rho} - \frac{\lambda_1(T_m - T_1)\tau}{\Delta H_m \rho}\right]^{\frac{1}{2}} \quad (15.85)$$

式中　ρ——已凝固炸药的密度。

15.4　悬浮液混合炸药的注装

一般熔态炸药的注装要求其熔点较低,便于安全操作,但此类炸药的爆轰性能又相对较低,为了改善装药的爆轰性能,就要使用一些高能炸药,如黑索今、奥克托今、泰安等高爆速、高爆压的炸药,但这些高能炸药的熔点都比较高,而且一般不到熔点或在熔点附近时就会发生明显的分解或爆炸,因此不能单独进行熔化注装,只能以固体颗粒悬浮于熔态 TNT 中,成为悬浮液混合炸药进行浇注。本节主要对普遍使用的 TNT 和 RDX 混合炸药的注装进行研究。

15.4.1　梯黑悬浮体炸药的性质

梯黑悬浮体炸药中,黑索今的固相含量一般在 40%~60%,有时可达到 70%~80%,其中约有 4%的黑索今溶于梯恩梯中,其他黑索今颗粒均悬浮在液态梯恩梯中。

15.4.1.1　悬浮体粒子的聚结及吸附作用

在梯黑悬浮体系中,黑索今颗粒尺寸绝大部分在 10^{-4}~10^{-3} cm 之间,与熔态梯恩梯之间有很大的接触界面,颗粒直径越小,比表面积越大,表面能也迅速增加。通常用比表面 A_0 表示物质的分散度,可表示为

$$A_0 = \frac{A}{V} \quad (15.86)$$

式中　A_0——比表面；
　　　A——两相之间的总界面；
　　　V——粒子的总体积。

对球形粒子则有

$$A_0 = \frac{6}{d} \tag{15.87}$$

式中 d——粒子直径。

由于黑索今的颗粒较细,其比表面 $A_0 \approx 6 \times 10^4 \text{cm}^{-1}$,因此具有相当大的表面自由能,使颗粒之间产生聚结而变成较大的颗粒,因而容易下沉。在比较稀的悬浮液中,下沉速度近似符合斯克托斯公式的规律,即

$$v_0 = \frac{d^2(r_1 - r_2)}{18\eta} \tag{15.88}$$

式中 v_0——粒子在悬浮液中的沉降速度;

d——粒子的直径;

r_1、r_2——粒子与悬浮介质的重度;

η——悬浮介质的黏度。

当介质温度一定时,粒子沉降的快慢与它本身颗粒尺寸,以及两相密度有关。82℃时,黑索今粒子的密度为 1.76g/cm^3,梯恩梯为 1.44g/cm^3,此时黑索今颗粒在梯恩梯中容易下沉,当颗粒较大时,其沉降速度更快。图 15.22 表明了在 85℃时,梯恩梯 50%/黑索今 50% 中黑索今颗粒的沉降速度(v_0)随尺寸大小(d)的变化规律,即沉降速度随颗粒尺寸增大而增大,但与式(15.88)的计算结果有一定误差,这是由于高浓度悬浮液中粒子的沉降速度不同导致的。

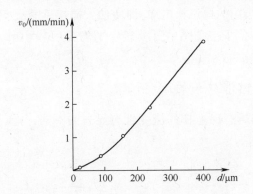

图 15.22 黑索今沉降速度与颗粒尺寸的关系

同样,由于表面能的作用,黑索今在界面上对液态物质会产生吸附作用,若在梯恩梯中加入一些适合的表面活性剂,则黑索今颗粒表面会首先吸附表面活性剂,这是因为表面活性剂可以在悬浮粒子表面上发生定向吸附形成界面膜,这种带有界面膜的颗粒彼此可以隔开,因此防止了粒子的聚结下沉,对悬浮液起到了稳定作用。在稀悬浮液中为防止黑索今颗粒沉降,可添加能够增加黏度的表面活性剂,使悬浮液的稠度增大。

在浓度大的悬浮体系中,由于颗粒的相互聚结,较大的粒子会携带较小的粒

子沉降。此时由于黑索今颗粒表面能较高,对熔态梯恩梯有吸附作用。当粒子直径为200μm时,梯恩梯吸附层厚度为7μm;粒子直径为50μm时,吸附层厚度为3μm。当黑索今含量大于40%时,吸附现象更加明显。另外,黑索今颗粒随着吸附的熔态梯恩梯沉降后,其他熔态梯恩梯便会填充到颗粒的空隙中去,这样就会使可流动的熔态梯恩梯减少,即悬浮体系的黏度增加了。随黑索今颗粒尺寸的减小,其比表面迅速增大,黏度也随之增加,使得悬浮液流动性不好,给浇注带来困难。

15.4.1.2 悬浮液的可逆与不可逆增稠

实验表明,含有足够量黑索今的梯恩梯悬浮体,在搅拌速度较低时,悬浮体显著增稠,此时增加搅拌速度可使其稠度下降,若恢复低速搅拌,悬浮液又变稠,第二次提高搅拌速度时,悬浮液又会变稀。这种现象可以多次重复,故称为可逆性增稠。其原因是当搅拌速度较低时,黑索今颗粒表面吸附和夹带的熔态梯恩梯较多,使流动的梯恩梯减少,故稠度较大;当搅拌速度较高时,可将被吸附和填充的熔态梯恩梯分离,使流动的梯恩梯增多,悬浮液变稀。当搅拌速度又降低时,吸附和填充又恢复,其稠度随之增加。

另外,梯恩梯/黑索今炸药在反复熔化和凝固过程中还存在不可逆增稠现象。其原因是溶解于梯恩梯中的黑索今反复结晶,使悬浮液中细颗粒增多,固相的比表面增大,使吸附的梯恩梯增加,即使加大搅拌速度,也不能使悬浮液的稠度下降,故称之为不可逆增稠。当黑索今平均力度较小时,不可逆增稠更加明显。

15.4.1.3 梯黑悬浮炸药的流变性

梯黑悬浮液与熔态梯恩梯的流变性有显著的不同,其流变曲线如图15.23所示。

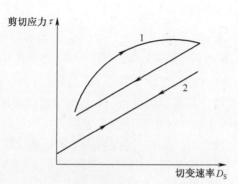

图 15.23 TNT/RDX 及 TNT 的流变曲线
1—TNT/RDX;2—TNT。

熔态梯恩梯的流变曲线是随切变速率 D_s 的增加或下降呈一直线,而且相互重合,可表示为

$$\tau = A + BD_s \tag{15.89}$$

式中　τ——剪切应力；

　　　D_s——切变速率；

　　　A、B——常数。

梯恩梯流变曲线中的 A 值很小,因此可近似地将其看作是牛顿型流体。而 TNT/RDX 悬浮液的流变曲线与熔态梯恩不同,随切变速率 D_s 递增的曲线为

$$\tau = A + B\ln D_s \tag{15.90}$$

随切变速率 D_s 递减的曲线为

$$\tau = A + BD_s \tag{15.91}$$

梯黑悬浮体随 D_s 递增,其表观黏度(τ/D_s)变小,表示体系具有触变性;而随 D_s 递减时却呈一直线,说明由于剪切不能很快恢复,因而形成图 15.23 中的滞后环,表现出其具有非牛顿型流体的特点。另外,随着黑索今含量的增加,梯黑悬浮体系的流变性表现得更加明显。

1) 黑索今含量对梯黑悬浮液黏度的影响

大量实验证明,黑索今与梯黑悬浮体系表观黏度的关系可表示为

$$\begin{cases} \ln\eta = A + B\psi, (\psi < 28\%) \\ \ln\eta = A' + B\psi, (40\% < \psi < 70\%) \end{cases} \tag{15.92}$$

式中　η——TNT/RDX 悬浮体系的表观黏度；

　　　ψ——TNT/RDX 悬浮体系中 RDX 的含量(%)；

　　　A、A'、B——常数。

对于稀的悬浮液,黑索今颗粒之间仍保持一定的距离,且相互的摩擦力很小,与比表面和颗粒的表面状况关系不大,因此可近似地看作直线,且计算结果与实测值比较吻合。

对于浓的悬浮液,颗粒之间的距离较近,且颗粒形状、比表面及机械摩擦等都有明显的影响,因此其适用于式(15.92)。

2) 黑索今颗粒尺寸对梯黑悬浮液黏度的影响

在黑索今含量相同的梯黑悬浮体系中,温度均控制在 85℃,当黑索今颗粒大于 200μm 时,黏度几乎不变;在 100～200μm 之间,黏度有较快的增加;在 50μm 以下时,悬浮液变成黏胶状根本不能进行注装。这是因为在其他条件相同时,固相颗粒越小,两相界面越大,表面自由能越高,因而对流动的梯恩梯吸附的越多。黑索今颗粒尺寸(D)与梯黑悬浮液黏度(V)的关系如图 15.24 所示。

根据图 15.24 中数据可推出黑索今颗粒直径 D 与悬浮液流动黏度 V 的关系：

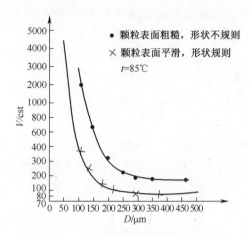

图 15.24 TNT50%/RDX50%炸药的黏度与 RDX 尺寸的关系

$$V = A + B\frac{1}{D^3} \quad (15.93)$$

3) 黑索今颗粒形状对梯黑悬浮液黏度的影响

在生产过程中,由于黑索今结晶工艺不同,其结晶形状和表面状况有很大差别,如图 15.24 所示。在相同粒径下颗粒表面粗糙的悬浮液黏度要大于表面光滑且形状规则的,尤其在颗粒较小时,其黏度差别可达数倍之多。因此在实际生产中研制出表面光滑且呈球形的黑索今颗粒是具有很重要的意义的。

4) 黑索今颗粒分布对梯黑悬浮液黏度的影响

相近粒径的自然堆积状态的堆积密度见表 15.7。

表 15.7 不同粒径 RDX 的堆积密度

粒径/μm	自然堆积密度/(g/cm³)	振动堆积密度/(g/cm³)	相对密度/%
500	1.079	1.086	0.5980
395	1.101	1.112	0.6123
290	1.101	1.121	0.6173
230	1.077	1.115	0.6140

从表中数据可以看出,其填充系数(即相对密度)均在 61% 左右,如果以球形最紧密排列,根据几何学原理计算可达 74%,且与粒径无关。但是事实上,生产中使用的黑索今颗粒均为不规则且颗粒较细,比表面积大,再加上空气的吸附等因素都会导致填充系数下降。为了提高黑索今的固相含量,就必须提高其填充系数,即需要进行颗粒级配。

图 15.25 表明了细颗粒含量(ω_e)与梯黑悬浮液黏度(v)的变化关系,图中曲线测定黑索今粒径之比为:粗粒的直径/细粒的直径为 280/40。黑索今固体含量为 50%;测试温度为 85℃。

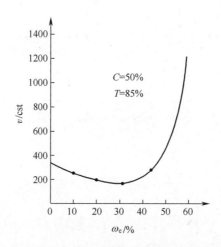

图 15.25 黑索今细粒含量与梯黑悬浮液黏度的关系

图中 ω_e—细粒加入量(%);v—悬浮液的流动黏度;C—黑索今固体含量。

表 15.8 中数据说明,采用颗粒级配可以明显地提高填充系数,也就是说在梯黑悬浮液中可以通过黑索今的颗粒级配提高黑索今的含量。当填充系数为 0.743 时,梯黑悬浮液的黑索今含量可高达 76%,密度达到 1.7749g/cm³。国外霍特反坦克导弹战斗部应用此法,采用黑索今粒径为:200~500μm/20~80μm,重量比为 3:1,使黑索今含量提高到 73% 左右,密度达到 1.7692g/cm³。

表 15.8 RDX 颗粒级配的试验结果

粒径组成/μm	重量比/%	振动堆积密度/(g/cm³)	相对密度/%
2000/395	72/28	1.294	0.713
2000/395	66/34	1.311	0.722
2000/395	63/37	1.305	0.719
2000/230	68/32	1.350	0.743
2000/230	63/37	1.329	0.732
2000/230	58.5/41.5	1.315	0.724
500/60	87/13	1.138	0.627
550/60	82/18	1.137	0.626
550/60	77/23	1.132	0.623

由于经过颗粒级配,大颗粒黑索今堆积密度较大,所以在相同含量黑索今的梯黑悬浮体中,其沉降体积较小,而自由流动的梯恩梯就较多,这就使得悬浮体的流动黏度降低了,从而可以达到提高黑索今含量的目的。

5) 温度对梯黑悬浮液黏度的影响

梯黑悬浮液的黏度随温度的增加而减小,如图 15.26 所示。

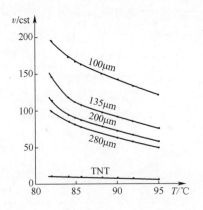

图 15.26 梯黑炸药的黏度与温度的关系

6) 添加剂对梯黑悬浮液黏度的影响

梯黑悬浮液的流变性对装药工艺性有很大的影响,改善其流变性的主要技术途径是采用颗粒级配的方法,但这需要对大量不合要求的黑索今进行重新结晶,提高了生产成本,在悬浮液中加入了少量的添加剂以达到降低黏度的目的。如硬脂酸、十八醇、萘、2#中定剂、对硝基氯代苯、间二硝基苯等,均能使黏度降低35%以上。其原因是这些表面活性剂首先吸附在黑索今颗粒的表面,减少了颗粒之间的内摩擦,既起到了润滑作用,又减少了黑索今吸附熔态梯恩梯,使流动的梯恩梯相对增加,从而起到了降低悬浮液黏度的作用。

对于比较稀的梯黑悬浮液,为防止黑索今颗粒的快速沉降,也可添加有增稠作用的添加剂,如聚醋酸乙烯酯、六硝基芪、硝酸脲、硝化棉、白明胶等。

15.4.2 梯黑悬浮炸药注装中的质量控制

梯黑悬浮炸药在注装时,若黏度较小,黑索今颗粒容易沉降,特别是大颗粒沉降速度更快,这会使注件密度不均匀;若悬浮液黏度较大时,流动性较差,不易补缩,容易形成缩孔,此时需依靠液体静压进行补缩,补缩的长度与悬浮液黏度的关系为

$$L = \sqrt{\frac{T_c^3(T - T_c)(rH + P)}{12\varepsilon_v m^2 \eta}} \tag{15.94}$$

式中 L——补缩距离;

T——注件厚度;

T_c——注件中心未凝固厚度;

r——悬浮液密度;

H——静压头高度;

P——大气压;

ε_v ——悬浮液收缩系数；
m ——凝固系数；
η ——悬浮液黏度。

从式中可以看出，η 值越大，补缩效果越差，并直接影响药柱的质量。

另外，气泡在黏度较大时不易排出，其排出速度与悬浮液黏度的关系为

$$v = KR^2/\eta \tag{15.95}$$

式中 v ——气泡排出速度；
K ——常数；
R ——气泡半径；
η ——悬浮液黏度。

当悬浮液黏度较大时，气泡排出速度减小，并有可能在凝固前来不及排出而在注件内形成气泡。另外，为提高装药的威力，必须提高黑索今的固相含量，这就使悬浮液的黏度增加，给浇注带来困难。为提高装药质量和提高装药威力，在生产中应从以下方面进行控制。

15.4.2.1 防止黑索今颗粒的沉降

大型战斗部要求防止因黑索今颗粒下沉所引起的局部感度升高问题，可以采取以下措施。

（1）加入稠化剂，使悬浮液均匀稳定。如在梯黑悬浮液中加入 0.5% 的硝化棉，从而使注装药柱的密度分布差由 ±12% 下降到 ±2.5%。

（2）在较稀的梯黑悬浮液中，宜选用颗粒较细的黑索今，以提高悬浮液炸药的黏度，减少沉降，但应注意不影响注装所需的流动性。

（3）采用压力注装，使熔态炸药凝固点升高，悬浮液凝固时间缩短，因而有利于消除沉降现象。

15.4.2.2 高含量黑索今的梯黑炸药的注装

高含量黑索今的梯黑悬浮炸药注装问题关键是要解决其流动性，即降低悬浮液黏度和减少内摩擦，根据对流变学性质的研究，可采取以下措施。

（1）要求生产的黑索今颗粒表面光滑呈球形或接近等轴形，直径宜在 150~250μm 之间。

（2）采用颗粒级配。

（3）加入添加剂以降低黏度。

（4）注装温度在 85℃ 以上，一般为 85~95℃。

（5）采用不同的注药工艺。如采用压滤法、离心法、真空振动法、低比压顺序凝固等先进的注装工艺，均可不同程度地提高药柱的质量。

15.4.3 块注法装药

将熔态梯恩梯或梯黑悬浮炸药浇注成药板,再加工成一定尺寸的药块,然后按要求将药块加到液态炸药中,这种装药方法称为块注法。采取块注法装药的一般为航弹、水雷、鱼雷、大口径火箭战斗部等。

在块注过程中,由于药块温度较低,能够吸收液态炸药的部分热量。例如:梯恩梯药块温度为20℃,加入量为总药量的40%,与液态梯恩梯混合后,温度上升到80℃。已知梯恩梯的热容为 1.26J/(g·℃),每克药块在药液中吸收的热量为

$$1.26 \times (80 - 20) = 75.36 \text{ kJ/kg}$$

梯恩梯的结晶潜热为 92.11 kJ/kg,每克药块使熔态梯恩梯凝固的量为 0.82(g/g),需要从弹壁传走热量的熔态炸药为

$$60\% - 0.82 \times 40\% = 27.2\%$$

由此可见,从弹壁传走的热量大为减少,凝固时间明显缩短,各处药液几乎同时凝固,没有集中缩孔和粗结晶。但是块装中约有60%的熔态炸药凝固时不能像普通注装时得到补缩,因此在药柱中形成了分散的小缩孔或疏松结构。另外,由于固液两相炸药温差较大,易产生局部的热应力,结合得不牢。因此块注法装药强度低,结构不均匀、装药密度低,不能用于中小口径的炮弹装药。块装与普通注装药柱的密度比较见表15.9。

表 15.9 块装与普通注装药柱密度比较

炸药	块装法密度/(g/cm³)	普通注装法密度/(g/cm³)
TNT	1.53~1.55	1.58~1.60
TNT40%/RDX60%	1.64~1.67	1.67~1.70

虽然块注法有以上缺点,但由于其生产周期短,操作简单,药柱质量受自然及人为因素影响小,因此目前仍广泛用于发射应力小的大型弹药装药。

15.5 注 装 工 艺

注装法是我国较为广泛使用的一种装药方法,普遍适用于水雷、鱼雷、深水炸弹、航弹、导弹战斗部、大口径弹、反坦克地雷、破甲弹等。各种弹药的注装工艺大同小异,可根据不同的弹药和产品技术条件制定出具体的装药工艺。

15.5.1 纯熔态梯恩梯的注装工艺

弹体准备是将内膛涂好,并清理干净,另外须将弹体预热到工房温度25~30℃,大口径弹体可预热到 40~50℃,以防中心部分与弹体温差过大而出现

裂纹。

炸药的预结晶处理是为了得到细结晶的药柱,可采用人工和机械搅拌。

炮弹装药通常为分次装药,每次注完后,有时要用铜钎插入药液中搅拌几下,隔一定时间再进行二次注药。这种护理的目的是使冷热炸药混合均匀而又不致碰到半凝固炸药的凝固层,并使熔态炸药表面保持熔融状态,以保证与下次装药很好地结合。全部注完弹体药后再注冒口漏斗药,冷却一定时间后进行扎眼,以使漏斗中的炸药与弹体内未凝固的炸药相通并与大气相通,从而使漏斗中的熔态炸药顺畅地流入弹体以达到补缩的目的。待全部冷却凝固后,用铜锤打掉冒口漏斗,刮平药面并清理弹口螺纹,经过加工后进行最后装配。

纯熔态 TNT 的注装工艺过程如图 15.27 所示。

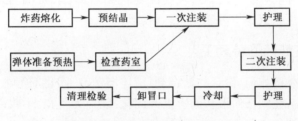

图 15.27　纯熔态 TNT 注装工艺

15.5.2　悬浮液炸药的注装工艺

悬浮液炸药的注装过程与熔态 TNT 的注装工艺基本一致,只是需要另外加入固体炸药。

15.5.3　块注法装药工艺

块注法装药工艺如图 15.28 所示。

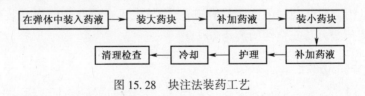

图 15.28　块注法装药工艺

15.5.4　塑态炸药的浇注工艺

该类炸药由于选用的黏结剂不同,其装药方法也有所不同。

15.5.4.1　混合-浇注-熟化法

本方法只适用于热塑性黏结剂,这个过程没有化学反应,操作简单,药柱的力学性能取决于黏结剂的组成,增塑剂含量增加可得到柔软挠性的炸药制品。

浇注时先将粒状或粉状高分子材料均匀地分散在增塑剂中,由于温度低、时间短,高分子只是表面湿润,加入到熔态炸药中进行搅拌混合成均匀浆状混合物,然后浇注到模具中,再把模具加热进行熟化,使高分子和增塑剂互熔形成坚固的药柱。

15.5.4.2 固化成型法

固化成型法用得最多,首先将液态黏结剂和助剂与炸药各组分混合均匀,然后将其加入到弹体中,最后固化成形。

热固性炸药浇注的药柱强度明显提高,适用于导弹战斗部及无壳弹的装药。此种药柱物化性能好,尺寸稳定,较高温度下无渗油现象,加工性能好,并可提高储存的安全性。缺点是不可逆固化,回收困难。

15.5.5 挤注炸药的装药工艺

挤注炸药是由炸药、聚合物黏结剂、液体增塑剂、固化剂等组成。其基本特征是能将炸药挤注到任何形状的容器并固化,装药无气孔,不收缩且质地均匀,拥有平滑爆轰波和高能量,又兼有低密度和制造工艺简单等特点。因此该方法是高聚物黏结炸药精密装药的一种新工艺方法。

工艺过程包括两个步骤,即混合和装填。混合物料时需抽真空,在挤注时整个系统也必须在真空条件下操作,对混合好的物料用低压力进行挤注成型,最后混合炸药在原位固化。

15.6 提高注装药柱质量的装药方法

装药质量的优劣,直接关系到弹药的威力及使用、储存的安全性,除了以上讨论过的消除注装药柱中疵病的措施外,本节着重介绍几种能提高装药密度并能提高装药威力及安全性的装药方法。

15.6.1 离心浇注

离心浇注主要针对于悬浮体炸药使用。其原理是在离心力的作用下,使黑索今颗粒在弹体内加速下沉,从而提高黑索今在梯黑炸药中的含量和提高装药密度。

15.6.2 真空装药

梯黑炸药在浇注过程中作真空处理,这样可排除熔融状态下药液中的气泡。通常抽真空是作为一种辅助手段与其他方法并用,如真空离心、真空振动等。

15.6.3 振动装药

装药弹体借助于振动体的振动产生一种波动运动,可以促使药液中的气体排出,并可加速黑索今颗粒重新排列及结晶的断裂,从而获得细结晶结构的药柱。其中振幅和频率对药柱的质量影响较大,而药液的黏度及药温又与振幅和频率有直接关系。

15.6.4 压滤法装药

弹体装满混合梯黑药液后,在弹体内加一滤网,并加一定压力使液态 TNT 上浮,黑索今颗粒下沉,从而获得固相含量高且密度高的药柱。

15.6.5 静态压力浇注

在一皮胆中打入 7~8 个大气压(0.7~0.8MPa)气体,当弹体内装入混合炸药以后,将充满气体的皮胆放入弹口部。在保温的条件下,弹体上部的药液始终处于受压状态,并能随时被压力压至已凝固炸药的空隙中进行补缩。此法可获得密度较高的药柱。

15.6.6 压力浇注法

压力浇注法根据熔态物质的凝固点随压力的升高而提高的原理,熔态燃料在加压到某一压力值时,其凝固点提高,且由于各处压力相等,熔态炸药将同时达到凝固点,即在较短时间内可同时凝固。此法可使药柱结构均匀,避免出现缩孔,提高黑索今固相含量,但存在压力过大,操作复杂的问题。

15.6.7 热探针法

热探针法也称中心熔化法。浇注过程中,由于药液沿弹壁由表及里逐层凝固,最后将在中心上部形成一定深度的纵向缩孔,此时可用一通蒸气并加热的热探针从口部插入弹体内,这时热探针周围的固体炸药被加热而重新熔化,再放上漏斗并加入漏斗药,药液将从漏斗中补充到已熔化的缩孔部位,然后缓慢提出热探针使弹内药液重新凝固。此方法应用较普遍,可以使药柱特别是大口径药柱的中心不易产生缩孔。

15.6.8 逐层凝固法

逐层凝固法是将刚注完药的弹体缓慢地放入一定温度的水中,弹体上部置于较热的环境中。由于水温低于药液温度,因此浸入水中的弹体底部很快凝固,弹体上部的药液因处于高温状态始终处于液态,可保证其不断流入已凝固炸药的空隙处,随弹体不断放入水中而使液态炸药完全凝固,最终可获得无缩孔的药柱。

15.6.9 低比压顺序凝固装药

低比压顺序凝固装药法原理是在弹体注满药液时缓慢放入一定温度的冷却水中,此时弹体底部遇冷开始凝固,与此同时,弹的上部处于保温状态,且弹口部施加一定的压力,以保证药液可以及时补充到已凝固炸药的空隙中去,避免了缩孔的产生。另外,由于压力的作用,使得炸药中的气泡体积减小,有的大气泡会被挤压破碎而形成分散的小气泡。由于药液在压力作用下是逐层凝固的,因此药液凝固时与弹底部结合牢固,此法不仅消除了药柱与弹底间的底隙,而且还会使药柱结构致密,相对密度高且密度均匀。因此使用此装药方法可得到比其他方法都好的优质注装药柱,不仅能从根本上减少和避免装药疵病,而且还大大提高了装药密度,改善了使用及储存的安全性,为注装工艺提供了新的技术途径。

15.6.10 制型装填法

先将熔态炸药倒入一定高度的弹体内,然后用一个定心机将一圆柱形固体药柱沿药液中心插入弹底,当药浆与药柱凝固成一体时,将定心机拿出,再浇注药液,待全部凝固完便可得到结构均匀、密度大、无缩孔的装药。

15.7 注装的安全技术

由于注装成型的弹药一般为大中型口径的弹丸,且生产周期较长,因此工房内的存药量较大;另外炸药在加温熔化和搅拌混合时,大量炸药蒸气的存在,容易出现爆炸事故,这些都是事故的隐患。因此注药车间属于一级危险工房,要求工房周围有齐屋檐高的防爆墙,与其他工房保持安全距离;工房内有完善的安全和消防设备;采用防爆灯和防爆电机,所有设备装置要接地,以防静电的危害;地面宜采用无缝的软沥青铺设且有一定坡度,便于清理;熔药锅和预结晶处理设备要定期清洗;操作间应尽量减少炸药的存放量;工房内应有较大的通风换气设备,便于控制炸药粉尘和蒸气的浓度,减少对人体的毒害等。另外,在操作过程中还应注意以下几点。

(1) 熔药时应避免杂质掉入熔药锅内,熔化炸药应采用低压蒸气。

(2) 严禁炸药长时间加热,熔药锅和预结晶处理设备要定期清洗。

(3) 工具应使用较软的有色金属(如铜、铝),严禁使用黑色金属器具撞击,以防止火花产生。

(4) 工房应尽量减少炸药的存放量。

15.8 注装炸药凝固过程仿真计算

15.8.1 熔态炸药基本传热类型

根据物体温度与时间的关系,热量传递过程可分为两类:物体中各点温度不随时间而变的稳态传热过程和各点温度随时间的变化而变化的非稳态传热过程。炸药的冷却凝固属于非稳态传热过程。其在冷却过程中的热量传递有三种基本方式:热传导、热对流和热辐射。

1) 热传导

热传导是物体各部分之间不发生相对位移时,依靠分子、原子及自由电子等微观粒子的热运动引起的一种热量传递方式。无论是在物体内部,还是在不同物体接触之间,只要各部分温度不同,都可以通过分子或原子的微观运动将热量由高温部分传给低温部分。热传导可以用傅里叶定律来描述:

$$q = -\lambda \frac{\partial T}{\partial n} \quad (15.96)$$

式中 q ——热流密度;

λ ——导热系数;

$\frac{\partial T}{\partial n}$ ——沿向的温度梯度。

2) 热对流

热对流是指流体通过固体表面时,如果流体与固体存在温差,将导致流体各部分发生扰动和混合。其特点是热对流发生在流体与固体表面之间,且对流传热过程中往往会引起热传导的发生。

此过程可以通过牛顿冷却方程来表达:

$$q = \alpha(T_w - T_f) \quad (15.97)$$

式中 T_w ——固体表面的温度;

T_f ——周围流体的温度;

α ——比例系数(表面传热系数)。

3) 热辐射

热辐射普遍存在于自然界当中,它是由于热的原因而产生热运动,以电磁波形式传递能量的现象。辐射与吸收过程的综合作用造成了以辐射方式进行的物体间的热量传递。热辐射可以不借助中间媒介在真空中传播,所有温度大于 0 K 的物体都具有发射热辐射的能力,温度越高,发射热辐射的能力就越强。热辐射可以用斯忒藩-玻耳兹曼方程描述:

$$q = \varepsilon \delta_0 T_s^4 \quad (15.98)$$

式中 ε ——吸收率(黑度);
δ_0 ——斯忒藩-玻耳兹曼常数(黑体辐射常数);
T_s ——黑体的热力学温度。

15.8.2 热传导控制的微分方程

在炸药逐渐冷却凝固过程中,炸药溶液内的热量会自发向温度较低的弹体、周围环境传递,由液态转变固液混合态,最终形成药柱。此过程中热量的传递方式包括:炸药溶液与弹体之间的热传导;熔态炸药与弹药壳体壁面之间,熔态炸药及弹药壳体与周围空气或冷却水的接触面之间等的热对流。由于炸药注装过程中温度不是很高,所以可以忽略热辐射作用。此外,熔注炸药凝固过程中,流体与固体间的相对流动较弱,并且热对流处理起来很困难,因此一般忽略其作用。对于熔注炸药的凝固过程中的传热过程,以热传导为主进行讨论,采用不稳定导热偏微分方程式来描述。

$$\rho c \frac{\partial T}{\partial t} = \frac{\partial}{\partial x}\left(\lambda_x \frac{\partial T}{\partial t}\right) + \frac{\partial}{\partial y}\left(\lambda_y \frac{\partial T}{\partial t}\right) + \frac{\partial}{\partial z}\left(\lambda_z \frac{\partial T}{\partial t}\right) + Q_L \quad (15.99)$$

式中 T ——空间某一点在时刻 t 时的温度;
ρ ——密度;
c ——比热;
Q_L ——内热源;
λ_x、λ_y、λ_z ——X,Y,Z 方向上的导热系数。

对于熔注炸药,液相的内能 E_L 大于固相的内能 E_S,因此在凝固过程中由液相变为固相时,必然要产生 $\Delta E = E_L - E_S$ 的内能变化,称为结晶潜热,熔态炸药凝固过程中释放的结晶潜热,导致熔态炸药的冷却和凝固速度降低。单位体积的熔态炸药在单位时间内释放的结晶潜热可用下式描述:

$$Q_L = \rho L \frac{\partial f_S}{\partial t} = \rho L \frac{\partial f_S}{\partial T}\frac{\partial T}{\partial t} \quad (15.100)$$

式中 L ——结晶潜热;
ρ ——密度;
f_S ——温度为 T 时的固相分数,其为温度的函数,数值在 0~1 之间。

此时的传热导偏微分方程变为

$$\rho\left(c - L\frac{\partial f_S}{\partial T}\right)\frac{\partial T}{\partial t} = \frac{\partial}{\partial x}\left(\lambda_x \frac{\partial T}{\partial x}\right) + \frac{\partial}{\partial y}\left(\lambda_y \frac{\partial T}{\partial y}\right) + \frac{\partial}{\partial z}\left(\lambda_z \frac{\partial T}{\partial z}\right) \quad (15.101)$$

目前国内外解决潜热问题的方法有很多种,比较成熟的方法有等价比热法、热焓法等。采用热焓法处理凝固结晶潜热的核心是热焓变换,熔态炸药的焓可定义为

$$H = H_0 + \int_{T_0}^{T} c\mathrm{d}t + (1 - f_S)L \tag{15.102}$$

式中　H——热焓；

　　　H_0——基准温度 T_0 时的热焓；

　　　c——比热容；

　　　L——结晶潜热。

式(15.102)对温度求导,可得

$$\frac{\partial H}{\partial T} = c - L\frac{\partial f_S}{\partial T} \tag{15.103}$$

即

$$\frac{\partial H}{\partial t} = \frac{\partial H}{\partial T}\frac{\partial T}{\partial t} = \left(c - L\frac{\partial f_S}{\partial T}\right)\frac{\partial T}{\partial t} \tag{15.104}$$

将式(15.104)代入式(15.101)中,即可得到熔态炸药凝固过程热传导偏微分方程为

$$\rho\frac{\partial H}{\partial t} = \frac{\partial}{\partial x}\left(\lambda_x\frac{\partial T}{\partial x}\right) + \frac{\partial}{\partial y}\left(\lambda_x\frac{\partial T}{\partial y}\right) + \frac{\partial}{\partial z}\left(\lambda_z\frac{\partial T}{\partial z}\right) \tag{15.105}$$

15.8.3　定解条件

通过导热微分方程可知,求解导热问题,实际上就是对导热微分方程式求解。欲求解该方程式以预测某一导热问题的温度分布,必须给出表征该问题的附加条件,定解条件就是使导热微分方程获得适合一特定导热问题的求解的附加条件。非稳态导热定解条件有两个,包括初始条件和边界条件。

1) 初始条件

初始条件是指起始时刻($t=0$)物体整个区域中的温度分布,用关系式一般表示为

$$\begin{array}{l} T|_{t=0} = T_0 \quad \text{或} \\ T|_{t=0} = \varphi(x,y,z) \end{array} \tag{15.106}$$

式中　T_0——常数,表示物体初始温度是均匀的,任意区域初始温度相等；

　　　$\varphi(x,y,z)$——表示物体初始温度分布不均匀性函数。

2) 边界条件

边界条件是导热物体边界上的温度或换热情况的边界条件,导热问题的常见边界条件可归纳为以下三类。

(1) 第一类边界条件:规定了边界上任意时刻的温度值。对于非稳态传热,这类边界条件可以用以下关系式表示:

$$\begin{array}{l} T|_\Gamma = T_w \quad \text{或} \\ T|_\Gamma = f(x,y,z,t) \end{array} \tag{15.107}$$

式中　Γ——边界条件；

　　　T_w——壁面温度(常数)；

　　　$f(x,y,z,t)$——温度函数(随空间位置及时间变化)。

（2）第二类边界条件：规定了边界上任意时刻的热流密度。这类边界条件用以下关系式表示：

$$\begin{cases} -\lambda \dfrac{\partial T}{\partial n}\Big|_{\Gamma} = q_2 \\ -\lambda \dfrac{\partial T}{\partial n}\Big|_{\Gamma} = g(x,y,z,t) \end{cases} \tag{15.108}$$

式中　q_2——热流密度；

　　　$g(x,y,z,t)$——热流密度函数。

（3）第三类边界条件：规定了边界上任意时刻物体与周围流体间的表面传热系数和周围流体的温度等对流换热情况。这类边界条件将用以下关系式表示：

$$-\lambda \dfrac{\partial T}{\partial n}\Big|_{\Gamma} = h(T - T_f)\Big|_{\Gamma} \tag{15.109}$$

式中　h——对流换热系数；

　　　T_f——物体表面温度，在非稳态导热时均可视为时间的函数，在稳态导热时都为常数。

位于冷却水中的弹体表面与冷却水之间存在热对流和热辐射，为第二类和第三类混合型边界条件，弹体与冷却水之间存在热辐射，由于弹体外表面温度并不很高，整个热辐射并不是很强烈，因此将辐射的影响折合成对流散热并不会影响模拟精度，从而合理简化了边界条件。因此，弹体与冷却水、炸药与弹体间的热交换为对流换热，属于第三类边界条件。

15.8.4　热传导有限元数值计算方法

有限元法是一种被广泛使用的数值计算方法，利用最小势能变分原理，将求解区域划分为有限个单元，通过构造插值函数，转化为变分函数，再进行离散化求解。用有限元法求解不稳定导热过程可归纳为以下步骤：汇集给定问题的单值性条件，即研究对象的几何条件、物性条件、初始条件和边界条件等；将不稳定的导热过程所涉及的区域在空间和时间上进行离散化处理；写出单元泛函表达式；构造每个单元的插值函数；求得泛函极值条件的代数方程表达式并构造代数方程组并求解。

15.8.5　基本假设

对熔态炸药的凝固过程进行仿真模拟之前，需要作如下基本假设：

（1）液态炸药注入药室的时间极短,过程没有热交换,即注入结束后,航弹壳体及炸药的温度没有变化,航弹壳体为预热温度,炸药为浇注温度;

（2）冷却水及空气的温度恒定且均匀,冷却水不会由于受到温度较高的航弹壳体和空气的加热而升温,空气也不与水发生热交换而导致温度下降;

（3）忽略温度对装药导热系数的影响,认为装药导热系数恒定;

（4）不计液体的对流传热,即忽略凝固时液态炸药的相对流动;

（5）装药中不存在气隙。

基于上述假设,构建基于 ProCAST 软件的装药凝固过程仿真计算方法,计算过程如图 15.29 所示。

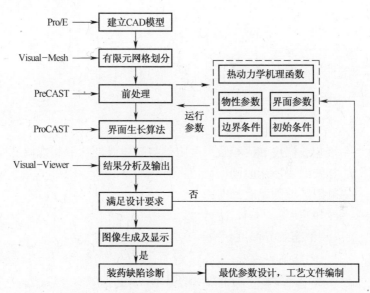

图 15.29　ProCAST 求解装药凝固过程流程图

15.8.6　缩孔、缩松预测判据

药柱内缩孔、缩松的形成是一个复杂的过程,不仅与温度分布、炸药的性质有关,还与边界条件、弹体(或模具)的内腔形状等有关。通过分析炸药内部温度变化过程可分析预测缩孔、缩松的形成过程,一般通过数值模拟手段对缩孔、缩松进行预测判断,也因此诞生了一些数值模拟判断方法,主要的预测方法有以下几种。

（1）等固相率曲线法:等固相率曲线法是将某时刻凝固场温度相同的点连成线,通过曲线的封闭情况来判断缩孔、缩松的产生位置。装药凝固过程中,如果各个部位始终保持着与冒口之间的补缩通道畅通,缩孔就不会产生。反之,如果这个通道在凝固结束之前截断,就会产生缩孔,反应在温度场上,就是等温线形成了封闭回路。该方法适用于预测宏观缩孔形成的大致位置及形状。

(2) 临界固相率法:当弹体内炸药温度高于液相线温度时,固相率 $f_s = 0$,低于固相线温度时,固相率 $f_s = 1$,处于液相线温度与固相线温度范围之间时,固相率与温度是单调的函数关系。当炸药的结晶温度范围较窄时,缩孔将在 $f_s = 1$ 的封闭回路内产生,对于结晶温度范围较宽的炸药,当固相率小于某一临界值(临界固相率-f_{sc})时,液态炸药可以自由流动,高于 f_{sc} 时,液态炸药通过枝晶渗流的阻力很大,甚至失去补缩能力,因此缩孔将在晶体中 $f_s = f_{sc}$ 的封闭回路内产生。不同炸药成分及凝固形态,临界固相率不同,一般取为 0.5~0.8。

(3) Niyama 法:又称 $G/\sqrt{R}$ 法。此方法是应用最广泛的缩孔、缩松预测判据,其公式如下:

$$N = \frac{G}{\sqrt{R}} \tag{15.110}$$

其中,
$$G = \left[\left(\frac{\partial T}{\partial x}\right)^2 + \left(\frac{\partial T}{\partial y}\right)^2 + \left(\frac{\partial T}{\partial z}\right)^2\right]^{\frac{1}{2}} \tag{15.111}$$

$$R = \left|\frac{T_{upper} - T_{lower}}{t_{upper} - t_{lower}}\right| \tag{15.112}$$

式中　N——液相线温度和固相线温度之差与晶体温度从液相线温度降低至固相线温度所用时间的比值;

G——凝固区域的温度梯度;

R——冷却速度;

T_{upper}——液态临界温度;

T_{lower}——固态临界温度;

t_{upper}——温度达到 T_{upper} 所对应的时刻;

t_{lower}——温度达到 T_{lower} 所对应的时刻。

N 的数值小,表示温度梯度小或者晶体凝固速度快,不利于微观补缩,当小于某一临界值时(随弹药体积的增加而增大,一般取值为 $1℃^{1/2} \cdot min^{1/2} \cdot cm^{-1}$),在该区域内就会产生缩孔或缩松缺陷。该方法适用于缩松的预测,而在预测缩孔的形状、大小方面误差较大。

(4) 直接模拟法:以熔注装药系统的质量守恒方程、动量守恒方程与能量守恒方程为基础,计算有限元模型各节点单元的温度、速度、固相率等数据,通过计算结果直接判断装药缺陷的形成。此方法除了可预测缩孔、缩松的形成位置外,还可预测其形状和大小。

15.8.7　模型验证

为了验证模拟方法求解结果的准确性,对典型榴弹结构装填 B 炸药(TNT/RDX/addi.)进行凝固界面增长试验,B 炸药热物性参数参数(包括黏度、导热系数、热膨胀系数、密度、熔点、结晶潜热等炸药参数)及凝固条件初始状态参数(包括熔药温度、注药温度、注药弹体温度、凝固环境温度等状态参数)如表15.10 所列。

表 15.10　典型榴弹结构装填 B 炸药热力学参数

炸药热力学参数		弹药状态参数	
密度/(g·cm^{-3})	1.7025	熔药温度/℃	95~100
黏度/s	40~45	注药温度/℃	95~100
熔点/℃	79~80	弹体温度/℃	98~100
比热容/(kJ·kg^{-1}·K^{-1})	0.98+0.004T	热区温度/℃	85~95
导热系数/(W·m^{-1}·K^{-1})	0.2197	冷却水温度/℃	35~37
结晶潜热/(kJ·kg^{-1})	59.22		
热膨胀系数/℃$^{-1}$	5.46×10^{-5}		

装药试验条件为：弹丸下降速度:2.5mm/min；热区温度:90~100℃；冷却水温:36℃。对弹丸不同时刻(0.5~3h,时间间隔 0.5h)的凝固界面进行测试,测试结果及其二维拟合曲线如图 15.30 所示。

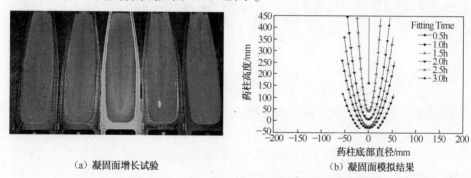

(a) 凝固面增长试验　　　　　(b) 凝固面模拟结果

图 15.30　装药凝固界面测试结果及其拟合曲线

从凝固界面的测试及拟合结果看,装药起始凝固界面近似呈平底抛物线形,然后从底部逐渐收缩为抛物线,最后收缩为一条直线,完全凝固时间为 3h 左右。

利用建立的模型对上述试验过程进行仿真运算,得到凝固界面生长情况及典型时刻凝固界面试验值与计算结果的对比,如图 15.31 所示。

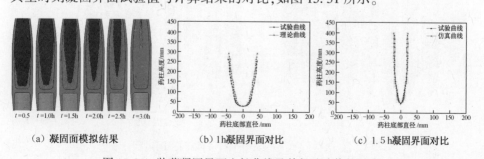

(a) 凝固面模拟结果　　　(b) 1h 凝固面对比　　　(c) 1.5h 凝固面对比

图 15.31　装药凝固界面生长曲线及其与试验值的对比

由图 15.30 可见,数值模拟得到的装药凝固界面生长规律与试验结果基本一致,起始凝固界面近似呈平底抛物线形,然后以底部逐渐收缩为抛物线过渡,最后收缩为一条直线。完全凝固时间也为 3h 左右。不同时刻凝固曲线的相关系数达到 0.98 以上,单点误差在 0.5%~1.8% 之间。对比计算及试验结果表明,基于 ProCAST 软件建立的凝固界面增长模型与试验结果具有较好的符合性。

15.8.8 凝固过程优化设计

1) 自然冷却凝固

对典型装药结构自然环境下的冷却凝固过程进行仿真计算,固化条件为常温(20℃)环境下自然冷却,温度场及凝固界面仿真计算结果如图 15.32 所示。

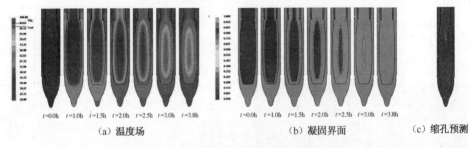

图 15.32 自然冷却条件下的装药凝固过程

从模拟结果可以看出,在自然冷却条件下,装药从外向内凝固,直至凝固界面收缩成为一扁平的椭圆形,导致中心部位形成较大的集中缩孔或缩松,而且后期的凝固界面以扁平椭圆形向轴线收缩,对椭圆下端的补缩不利,导致装药轴线出现微观缩孔,进一步降低了装药的质量。

2) 顺序冷却凝固

对上述装药结构顺序冷却环境下的凝固过程进行仿真计算,弹体下降速度:2.5mm/min;热区温度:90~100℃;冷却水温:36℃,凝固过程温度场及凝固界面仿真计算结果如图 15.33 所示。

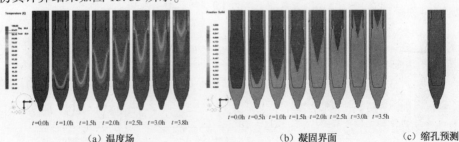

图 15.33 顺序冷却条件下的装药凝固过程

从模拟结果可以看出,随着冷却水液面的上升,水中壳体的温度很快降至水温,与壳体接触的炸药温度也很快下降,由于壁面处炸药与内侧熔态炸药存在温差,开始传热,由于导热系数低,传热过程缓慢,导致凝固界面的生长速度远低于弹体下降速度,使凝固界面呈"U"形生长,随着凝固过程的进行,逐渐变为"V"形生长,凝固过程中没有出现补缩通道提前凝固的现象,装药中不存在明显的缩孔、缩松,炸药从下至上逐步凝固,实现了熔态炸药的精密注装。

通过对低比压顺序凝固工艺凝固过程仿真研究,可以得到下降速度、冷却水温度以及导热系数对凝固过程及结果的影响规律:

(1)下降速度:弹药壳壁面处炸药的温度随壳体温度的变化非常快,浸入水中的壳体部分的温度也快速下降至水温,处于水面处弹壁上的炸药总是迅速凝固。因此下降速度越快,凝固界面的面积就越大,凝固过程也就越快。但是下降速度过快时,弹药在较短时间内下降完毕,此时冒口漏斗底部处炸药也开始凝固,而此时由于凝固界面生长速度缓慢,界面底端只向上生长了一小段距离,那么装药凝固界面呈细长的"U"型,这种情况下,由于界面同时生长,界面底端向上增长速度缓慢,所以界面顶端可能提前凝固封闭,导致此后的凝固过程补缩作用消失,装药中形成缩孔(见图15.34)。从理论上讲,弹药下降速度越慢,凝固效果越好,但是下降速度过慢,会降低生产效率。

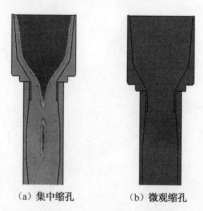

(a)集中缩孔　　　(b)微观缩孔

图15.34　凝固过程补缩通道凝固及缩孔形成示意图

(2)冷却水温度:冷却水温度对装药凝固过程最直观的体现是凝固过程由于冷却水的温度不同而导致温度梯度不同,冷却水温度越低,温度梯度越大,传热过程越快(见图15.35)。但是由于炸药的导热系数过低,通过增大温度梯度而加快凝固的效果并不明显,此外冷却水温度过低,不仅使弹药壁面处装药凝固过快,可能导致粗结晶,还可能增大装药热应力,不利于提高装药质量。

(3)炸药导热系数:炸药导热系数越大,装药凝固过程的传热过程就越快,凝固速度也就越快。另外,由于凝固界面生长速度快,可适当提高装药下降速度而不会导致补缩通道提前凝固。提高炸药导热系数可以从上述两个方面加快凝

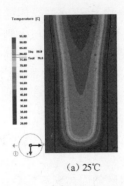 

(a) 25℃　　　　(b) 40℃

图 15.35　冷却温度对凝固过程温度梯度影响规律示意图

固过程,对凝固结果非常有利。例如其他工况参数相同的情况下,当导热系数为 0.213W·(m·℃)$^{-1}$(RHT 类炸药)、下降时间为 2.5h 时,单次装药凝固时间为 14.0h,且出现补缩通道提前凝固;当导热系数为 0.406W·(m·℃)$^{-1}$(RHTL 类炸药)、下降时间为 2.5h 时,凝固时间为 8.7h,且不会出现补缩通道提前凝固;而当导热系数为 1.3W·(m·℃)$^{-1}$、下降时间缩短为 1h 时,凝固时间仅为 3h,且没有出现补缩通道提前凝固(见图 15.36)。

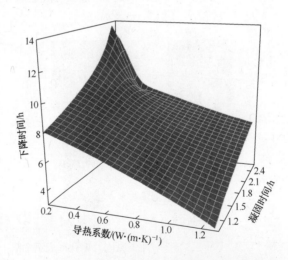

图 15.36　导热系数对凝固质量影响规律图

综上所述,对熔注效果影响最大的是炸药的导热系数,导热系数越大,则对装药凝固效果及凝固时间越有利;下降速度应根据导热系数进行设计,导热系数越大,凝固速度越快,则下降速度可以相应加快。但如果过快,则会出现补缩通道提前凝固的现象。冷却水温度越低,凝固速度越快,但并不明显,考虑到残余热应力对装药质量的影响,冷却水温度选取为 30~40℃。

第16章 压装法

16.1 概　述

压装法装药,是将颗粒状或片状炸药倒入模具或弹体中,在压机上通过冲头加压,将松散炸药压成具有一定形状、尺寸和强度的药柱。压制传爆药柱的示意图如图16.1所示。

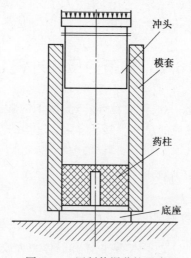

图 16.1　压制传爆药柱示意图

压装是很古老的一种装药方法,13世纪,中国就是用捣装法压制黑火药发火管和装填铁火炮;到16世纪后期才开始在炮弹中捣装黑火药;19世纪80年代,俄、法等国利用压装法将湿硝化棉装填炮弹,使装药密度大为提高,威力也随之提高。直到目前为止,压装法仍然是一种主要并广泛使用的装药方法。

压装法目前在各国被广泛应用,主要是由于该方法具备以下优点。
1) 用于压装法装药的炸药品种很多
只要炸药具有一定的可压性和压药时的安全性,都可以进行压装成型。如黑索今、奥克托今、泰安等机械感度较高的高能炸药,在进行普通注装时,固相含量一般不超过60%,但使用钝感剂将上述高能炸药处理之后,就可用压装法成型,且含量可达95%以上,从而大大提高了装药威力。另外,可用于注装的炸药、高聚物黏结炸药、含铝炸药、钝感炸药等,只要符合条件,均可采用压装成型,因而使压装的炸药品种增加了。

2) 压装成型的药柱冲击感度比注装药柱明显增加

由于压装成型的药柱内部结构存在很多微小空隙,在受到冲击波作用时容易产生热点进而发展成为爆轰。因此所有的传爆药柱都采用压装法成型。另外,小口径弹采用压装法装药,不需传爆药柱就可用雷管直接起爆,而注装法成型的药柱必须加传爆药柱才能可靠起爆,因此压装法装药为弹药使用带来了方便。

但应用压装法装药也有一定限制,如形状复杂、直径变化大的弹种就不适宜采用压装法,大口径弹药的药量较多,考虑到压药时的危险性,也不宜采用压装法,但可以将炸药先压成小块,然后再将小药块进行黏结成型。

用压装法成型的弹种很多,如雷管、火帽、延期药饼、中小口径榴弹、穿甲弹、聚能破甲弹以及各种传爆药柱等,还有工程上应用的药块均为压装成型,因此压装法是一种非常重要的装药方法并具有不可替代的地位。

16.2　炸药的压制过程

压装法所使用的炸药,一般为散粒体炸药,所谓散粒体,就是大量互相接触而彼此联系微弱的松散颗粒的总和。要了解压装过程的实质就必须对散粒体的性质有较全面的认识。

16.2.1　散粒体的性质

16.2.1.1　散粒体中颗粒具有相当的独立性

自然界中的固体可以分成实体、散粒体和胶体。在胶体中,每个颗粒都是互相独立存在的,它们可以自由运动而不致牵连相邻的颗粒,其颗粒尺寸一般在 $0.001 \sim 0.1 \mu m$ 范围内。对于实体来说,其粒度一般都在几毫米以上,每个颗粒的表面都与其他颗粒相接触,并按一定规律排列,某个粒子运动必定牵连到相邻的粒子运动。而在散粒体中,颗粒之间虽然是相互接触的,但各颗粒之间却具有一定的独立性,即颗粒的运动和变形对邻近的颗粒影响不大。自然堆积时,颗粒之间的接触面积是其部分表面积,当散粒体受压时,仅在颗粒接触部分传递应力,是既互相接触而又有空隙的颗粒群。

16.2.1.2 散粒体的松装密度

松装密度又称为假密度或自由装填密度。其定义是在大气压及不振动的条件下,单位体积散粒体的质量。

松装密度是散粒体的主要特征之一,也是设计压药模具和装药容器的重要参数。松装密度受散粒体颗粒尺寸、颗粒形状、不同尺寸颗粒的组成比例及表面状况等因素影响,所以它是描述散粒体特性的重要标志。

散粒体颗粒之间存在大量空隙,并且在颗粒表面还吸附着很多空气,颗粒越细吸附的空气越多,其空隙的多少随颗粒的形状而变化。颗粒间的空隙的大小一般用孔隙率表示,即在散粒体装填体系中,空隙占散粒体体积的百分数,可表示为

$$f = \left(1 - \frac{\rho}{\rho_{max}}\right)\% \tag{16.1}$$

式中　f——空隙率;

　　　ρ——散粒体松装密度;

　　　ρ_{max}——散粒体的最大密度。

散粒体颗粒的大小直接影响其松装密度。一般颗粒大密度增加大,且由大颗粒组成的散粒体单个空隙大,但数量少;而由小颗粒组成的散粒体空隙多,空隙总体积大,因此,松装密度相对较小。若将小颗粒与大颗粒适量混合,使小颗粒进入到大颗粒的空隙中,可明显增加散粒体的松装密度,降低 f 值,提高散粒体的成型性能。

散粒体颗粒的形状也对其松装密度有较大的影响。如球形、立方形这类等轴形状的颗粒组成的散粒体的松装密度,就比树枝状、针状或片状的大,这主要是因为后者的颗粒容易互相搭桥,从而使空隙率增加。

颗粒表面的粗糙程度也是影响散粒体松装密度的因素之一。颗粒表面越粗糙,在相同条件下比表面积越大,颗粒之间的摩擦力就越大,从而使颗粒间的剪切应力增加,导致流散性差,松装密度小。

炸药的松装密度对压药工艺及压药质量有重要影响,当松装密度较大时,说明散粒体的内摩擦小,颗粒级配合理,如用相同的压力可得到密度较高且密度均匀的药柱。

16.2.1.3 散粒体的可压性和成型性能

散粒体的压制特性除与松装密度有关以外,还与散粒体的可压性和成型性能有关。

可压性是指散粒体在单位压力下的可压缩程度,或称被压紧的能力,一般以压件的密度来表示。如在相同条件下对两种散粒体进行压制,其中密度较高的

散粒体可压性好。另外,散粒体的可压性还与其塑性、颗粒尺寸和形状有很大关系,而塑性是最重要的影响因素。因此,为提高散粒体的塑性,可在散粒体中添加一些塑性添加剂。

成型性是散粒体受压后,压件的抗压强度。可用在相同单位压力下,压件抗压强度的大小来表示其成型性能的好坏,装药强度的大小直接影响到发射的安全性。

综上所述,散粒体的性质对于压装法成型是非常重要的,在实际生产中应选择那些松装密度大、可压性好、压件强度高的炸药。

16.2.2 散粒体炸药的压紧过程

散粒体炸药在压力作用下被压紧可分两个阶段,第一阶段是靠散粒体颗粒的相互滑动来减小彼此间的空隙体积;随着压力的增加,第二阶段则主要靠散粒体颗粒的变形来压紧。散粒体炸药被压紧形成药柱的过程如图 16.2 所示。

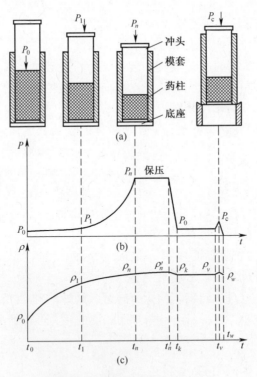

图 16.2 散粒体炸药压紧过程

从图 16.2 中看出,散粒体炸药的压紧分以下几个步骤。

(1) 准备:首先将模具清擦干净,将散粒体炸药倒入模套后放上冲头。此时不考虑炸药的自重,则作用在炸药轴向方向的压力就是冲头的重量 P_0,相对应

的炸药密度为 ρ_0,然后将整个模具放到压机上待压。设时刻 t_0 为压机对冲头作用的开始时刻。

(2) 加压：t_1 时刻,作用在冲头上的轴向压力 P_0 逐渐增加到 P_1,炸药的密度由 ρ_0 增加至 ρ_1。t_n 时刻,冲头压力增至 P_n,炸药密度继续增至 ρ_n。

(3) 保压：$t_n \to t_n'$ 时刻,此段压力保持不变,仍为 P_n,故称为保压阶段,但密度随时间的变化还在缓慢的增加至 ρ_n'。

(4) 卸载：$t_n' \to t_k$ 时刻,压力由 P_n 降至 P_0,此段为卸载阶段。药柱因弹性膨胀变形随压力的降低密度会稍有下降,由 ρ_n' 降至 ρ_k。

(5) 退模：$t_k \to t_v$ 时刻为退模加压阶段,轴向压力由 P_0 增至 P_c（P_c 为最大退模力）,药柱密度会由 ρ_k 微增至 ρ_v。$t_v \to t_w$ 时刻为退模卸载阶段,药柱全退出模具。药柱的轴向压力由 P_0 降至 0,密度由 ρ_v 稍降至 ρ_w。

从整个药柱的压制过程看,在加压阶段,药柱密度随压力的增加而增加,且在保压阶段时达到最大;在退模之后,由于药柱的弹性变形使密度略有下降。

散粒体炸药受压初期,颗粒互相靠近,形成新的接触面,使总接触面增加。另外颗粒还通过滑移、平动和转动来使散粒体之间的空隙减小,此时是通过颗粒的接触面来逐层传递应力,颗粒的弹性变形极小。

散粒体炸药在受到较高压力时,颗粒首先产生弹性变形,当单位面积所受压力超过临界应力时,颗粒开始发生塑性变形,同时,有的颗粒被压碎,发生脆性变形,即永久变形。

散粒体炸药在受压时,上述的变形往往是同时进行的,过程也十分复杂,这主要是由于颗粒处于不同的状态且无序排列,接触面及受压面并非处于一个平面,而是间断的、不均匀的。另外,由于压力是靠颗粒的接触面来传递的,所以每个颗粒受力的大小与方向是不一致的,运动方向和变形也不一致。在高压阶段,颗粒的弹性变形、塑性变形、脆性变形的程度也不同,会带来局部密度的不均匀。总之,散粒体炸药受压时,各个颗粒的变形不仅是性质上的不同,变形的大小和方向也不相同,但是按照宏观统计的观点,可以认为颗粒的运动和变形总趋势是按一定的方向和规律变化的,并可根据其变化来研究散粒体整个系统总的物理或机械的特性及规律,这对于实际应用是很有价值的。

16.2.3 药柱强度

散粒体炸药压成药柱以后,与压制前的散粒体相比,其密度和强度提高了很多,一般密度大约可提高一倍,强度由零增至一定值。

对弹药装药而言,要求装药具有一定的强度。这主要是从弹药使用过程中的安全性来考虑的,因为弹药在发射时装药需承受很大的惯性应力,若药柱强度较低,则易出现膛炸。

对于同一种炸药而言,药柱的密度越大,其强度越大。

16.2.3.1 构成药柱强度的作用力

散粒体炸药压成药柱后,颗粒间的接触面上产生很强的联结力,此联结力又分为分子间作用力和机械啮合力,这两种力就是构成药柱强度的作用力。

1) 颗粒接触面上的分子间作用力

药柱成型后具有一定强度值,其原因之一是由分子间引力作用的结果,由于压力的增加,使得颗粒互相靠近,接触面随之增大,颗粒之间有相当一部分分子,接近到足以产生分子引力的距离内,分子间的这种引力是非常大的。

分子间的作用力 F 可表示为

$$F = \frac{A}{r^m} - \frac{B}{r^n} - \frac{C(T)}{r^e} \tag{16.2}$$

式中 r ——分子间距离;

A、B ——常数;

m、n、e ——依物质性能不同而变的指数;

$C(T)$ ——与温度有关的函数;

B/r^n ——分子间的斥力;

$C(T)/r^e$ ——随温度升高而增加的斥力;

F ——分子间的作用力。

2) 颗粒接触面上的机械啮合力

散粒体颗粒接触面上的机械啮合力是由于颗粒形状的不规则及表面不光滑,并在外力作用下互相啮合而产生的联结力。这种啮合力只在颗粒的接触面上产生,因此接触面越大,颗粒越不规则,压力越大,啮合力越大。

16.2.3.2 影响药柱强度的因素

1) 炸药的性质

不同炸药在相同条件下成型,其药柱的密度和强度有很大差别。塑性差的炸药其密度和强度都较低。对于同种炸药来讲,如果其粒度和颗粒表面的粗糙度有差异,则药柱的密度和强度也存在着差异。

2) 压力

散粒体炸药受压成型的密度和强度是随压力的增加而提高的,且强度增加得更快。如梯恩梯炸药加压后密度从 1.39g/cm^3 增加到 1.59g/cm^3,增加了 0.15 倍,而药柱的抗压强度对应上述两密度时为 0.17MPa 和 6.84MPa,增加了 39 倍。

3) 温度

炸药加热后对成型有利,可提高装药的密度和强度。药温太低时要达到所要求的密度需施加较大的压力,而压力过大时容易使药柱内部存有较大的应力。

药温过高,热应力增加,也会使药柱出现裂纹,从而降低药柱的强度,且退模时易产生变形。

4) 添加剂

在高威力的炸药中,往往要加入一些添加剂来改善其压药性能和使用性能。如高聚物添加剂、钝感剂和其他一些增塑剂等,这些物质的性质对药柱强度也会产生一定的影响。

5) 药柱的长径比

药柱的强度随其长度与直径比值的增加而减小,实验结果见表 16.1。

表 16.1 药柱的 H/D 对抗压强度的影响

H/D	1	2	3	4
密度/(g/cm³)	1.540	1535	1.518	1.490
强度/MPa	2.90	1.60	1.00	0.91

表 16.1 的数据表明,随 H/D 的增加,药柱强度下降,这主要是由于密度降低所引起的。

综合以上分析,为了提高药柱的强度,可在炸药中加入高分子黏结剂来增强分子间的作用力;加入增塑剂以提高炸药的塑性;压药时适当增加炸药的成型压力;适当提高炸药的成型温度;采用保压等措施。

16.3 压力与装药密度的关系

不同的炸药,其压药密度随压力的增加而变化的规律是不同。在实际操作中,一般是在确定的温度下,作出炸药的压药密度随压力变化的曲线,即可得到该炸药任一药柱密度所需的压药压力。几种常用单体炸药和混合炸药的压力与密度关系分别见表 16.2 和表 16.3。

表 16.2 常用单体炸药的压力-密度数据

压药压力/MPa	密度/(g/cm³)		
	TNT	泰安	特屈儿
0	0.59	—	0.59
33.40	—	1.58	—
49.03	1.40	—	1.43
66.70	—	1.64	—
98.06	1.50	—	1.53
133.40	—	1.71	—
147.09	1.55	—	1.59
196.13	1.58	—	1.63

(续)

压药压力/MPa	密度/(g/cm³)		
	TNT	泰安	特屈儿
200.10	—	1.73	—
245.16	1.60	—	1.65
266.80	—	1.74	—
294.19	1.61	—	1.67
392.26	—	—	1.70
490.33	—	—	1.71
686.46	—	—	1.71

表 16.3 常用混合炸药的压力-密度数据

压药压力/MPa	密度/(g/cm³)	
	A-IX-I	8701
29.41	1.5471	1.5292
49.00	1.5964	1.5944
68.64	1.6254	1.6347
88.26	1.6428	1.6589
107.87	1.6550	1.6750
127.48	1.6650	1.6871
147.10	1.6724	1.6981
166.71	1.6767	1.7071
196.10	1.6810	1.7151
225.50	1.6332	1.7230
254.97	1.6854	1.7277
284.39	1.6858	1.7288
313.81	1.6875	1.7300

从表 16.2 和表 16.3 中数据看出,药柱密度随压力增加而增加,且炸药的可压性越好,其密度提高值越大,如 8701 炸药,在 196.1MPa 时相对密度可达 97%(松装密度的 2 倍)。根据表中数据给出的压力-密度曲线,如图 16.3 所示。

从图 16.3 中曲线看出,其共同点是药柱的密度均随压力增加而增大。在低压段药柱密度随压力增加而提高得快,表明此阶段主要靠颗粒移动减少空隙;在高压段药柱密度增大趋缓,表明该阶段主要靠颗粒的变形来压紧。同时曲线还表明,当压力达到一定值后,药柱密度几乎不变了。因此,只要根据所需炸药的压力-密度曲线,选择适当的压力即可得到密度较高的药柱。

除以上共同点外,各种炸药又有各自的压制特性及规律,其不同之处如下。

(1) 各条曲线的起点不同,这是由于各种炸药的松装密度不同引起的。

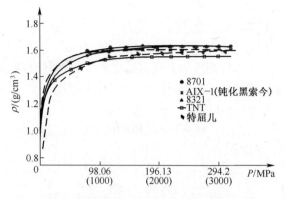

图16.3 常用炸药的压力-密度曲线

（2）不同炸药在相同的压力下，各曲线对应的密度及曲线的曲率不同，这主要取决于炸药的可压性。曲率半径越小，表明越容易趋近于最大密度，即在较小的压力下可达到较大的密度。因此通过压力密度曲线可以比较各种炸药的可压性。

通过对不同炸药的压力-密度曲线的测定，发现压药压力大于196.2MPa时，药柱的密度增加很少，若再提高压力，在生产中已无多大意义；另外若压力过高，对压机吨位、模具强度和刚度的要求都要提高，而且对安全也不利。因此一般常用炸药的压药压力都控制在170~196MPa左右。

另外，对于研制和使用混合炸药进行压装成型时，必须要求其具有较好的可压性，如8071炸药，因其塑性较好，在196.2MPa的压力下，就可达到其理论密度的97%。

前人对压药压力与压药密度的定量关系做了大量研究，并得到了与实际比较接近的经验公式，即

$$\rho = a + b\ln P \tag{16.3}$$

式中 ρ ——药柱密度（g/cm^3）；

P ——药柱压力（MPa）；

a、b ——与炸药性质有关的常数，常用炸药的 a、b 值及相关系数 r 见表16.4。

表16.4 几种常用炸药的 a、b、r 值

炸药	a	b	r
TNT	0.4564	0.1532	0.9993
CE	0.3651	0.1908	0.9999
RDX	0.4558	0.1488	0.9975
8071	0.6219	0.1075	0.9880
A-IX-I	0.7253	0.0766	0.9848
A-IX-II	0.5236	0.1325	0.9911

16.4 温度与装药密度的关系

在常温条件下,单纯提高压力来提高药柱密度是有限的,如果适当地提高温度,可明显地提高压药密度,即在等压条件下,压药密度随炸药预热温度的增加而提高。

在压药压力为35.3MPa时,将梯恩梯压成直径和长度均为22mm的药柱,其密度和温度的关系见表16.5。

表16.5 TNT温度与药柱密度的关系

TNT的温度/℃	压成药柱后的密度/(g/cm³)
15~20	1.502
40~45	1.520
60~65	1.530
70~75	1.545

表16.5中数据说明,随温度的增加,药柱的密度也增加,这主要是因为温度升高后,炸药颗粒的机械强度降低了,更容易塑性变形,如梯恩梯药柱由10℃升至75℃时,其抗拉强度从0.5MPa下降到0.07MPa。另外,由于温度增加,使炸药颗粒表面低熔点液态混和物增多,可以起到润滑作用,同时,由于温度的提高,增加了炸药的柔软性和可压性。

因此,选择合适的压药温度,有利于提高压药密度,并使药柱密度均匀,从而使药柱的强度增加。

16.5 炸药颗粒分布及粒径对成型密度的影响

试验证明,炸药颗粒越大,药柱密度越均匀;反之,颗粒越细,密度分布的均匀性越差。这主要是由于颗粒越细,其比表面越大,颗粒之间、颗粒与模壁间的摩擦力增大,压力损失也随之增加,因而使密度差也越大。另外,实验证明,单一粒径成型密度小且密度差大,而采用颗粒级配的方法进行压制药柱,有利于提高药柱密度和药柱密度的均匀性。

16.6 药柱密度的分布

药柱密度分布得是否均匀直接影响到装药的爆炸性能,特别是聚能破甲弹、平面波透镜及核武器中的传爆系列装药等,都需要稳定的爆轰,故对装药密度的均匀性有严格的要求。因此,有必要对药柱密度分布的特点及影响因素进行研究。

16.6.1 单向压药时药柱的密度分布

单向压药是指散粒体炸药装入模具后,沿一个方向对炸药加压的过程。单向压药的药柱密度沿轴向分布情况如图16.4所示。

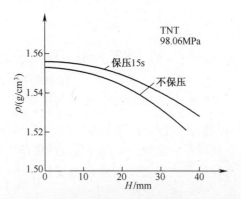

图16.4 单向压药的药柱密度沿轴向分布情况

图16.4中高度0处为冲头与药柱端面接触面,高度 H 处为底座与药柱另一端面接触面。从图中16.4可以看出:靠近冲头端面处,药柱的密度大;离冲头越远,密度越小。梯恩梯炸药在98.1MPa压力下,单向压成直径为23.5mm的长药柱后,药柱密度沿长度变化的情况见表16.6。

表16.6 梯恩梯药柱轴向密度分布

离冲头距离/mm		5	15	25	35
密度/(g/cm³)	保压(15s)	1.555	1.552	1.548	-
	不保压	1.551	1.548	1.543	1.519

药柱密度随药柱长度的变化可描述为

$$\rho = a - bh \tag{16.4}$$

式中 ρ ——药柱在不同高度时的密度;

h ——药柱离冲头端的距离;

a、b ——与炸药性质有关的常数。

单向压药的药柱密度沿径向分布的情况如图16.5所示。

图16.5中显示出靠近冲头端药柱的密度分布为:边部密度大于中心部密度。这是由于冲头受力向下运动时,轴心处颗粒向下运动所受阻力较小;而侧边部颗粒由于与模壁发生摩擦,向下运动时受到的阻力相对较大,即边部颗粒所受压力较大,所以边部密度大于中心密度。

靠近底座端的药柱密度,则为中心部位的密度大于边部的密度。原因是中心部位炸药颗粒向下的运动到底座处受到底座的反压,而边部力在传递过程中,

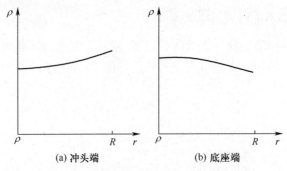

图 16.5 药柱密度沿药柱半径的分布

因克服摩擦力而逐渐消耗,并随距离的增加而降低,中心位置的炸药承受的压力较边部炸药相对要大,所以在底座处中心部位药柱的密度大于边部密度。

根据实验测定,药柱的径向密度差比轴向密度差要小(约 1 个数量级),因此除特殊要求外,一般可不考虑。

16.6.2 双向压药时药柱的密度分布

双向压药是冲头从模具两端同时对炸药加压而使炸药成型的过程。药柱的轴向密度分布为:药柱靠近冲头的两端密度大,远离冲头的中间部分密度较小。这种密度的变化是很小的,因为药柱的长度相对于单向压药等于减小了一半,故密度的均匀性要好于单向压药。如对直径为 47mm 的梯恩梯药柱采用双向压药,其密度沿高度分布的情况见表 16.7。

表 16.7 TNT 双向压药药柱的密度分布

离上冲头距离/mm	0~15	15~30	42~53	65~80	80~95
密度/(g/cm³)	1.56	1.55	1.53	1.55	1.57

从表 16.7 中数据可以看出,处于药柱中心部位,即 42~53mm 处的密度较小,而药柱两端靠冲头的部位密度较高且大小接近。总体而言,双向压药的药柱密度分布是比较均匀的。

16.7 压药应力的分布

等温条件下,药柱经过压药过程的保压阶段后(未卸载),可认为药柱的内应力处于平衡状态,此时可用下式表示:

$$P = P_1 + P_2 \tag{16.5}$$

式中 P——作用于药柱上表面的总压力;

P_1——作用于药柱下表面(底座)的总压力;

P_2——用于克服颗粒与模壁间摩擦力的压力。

式(16.5)表明,炸药在被压成药柱的过程中,总压力由上表面传到下表面时有一部分压力的损失,其值与侧表面摩擦力是相等的,即用来克服颗粒与模壁间的摩擦力(不包括颗粒间的内摩擦力)。可以认为,侧壁摩擦力是引起药柱内应力分布不均匀的原因之一,也势必会导致药柱密度差变大。通过药柱中体积微元的受力分析找到应力平衡关系式,近似地计算药柱应力分布的规律。经过推导可得到药柱径向和轴向应力差公式:

$$\Delta\sigma_R = \frac{\eta f^2 P}{1+\eta f H - \frac{1}{2}} \quad (16.6)$$

$$\Delta\sigma_H = \frac{2\eta f H P}{1+\eta f H - \frac{1}{2}\eta f^2} \quad (16.7)$$

式中　$\Delta\sigma_R$——径向应力差;
　　　$\Delta\sigma_H$——轴向应力差;
　　　P——轴向应力;
　　　f——摩擦系数;
　　　η——炸药的侧压系数;
　　　H——药柱高度。

从式(16.6)和式(16.7)中可看出,摩擦系数 f、侧压系数 η 和药柱高度 H 是影响药柱应力分布的主要因素。图16.6为压药时炸药受力示意图。

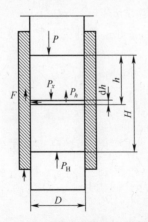

图16.6　压药时炸药受力示意图
P—冲头作用与炸药断面的压力;P_h,P_x—h处炸药单位面积上的轴向、径向压力。

由于药柱的径向密度差比轴向密度差小很多,因此对于径向应力分布一般不考虑,这样就只需考虑沿药柱轴向的压力分布,使问题简单化了。但研究此问题时需先将散粒体的压紧和变形近似地看作连续介质的行为,同时还要假设压应力与径向力无关,且每个横截面上的压应力处处相等。

在炸药受压时,距冲头端 h 处的炸药在高 dh 的环形侧面上对模壁的径向压力为

$$dP_x = p_x \cdot \pi D dh \tag{16.8}$$

由于

$$p_x = \eta p_h \tag{16.9}$$

将式(16.9)代入式(16.8)得

$$dP_x = \eta p_h \cdot \pi D dh \tag{16.10}$$

在 dh 段炸药与模壁之间的摩擦力 dF 为

$$dF = f dP_x \tag{16.11}$$

式中 η——炸药侧压系数,$\eta = \dfrac{\mu}{1-\mu}$($\mu$ 为泊松比);

f——炸药与模壁的摩擦系数。

由于该摩擦力与模壁平行,方向与轴向压力相反,故与轴向压力 P_h 经 dh 段后的压力降 dP_h 相等,可写为

$$dP_h = -f dP_x = -f\eta p_h \cdot \pi D dh \tag{16.12}$$

又因为

$$dP_h = \frac{\pi}{4}D^2 \cdot dp_h \tag{16.13}$$

将式(16.13)代入式(16.12)得

$$\frac{dP_h}{P_h} = -\frac{4f\eta}{D}dh \tag{16.14}$$

用积分计算从冲头端到 h 处这段炸药的轴向压力降:

$$\int_P^{P_h} \frac{dP_h}{P_h} = -\frac{4f\eta}{D}\int_0^h dh$$

得到

$$P_h = P \cdot e^{\frac{4f\eta}{D}h} \tag{16.15}$$

式(16.15)表明了轴向压应力沿药柱高度的分布及影响因素,从中可看出以下几方面。

(1) 靠冲头端面越近,压药压力越大;反之,离冲头距离越远,压力越小,则密度差也越大。

(2) 药柱的长径比 H/D 不能过大,否则会影响密度的均匀性,一般 H/D 不超过 2,若超过 2 则可采用分段压药来解决密度差大的问题。

(3) 炸药与模壁的摩擦系数越大,压力分布的越大,药柱密度分布的不均匀程度也越大。因此,压药模具应尽量降低内表面的表面粗糙度并在压药时注意清擦和涂抹润滑剂,同时可采用颗粒级配和炸药预热来改善炸药的可压性。

16.8 压药模具设计

在压装工艺中,模具的设计与加工是关系到装药质量与生产安全的重要因素之一。本节主要讨论在压药过程中,模具由于压力的变化而引起的变形、模具设计对退模力的影响及模具的设计与要求等。

16.8.1 压药过程中模套的径向位移及应力分析

16.8.1.1 最高压力时模套的径向位移及应力分析

在压药过程中,当压力达到最大值时,冲头对炸药施加的轴向压应力为 σ_h (压药压力),对模套内壁产生径向应力为 σ_r,该应力使在药柱高度 $H \sim H_0$ 段的模套平均径向位移为 u_F,如图 16.7 所示。

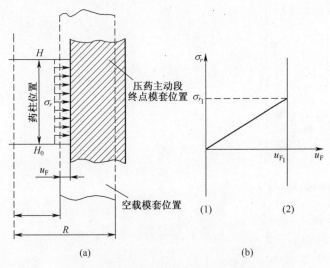

图 16.7 最高压力时模套的径向位移

其位移可由下式计算:

$$u_F = \frac{r}{E_F \xi}\left(\frac{m^2+1}{m^2-1}+\mu_F\right)\sigma_{r_1} \qquad (16.16)$$

式中 u_F ——模套内壁平均径向位移;

E_F ——模套的弹性模量;

r ——模套的内半径;

ξ ——模套径向位移的修正系数;

m ——相对半径,$m = R/r$;

R ——模套外半径;

μ_F ——模套材料的泊松比；

σ_r ——药柱作用于模套的平均径向压应力。

16.8.1.2 卸载时模套的径向位移及应力分析

压药完成后卸载，即撤去冲头对药柱的压力，此时轴向应力 σ_h 为零，模套内壁因弹性恢复向里收缩，模壁向中心移动，径向位移由原来的 u_{F_1} 变为 u_{F_2}，药柱径向位移的距离为 u_{B_2}，如图 16.8 所示。

此时

$$u_{B_2} = u_{F_1} - u_{F_2} \qquad (16.17)$$

(1) 空载时的径向应力 σ_{r_0} 和径向位移 u_{F_0}；
(2) 压药加载时的径向应力 σ_{r_1} 和径向位移 u_{F_1}；
(3) 卸载时的径向应力 σ_{r_2} 和径向位移 u_{F_2}。

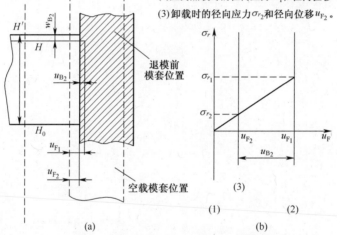

图 16.8　无轴向压应力时模套的径向位移

根据广义的胡克定律，药柱中的应力与应变关系为

$$E_B \varepsilon_{r_2} = \sigma_{r_2} - u_B(\sigma_{h_2} + \sigma_{\theta_2}) \qquad (16.18)$$

式中　$\sigma_{r_2}, \sigma_{h_2}, \sigma_{\theta_2}$ ——轴向、径向及切向应力；

E_B ——炸药的弹性模量；

ε_{r_2} ——径向应变；

u_B ——炸药的泊松系数，$u_B = 0.5$。

由于 $\sigma_{h_2} = 0$，又近似认为在压药终点时径向、切向应力相等，即 $\sigma_{r_2} = \sigma_{\theta_2}$，则上式可变为

$$E_B \varepsilon_{r_2} = \frac{\sigma_{r_2}}{2} \qquad (16.19)$$

又因为 $u_{B_2} = \dfrac{\varepsilon_{r_2}}{r}$，则 $u_{B_2} = \dfrac{r}{2E_B}\sigma_{r_2}$。

另外,又因模套径向位移 $u_F = \dfrac{r}{E_F \xi}\left(\dfrac{m^2+1}{m^2-1}+\mu_F\right)\sigma_{r_1}$,则式(16.17)可写为

$$\left[\dfrac{r}{E_F \xi}\left(\dfrac{m^2+1}{m^2-1}+\mu_F\right)\right](\sigma_{r_1}-\sigma_{r_2}) = \dfrac{r}{2E_B}\sigma_{r_2} \tag{16.20}$$

经数学整理简化后得

$$\sigma_{r_2} = \dfrac{\theta \sigma_h}{1-\theta} \tag{16.21}$$

$$u_{B_2} = \dfrac{B}{1+\theta}\sigma_{h_1} \tag{16.22}$$

$$u_{F_2} = \dfrac{\theta B}{1+\theta}\sigma_{h_1} \tag{16.23}$$

式中 $B = \dfrac{r}{E_F \xi}\left(\dfrac{m^2+1}{m^2-1}+\mu_F\right)$;

$$\theta = \dfrac{2E_B B}{r} = \dfrac{2E_B\left(\dfrac{m^2+1}{m^2-1}+\mu_F\right)}{E_F \xi},\ \theta \text{也称为相对刚度}。$$

16.8.1.3 退模时模套的径向最大位移及应力分析

药柱在退模时,在冲头上加上退模力 σ_{h_3},此时药柱作用于模套内壁的平均径向应力为 σ_{r_3},模套径向平均位移 u_{F_3},药柱径向平均位移为 u_{B_3},径向应力在药柱与模壁接触面按线性分布,则靠冲头一端的径向应力为 $2\sigma_{r_3} - \sigma_{r_2}$,另一端的径向应力则为 σ_{r_2}。此时药柱的径向位移 u_{B_3} 为

$$u_{B_3} = u_{F_1} - u_{F_3} \tag{16.24}$$

则模套的径向最大位移为

$$u_{F_3} = B\sigma_{r_3} \tag{16.25}$$

16.8.2 退模力的近似计算

对于一些弹种来说,要求将炸药压制成药柱后再装入弹体进行装配使用,因此就带来了药柱退模的问题。计算退模力,可以找出影响退模力大小的影响因素,并对合理设计模具提出依据,从而避免在脱模时出现的药柱质量问题。

根据广义的胡克定律,有:

$$E_B \varepsilon_{r_3} = \sigma_{r_3} - \mu_B(\sigma_{h_3} + \sigma_{\theta_3}) \tag{16.26}$$

其中轴向应力用平均轴向应力 $\dfrac{\sigma_{r_3}}{2}$ 代入,又取 $\mu_B = 0.5$,且 $\sigma_{r_3} \approx \sigma_{\theta_3}$,于是得

$$E_B \varepsilon_{r_3} = \sigma_{r_3} - \frac{1}{2}\left(\frac{\sigma_h}{2} + \sigma_{\theta_3}\right) \tag{16.27}$$

又因为 $\varepsilon_{r_3} = \dfrac{u_{B_3}}{r}$，则

$$\frac{E_B u_{B_3}}{r} = \frac{\sigma_{r_3}}{2} - \frac{\sigma_{h_3}}{4} \tag{16.28}$$

根据式(16.16)与式(16.22)的关系，则上式可写为

$$u_{B_3} = B(\sigma_{r_1} - \sigma_{r_3}) \tag{16.29}$$

已知 $\sigma_{r_1} = \dfrac{\mu_B}{1-\mu_B}\sigma_{h_1}$，当 $\mu_B = 0.5$ 时，$\sigma_{r_1} = \sigma_{h_1}$，因此式(16.24)可写为

$$u_{B_3} = B(\sigma_{h_1} - \sigma_{r_1}) \tag{16.30}$$

将其代入式(16.23)中，得

$$\left(\frac{1}{2} + \frac{E_B B}{r}\right)\sigma_{r_3} - \frac{1}{4}\sigma_{h_3} = \frac{E_B B}{r}\sigma_{h_1} \tag{16.31}$$

根据退模时的平衡条件：

$$\pi r^2 \sigma_{h_3} = 2\pi r H \sigma_{r_3} f \text{ 或 } r\sigma_{h_3} = 2fH\sigma_{r_3} \tag{16.32}$$

式中　f——药柱与模壁的摩擦系数；

　　　H——药柱高度。

将式(16.25)与式(16.26)联立，求得最大退模力为

$$\sigma_{h_3} = \frac{2f\dfrac{2E_B}{E_F \cdot \xi} \cdot \dfrac{H}{r}\left(\dfrac{m^2+1}{m^2-1} + \mu_F\right)\sigma_{h_1}}{1 + \dfrac{2E_B}{E_F \cdot \xi}\left(\dfrac{m^2+1}{m^2-1} + \mu_F\right) - \dfrac{fH}{r}} \tag{16.33}$$

令 $\beta = \dfrac{H}{h}$，为相对高度，又已知相对刚度 $\theta = \dfrac{2E_B}{E_F \cdot \xi}\left(\dfrac{m^2+1}{m^2-1} + \mu_F\right)$，则式(16.33)可简写为

$$\sigma_{h_3} = \frac{2f\theta\beta\sigma_{h_1}}{1+\theta-f\beta} \text{ 或 } \frac{\sigma_{h_3}}{\sigma_{h_1}} = \frac{2f\theta\beta}{1+\theta-f\beta} = y \tag{16.34}$$

式中　y——相对退模力，即最大退模力和轴向压应力之比。

对于密度较均匀且塑性较好的炸药，其泊松系数才接近0.5，但式(16.29)仍可作为较好的定性分析依据，并可作为一种最大退模力的估算方法。

一般情况下，相对退模力的大小主要取决于药柱与模套之间的摩擦系数 f；其次是相对刚度 θ，模套刚度越好，退模力越小；药柱的相对高度 β 也是退模力的影响因素之一，但是在使用过程中一般药柱的相对高度均为2左右，所以对退模力影响不大。

16.8.3 模套的锥度对退模力的影响

在药柱从无锥度的模套中推出时,药柱往往容易产生裂纹,如图 16.9 所示。其原因是由于药柱在模套内承受一定的径向压力,在退模时突然卸载,药柱径向膨胀,断面急剧增大,在 Y-Y 处承受很大的剪应力,导致药柱横向裂纹的形成和发展。在模套内受到径向应力越大,退模时承受的剪应力越大,药柱出现裂纹的概率越高。

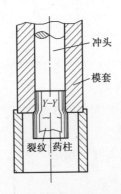

图 16.9 药柱从无锥度模套退模

在退模力的作用下,药柱上端面由 1 - 1 位置移至 2 - 2 位置,移动距离为 Δh,与此同时,还使药柱产生了侧向位移,距离为 Δu。根据径向位移和应力之间的关系,此时药柱侧面的径向应力减小了 $\Delta \sigma_r$,这相当于模套的半径增加了 Δr,因此模套的锥度可以写为

$$Z = \left| \frac{\Delta r}{\Delta h} \right| \tag{16.35}$$

或

$$\Delta r = Z \Delta h \tag{16.36}$$

式中 Z——模套的锥度。

在模套内壁有锥度的情况下,药柱退模情况如图 16.10 所示。

当药柱下端面达到模套 Y-Y 处时,模套作用于药柱的径向应力已大部分卸载或完全卸载,因此在 Y-Y 处药柱承受的剪应力大幅度减小或完全消失,这就使得药柱的横向裂纹大为减少。

从图 16.10 中看出,当药柱上端面从 1 - 1 处移动到截面 2 - 2 处时,则原来主动段模套最大平均位移 u_{F_1} 将变成 $u_{F_1'}$,两者之差等于模套内径的变化:

$$u_{F_1} - u_{F_1'} = \Delta r \tag{16.37}$$

对应于平均位移 $u_{F_1'}$,其模套内壁所承受的平均应力为 σ_{r_1}',按式(16.16)有如下关系:

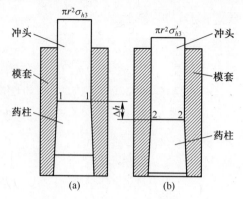

图 16.10 药柱从有锥度模套退模

σ_{h_3}—药柱位于 1-1 截面时的退模力;σ'_{h_3}—药柱位于 2-2 截面时的退模力;r—冲头半径;
Δr—模套半径的变化;Δh—药柱轴向位移距离。

$$u'_{F_1} = B\sigma'_{r_1} \tag{16.38}$$

设药柱上端面在 2-2 截面时退模应力为 σ'_{h_3},用推导式(16.28)的方法,可得到如下的关系:

$$\sigma'_{h_3} = \frac{2f\beta\theta}{1+\theta-f\beta}\sigma'_{h_1} \tag{16.39}$$

式中 σ'_{h_1}——退模应力 σ'_{h_3} 相对应的轴向压应力。

上式也可写为

$$\sigma'_{h_3} = \frac{2f\beta\theta}{1+\theta-f\beta}\left(\sigma_{h_1} - \frac{\Delta hZ}{B}\right) \tag{16.40}$$

由于药柱的相对高度 $\beta = \dfrac{H}{r}$,而 H 为药柱在模套中的长度,在药柱逐渐退出模套的时候,H 逐渐变小,即 β 为变量。式(6.40)可以表达无锥度模套退模应力的近似关系式,也可以近似表达退模应力和模套锥度、药柱在模套中轴向位移的关系。当位移 Δh 相同时,模套锥度 Z 越大,退模应力 σ'_{h_3} 越小,若 σ_{h_3} - $Z\Delta h/B = 0$,那么退模应力 σ'_{h_3} 也为零,此时为理想模具。

在实际应用中,模套均带有一定的锥度,一般在 1/80~1/800 范围内。由于模套中有锥度,所以随着退模的进行,退模应力逐渐降低,当药柱下端从模套中开始退出时,退模应力迅速下降,除了锥度的原因外,还因留在模套内的药柱高度逐渐减小,从而降低了药柱与模套内壁的摩擦力。当退模应力降为零时,表明药柱可以自由取出。

16.8.4 模具设计

模具的设计与加工精度直接影响到药柱的质量和压药的安全生产。因此,设计合理的压药模具是保证装药质量的关键因素之一。

16.8.4.1 模具设计的基本原则

（1）保证压件的尺寸和质量符合产品图的技术要求。其中，在压件尺寸和形状确定之后，密度均匀性是设计压药模具的主要技术要求。

（2）保证生产使用安全并且操作方便，易实现自动化操作。

（3）模具便于加工，同时实现零部件的通用性，达到降低成本的目的。

（4）模具材料需选择有足够强度、刚度和硬度的材料，使其具有耐磨性和较长的使用寿命。

16.8.4.2 模具的强度和刚度

在压药过程中，由于模套承受很高的侧压力，所以其工作条件最为苛刻。为了避免模套在高压作用下产生变形，以致压裂而影响压件质量和出现安全事故，要求模套具有足够的强度和刚度，即模套壁厚同时满足强度和刚度的要求。在确定壁厚时，应根据模套所承受的最大应力要小于模套材料的许用应力来建立强度条件；再根据药柱的侧压力作用下模套的弹性变形不得超过压件的允许精度来建立刚度条件；最后求出能同时满足这两个条件的模套厚度。

1）模套的强度

压药模套一般属于厚壁圆筒，为建立强度条件，可假设模套内表面所受药柱侧压沿圆周方向和高度方向均匀受压来简化计算，求出危险截面上的应力，并以此为依据得出模套的厚度。在实际压药过程中，只有模套与压件相接触段才有侧压力作用，而非接触段还起到阻止接触段模套涨裂的作用，这就在不同程度上减小了模套所承受的最大应力，压件的尺寸越小，该作用就越明显。但是为了计算方便，还是假定模套为均匀受压。

厚壁圆筒模套只在内表面受到压件侧压力的作用，外表面不受力。根据弹性力学的应力计算公式，可计算侧压力 $P_{侧}$ 在模套壁内各个点所产生的应力值。其模套壁受压应力图如图 16.11 所示。

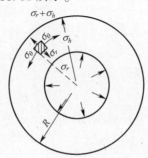

图 16.11 厚壁圆筒受压应力图

径向应力计算公式为

$$\sigma_r = \frac{P_{侧} r^2}{R^2 - r^2}\left(1 - \frac{R^2}{r_i^2}\right) \tag{16.41}$$

切向应力计算公式为

$$\sigma_\theta = \frac{P_{侧} r^2}{R^2 - r^2}\left(1 + \frac{R^2}{r_i^2}\right) \tag{16.42}$$

轴向应力因其对模壁的作用很小,可忽略不计。

式中 $P_{侧}$——压件对模壁单位面积上的侧压力;

R——模套的外半径;

r——模套的内半径;

r_i——模套 r 到 R 之间的任意半径。

由图 16.11 中分析和应力计算可知,当 $r_i = r$ 时,σ_r 和 σ_h 的值最大,随着 r_i 的增加,σ_r 和 σ_h 逐渐减小。当 $r_i = r$ 时,有

$$\sigma_r = \frac{P_{侧} r^2}{R^2 - r^2}\left(1 - \frac{R^2}{r^2}\right) = \frac{P_{侧} r^2}{R^2 - r^2} \cdot \frac{r^2 - R^2}{r^2} = -P_{侧} \tag{16.43}$$

"-"号说明圆筒内壁的径向应力为压应力,其值为最大压应力,因此最大径向应力在模套的内侧表面。

当 $r_i = R$ 时,$\sigma_r = 0$,说明模套外表面不受力。

切向应力 σ_θ 的计算也与 σ_r 相同。当 $r_i = r$ 时,有

$$\sigma_\theta = \frac{P_{侧} r^2}{R^2 - r^2}\left(1 + \frac{R^2}{r^2}\right) = P_{侧}\frac{m^2 + 1}{m^2 - 1} \tag{16.44}$$

式中 m——模套的外径与内径之比,即 $m = R/r$。

此时的 σ_θ 为圆筒内壁的切向应力,σ_θ 为正值表明其为拉应力,可以看出其值在模套内壁处为最大。

当 $r_i = R$ 时,有 $\sigma_\theta = \dfrac{2P_{侧} r^2}{R^2 - r^2}$

上式计算结果表明,在模套外表面所受到的切向应力最小。

根据以上分析可知,药柱侧压力引起的切向和径向的最大应力均在模套内表面,因此模套的内表面为危险截面。另外,由于模套材料一般采用碳素工具钢或合金工具钢,经过淬火、低温回火处理后较脆,所以根据计算和实际应用条件来建立强度条件,即按第一和第二强度理论建立强度条件。

(1) 按第一强度理论建立强度条件。

由于 $\sigma_\theta > \sigma_r$,因此在考虑最大应力时,σ_r 可忽略,只要求 $\sigma_\theta \leq [\sigma]$,即

$$\sigma_\theta = \frac{2P_{侧} r^2}{R^2 - r^2} \leq [\sigma] \tag{16.45}$$

式中　$[\sigma]$——模套材料的许用应力。

经整理后得

$$D_2 \geqslant \sqrt{\frac{[\sigma] + P_{侧}}{[\sigma] - P_{侧}}} D_1 \qquad (16.46)$$

式中　D_1——模套内径,一般为技术条件给出;
　　　D_2——模套外径。

(2) 按第二强度理论建立强度条件。

按第二强度理论考虑径向应力的问题,即要求:

$$\sigma_\theta - \mu \sigma_r \leqslant [\sigma] \qquad (16.47)$$

式中　D_1——模套材料的泊松系数,对钢取 0.3。

当模套材料为脆性材料时,有

$$[\sigma] = \frac{\sigma_b}{n_b} \qquad (16.48)$$

式中　σ_b——材料的抗拉强度;
　　　n_b——材料的安全系数,一般取为 $n_b = 2.5 \sim 2.7$。

在模套内表面,即当 $r_i = r$ 时,有

$$\sigma_\theta - \mu \sigma_r = P_{侧}\left(\frac{m^2 + 1}{m^2 - 1} + \mu\right) \leqslant [\sigma] \qquad (16.49)$$

整理后,得

$$D_2 \geqslant \sqrt{\frac{[\sigma] + (1 - \mu)P_{侧}}{[\sigma] - (1 + \mu)P_{侧}}} D_1 \qquad (16.50)$$

上述公式适用于药柱高度 $H > 10 \sim 15\mathrm{mm}$,若 $H < 10 \sim 15\mathrm{mm}$,则需对式(16.50)进行修正。主要是因为药柱的高度越小,与模套的接触面越小,非接触段阻碍接触段变形的作用也就越明显。修正公式为

$$D_2 \geqslant \sqrt{\frac{[\sigma] + (K - \mu)P_{侧}}{[\sigma] - (K + \mu)P_{侧}}} D_1 \qquad (16.51)$$

其修正值见表 16.8。

表 16.8　压件高度不同时的修正值

压件高度/mm	26	15	6.5	3.3	1.6
K	1	1	0.4	0.2	0.06

在工程应用中,还可以用经验公式求出外径,即

$$D_2 = n_b \sqrt{\frac{[\sigma] + \mu P_h}{[\sigma] - \mu P_h}} D_1 \qquad (16.52)$$

式中:P_h 为轴向应力;安全系数 n_b 取为 $2 \sim 2.5$,n_b 值不能过大,因过大成本太

高,也不能过小,否则不安全;μ 对钢取 0.25~0.30,对碳素钢取 0.24~0.28。

以上公式计算出的 D_2 值有所不同,其中按式(16.52)计算出的 D_2 值最大,这主要是由于 $P_h > P_侧$,因此模套较厚,安全性较好,对于小模具来讲问题不大,但对于直径较大的模具,带来使用不方便和成本提高的问题,所以在设计模具时应根据具体情况进行计算。

2) 模套的刚度

模套的刚度决定模套受压后的变形量,变形大则说明刚度不好,同时会增大退模力,使药柱径向尺寸超差,还会使药柱产生裂纹。模套的变形与轴向压力有关,即模套受压时产生的弹性变形与压件变形所引起的应力相平衡,若轴向压力较小且药柱密度较低,模具基本上不发生变形。

为简化计算,假设模套为无限长的圆筒且内壁均匀受压,根据弹性理论,其内壁的径向位移为

$$u_F = \frac{r}{E_F}\left(\frac{m^2+1}{m^2-1} + \mu_F\right)P_侧 \tag{16.53}$$

但实际情况是模套内壁为局部受压,而不是均匀受压,因此需对式(16.53)进行修正,即有限长的模套内壁的径向位移为

$$u_F = \frac{r}{E_F\xi}\left(\frac{m^2+1}{m^2-1} + \mu_F\right)P_侧 \tag{16.54}$$

式中 ξ——修正参数,与模具的结构和厚度相关,对较薄的模套,ξ 取 1~1.2 左右,对较厚的模套 ξ 取 1.5 左右。

模套外壁的径向位移为

$$u_{FR} = \frac{r}{E_F}\left(\frac{2}{m^2-1}\right)P_侧 \tag{16.55}$$

由式(16.54)、式(16.55),可以求出模套在轴向压力作用下的径向变形量。

当药柱压完卸载后,模套产生弹性恢复且向中心收缩,即产生收缩应力,该应力使压件产生向心的压缩变形,与此同时压件也产生对模套的抗压应力。当模套收缩到某一位置时,模套的收缩应力与药柱的抗压应力处于平衡状态。这个卸压后引起的收缩应力称为剩余侧压力。剩余侧压力可用下式计算:

$$P_j = \frac{E_F \Delta R}{2R}(m^2 - 1) \tag{16.56}$$

式中 P_j——剩余侧压力;

ΔR——卸载后模套的变形量,其值可由实验得到。

为了保证药柱的质量和尺寸精度,要求模套的收缩应力小于药柱的抗压强度,否则药柱易产生变形或出现裂纹,根据以上要求建立刚度条件,即

$$P_j < [\sigma_B] \tag{16.57}$$

式中 $[\sigma_B]$——药柱侧向所允许的最大抗压强度,其值可由实验得到。

[σ_B]的大小取决于药柱的密度、炸药的成型性能等因素。[σ_B]随药柱密度的增加而增大,但由于药柱的密度是随着压力的增加而增加的,若压力过大,P_j 也随之增大,且增加速度较密度增加得快,所以在设计模具时应全面考虑。

16.8.4.3 模壁厚度的确定

在设计模套外径尺寸时,应同时满足强度和刚度条件,即模套承受的最大应力应小于材料的许用应力,即 $\sigma_{max} < [\sigma]$;同时还要满足模套受侧压力作用下产生的弹性变形要小于压件精度所允许的限度。

根据经验,当 $R/r \leqslant 2$ 时,模套的弹性变形较大,除强度计算外还需进行刚度计算。

当 $R/r > 2 \sim 3$ 时,模套的弹性变形较小,可不进行刚度计算,只需根据强度条件来确定模套尺寸。

对直径较小的药柱,如 $\phi 20 \sim \phi 30$ mm,可以采用经验公式来计算,即

$$D_2 = \sqrt{\frac{[\sigma] + P_h}{[\sigma] - P_h}} \tag{16.58}$$

总之,强度和刚度计算是确定模套厚度的主要依据,但不是唯一的。要根据具体的使用情况和技术要求、模具的尺寸结构及操作等综合因素来全面考虑。圆柱形压药模具示意图如图 16.12 所示。

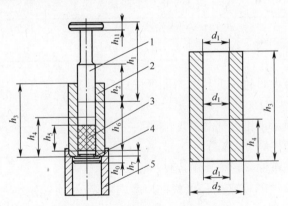

图 16.12 圆柱形压药模具结构图
1—冲头;2—模套;3—炸药;4—底座;5—退模套。

模套直径由式(16.59)确定,即

$$d_1 = d - \Delta - \varepsilon \tag{16.59}$$

式中 d_1——模套内径(mm);
d——药柱直径(mm);
Δ——药柱直径公差值(mm);
ε——药柱长大值(mm)。

药柱在退模或存放一段时间后,尺寸有长大现象,因此在设计模具时应减去药柱的长大值,此值的经验数据见表16.9。

表16.9 药柱直径与药柱长大值的关系

D/mm	<30	30~50	50~70
ε/mm	≤0.05	0.08~0.10	0.10~0.20

模套的高度可按下式确定,即

$$h_3 = h_6 + h_7 + \frac{2}{3}h_2 \tag{16.60}$$

式中 h_2——冲头工作部分的高度(mm);

h_3——模套的总高度(mm);

h_6——松装炸药高度,$h_6 = \frac{4W}{\rho \pi d_1^2}$ (mm);

h_7——底座伸入模套中的高度(mm);

W——炸药质量(g);

ρ——炸药松装密度(g/cm³);

d_1——模套内径(mm)。

常用炸药的松装密度见表16.10。

表16.10 常用炸药的松装密度

炸药	片状TNT	CE	RDX	8701	A-IX-I
松装密度/(g/cm³)	0.76	0.59	0.89	0.84	0.65

模套退模方向带锥度部位的高度可按式(16.61)确定,即

$$h_4 \geq h_5 + h_7 \tag{16.61}$$

式中 h_4——模套带锥度部分高度(mm);

h_5——药柱高度(mm);

h_7——底座伸入模套中的高度(mm)。

靠近锥度方向的模套内径可根据模套内径 d_1 和所选定的锥度及锥度的高度计算出来。

16.8.4.4 冲头的最大径向位移及尺寸确定

冲头的最大径向位移 u_S 可按下式计算:

$$u_S = \frac{\mu_F R_s}{E_F}\sigma_h \tag{16.62}$$

式中 R_s——冲头半径,其值相当于模套内半径(mm);

σ_h——作用于冲头端面上的平均轴向压应力(N/mm²)。

冲头的变形较模套的变形要小很多。其结构如图 16.13 所示。

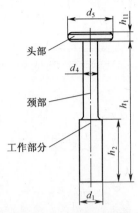

图 16.13　冲头结构图

冲头的高度一般由下式来确定：

$$h_1 = h_3 + (4 \sim 5) \text{mm} \tag{16.63}$$

式中　h_1——冲头伸入模套中的高度(mm)；

　　　h_3——模套总高度(mm)。

冲头头部高度一般取为 12～15mm，工作部分可根据 $h_2 = (1.0 \sim 1.5)d$(mm) 确定。

模套与冲头之间的间隙必须大于或等于冲头受压后的径向位移，这样才不致引起模套与冲头之间的相互摩擦。间隙的取法可按照式(16.16)进行计算。若间隙过大，冲头在模套中可能会歪斜，压出的药柱有飞边，影响装药密度；同时，炸药有可能挤入间隙中，使其在摩擦力的作用下引起爆炸。若间隙过小，冲头易楔入模套而损坏模套，同时还有可能引起爆炸。

冲头的颈部直径 d_6 应比工作部分直径 d 小 2mm 左右。

16.8.4.5　底座结构尺寸的确定

底座的构造图如图 16.14 所示。底座进入模套部分直径 d_6 应根据模套所选的锥度来计算；底座伸入模套部分的高度(h_7)为 10～12mm，退刀槽的高度(h_{12})为 1.5～2mm，直径比 d_6 小 2mm；底座底部高度(h_{10})为 10～12mm，底座外径比模套外径小 10～12mm。

除此之外，模具的工作部分，即冲头与模套的接触部分、炸药与模套及底座的接触部分、底座与模套的接触部分都需要有一定的表面粗糙度，并需要在接触表面镀 0.05mm 厚的铬层。

另外，凡是模套、冲头和底座有棱角的地方都要倒角。模具材料一般具有高强度、高刚度、高耐磨性和小的热膨胀系数，并有优良的热处理性能和一定的韧

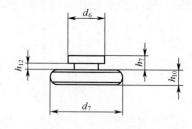

图 16.14　底座示意图

性及较好的加工性能的钢材,通常选用硬质合金钢、碳素工具钢等优质钢材。

16.9　压装工艺

16.9.1　压装工艺过程

压装的生产工艺虽然因压制的炸药和采用的压药方式不同,但基本工艺过程一般按图 16.15 所示步骤进行。

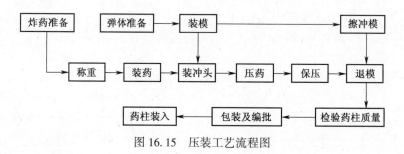

图 16.15　压装工艺流程图

16.9.2　压药方法

在压药过程中,为保证药柱具有一定的密度,可采用两种压药方法,即定压法和定位法。

完全靠控制压力进行压药的方法称为定压法。此法得到的药柱密度有保证,密度的均匀性较好,一般在直接压装法中使用,其称药量的误差反映在药柱的高度不同。缺点是药柱的密度不仅与所受压力的大小有关,还与药温、压药速度、保压时间等因素有关,必须严格控制才能保证质量,因此给生产带来诸多不便。

定位法是在压药过程中采用定位柱或其他限制器来控制药柱的高度。一般来说,定位法压药不能认为压到定位柱高度时药柱的轴向尺寸就不发生变化了,实际上在压力继续上升时,冲头与定位柱有可能一起产生轴向变形,但是这种变形是比较小的,因此可以认为定位法限制了冲头的行程,压出的药柱尺寸比较准确,称药量的误差主要反映在药柱的密度上。对于分装法来说,采用定位法就比较合适,药柱装配时可保证有较高的精度。

16.9.3 压药过程中的保压问题

在压药过程中,当压力达到要求的数值后,若保持压力不变并持续一段时间,则药柱的密度会随加载时间的增加而增大。用内径为 23.5mm 的模具、压力为 98.06MPa 压制成的梯恩梯药柱,在该压力下保压时高度随时间的变化情况见表 16.11。

表 16.11 药柱在不同保压时间的轴向位移

t/min	0	1	3	5	8	11	14	16
ΔZ/mm	0	0.023	0.121	0.143	0.178	0.181	0.195	0.198
t/min	19	30	39	49	59	65	69	
ΔZ/mm	0.207	0.229	0.232	0.240	0.246	0.251	0.251	

表 16.11 中数据表明,保压后的药柱密度比不保压的要大。这种现象实际上是一种蠕滑现象。在弹性力学中,通常把固体在不变应力的作用下发生缓慢变形的现象称为蠕滑(或称蠕变、徐滑)。这种不变应力是由外力作用下引起的,也可能由温度场作用引起的,也可能由材料在制造过程中的预应力所引起的。具有蠕变性质的物质,如炸药药柱、高分子材料等有如下明显的特征:在固定外力持续作用下,变形随时间的增加而增大;在外加载荷除去后,变形随时间的增加而逐渐恢复;在固定外力持续作用且时间较长的情况下,用比材料瞬时强度低得多的应力就能使其破坏,这个破坏应力就称为蠕变断裂强度。

炸药药柱就具有以上三个特征,其在静态载荷和动态载荷下的力学性能表现出明显的差异。如瞬时加一冲击载荷,药柱能承受较大的应力,但用一较小的力长期作用在药柱上,药柱就很易遭到破坏,这是黏弹性物质所具有的特性决定的。

蠕滑现象到目前为止还没有一个较完整的理论,但可用弹塑性-黏性模型作为该问题的参考,即药柱在保压状态下,可看成其由两种物质组成,一种为较硬的(弹塑性)固体物质作骨架,另一种为填充在其间的流体物质(半液态、液态或气态)。蠕滑与应变率 $\dfrac{d\varepsilon}{dt}$ 有关。对于这种弹塑性-黏性物质的炸药来说,其弹性变形过程总是伴随着固体颗粒之间毛细缝隙中的半流体、流体或气体的流动,而且这种毛细缝隙中的黏性流动十分缓慢,因此从整体变形来看,就出现了在不变应力作用下药柱的蠕滑现象。

药柱的蠕滑现象,不仅在压药过程中的保压阶段可以表现出来,在退模之后,或在储存期间也会出现蠕滑现象,这就是通常所说的药柱长大现象,即药柱经长时间存放,尺寸增大的现象。这种现象在压装法成型的药柱中是不可避免的,其轴向长大比径向更为明显。

常温时药柱的蠕滑应变率较小,但随温度的增加其值也随之变大。如在冬季较低温度的环境下储存数月,梯恩梯压装药柱在弹体中并不长大,但到夏季,药柱则长大很快,以至成为不合格的废品。

另外,由于炸药药柱本身具有一定的弹性,退模后其弹性即可恢复。在压药压力较低时,其密度也较低,退模后药柱几乎不长大;但随压力增加,密度越大,长大现象也越明显。这种弹性恢复不仅可以使药柱尺寸变化,而且还可能导致药柱产生裂纹或表面脱落。这种蠕滑现象也有人认为是炸药中残留的空气膨胀而引起的。

为减小药柱的变形,可采取以下措施。

(1) 压药时采取保压。

在实际的生产中一般都采取保压的措施,即在预定的压力下延长压药时间,这样就可使炸药中更多的部分由弹性变形转化为塑性变形,从而减小退模后的药柱变形量,保压时间可根据炸药的性质和产品要求来决定。

(2) 炸药预热。

将散粒体炸药在压制前预热是为了提高炸药塑性,这样可以减少保压时间。如 A-Ⅸ-Ⅰ 炸药是用地蜡包覆黑索今,由于地蜡熔点较低,低于室温时迅速变硬,高于室温时很快变软,因此将 A-Ⅸ-Ⅰ 炸药预热可提高其可压性。

(3) 采用分装法或分步压装法。

采用分装法压出的药柱密度均匀性好,且尺寸精度较高,变形量相对直接压装法要小。采用分步压装法将炸药分次压入弹体,也可以提高密度及密度的均匀性,这对于减小药柱的变形是很有益处的。

(4) 控制存放弹药的环境温度。

梯恩梯药柱超过 30℃ 就会发生明显的蠕滑现象,药柱存放的环境温度越高,其长大速度越快,因此要控制存放弹药的环境温度不能过高,这对长期储存和安全使用弹药是十分重要的。

16.10 压装法的安全技术

在压药过程中,炸药本身承受着很大的压力,且冲头与模壁、炸药之间存在着摩擦力,夹在模具滑动部分间隙中的炸药也受到较大的挤压力,这些都有可能引起压爆事故。压爆事故的发生可以认为是由机械作用而引起的,故可用机械起爆的热点理论来研究爆炸事故的原因。

在机械作用下,产生的热来不及均匀地分布到全部炸药上,而是集中到炸药个别点处(如棱角处),这种局部温度很高的小点称为热点。当热点温度达到足够高(300~600℃),尺寸达到足够大(10^{-3}~10^{-5}cm),维持时间足够长(10^{-7}s)时,爆炸反应首先就在个别热点处开始,随后扩展到整个炸药的爆炸。

宏观地看,热点的形成除取决于炸药本身的性质外,主要还取决于作用在炸药局部的应力率或应变率,即应力或应变随时间的变化率,应力率或应变率越大,热点越易形成,爆炸越易发生。

发生压爆事故的主要原因有以下几点。

(1) 炸药中混入了坚硬的杂质。这些杂质包括砂子、小石子、玻璃渣或金属屑等。当这些坚硬的杂质处于模套边部时,在压药过程中与模壁摩擦很强烈,局部的压应力很大,在棱边尖角处能量容易集中而产生高温热点会导致爆炸。如TNT含有0.1%的沙粒时,其摩擦感度(爆炸百分数)由4%~8%增加到20%。另外,这些坚硬的小颗粒还可能将冲头卡住,随着压力的加大,冲头强行将其挤压下去,此时在卡壳处发生剧烈的摩擦,且伴有猛烈的冲击力,有可能会引起爆炸。

(2) 模具设计和制造不当。冲头和模套在设计和制造中若不合要求,会发生配合不好的问题,主要是指冲头和模套之间发生剧烈的塑性应变和摩擦(即啃模)。据作者统计,在32次压药过程中发生的爆炸事故中,就有8次是由于模具互啃而造成的。造成模具互啃的原因主要有冲头互换性不好而造成了紧配合;模套淬火时,内壁的硬度通常比外壁低,而检验硬度又在外壁进行,故压药时冲头易啃入模壁;模具长期使用后产生了刻痕和毛刺;模具在压机上未放正或压机偏心加压,使冲头易嵌入模内壁等等,这些都容易造成模套与冲头的剧烈摩擦和塑性应变,从而导致相邻炸药的爆炸。

(3) 在压药过程中操作不当。压药时由于各种不当操作而使炸药受压过大,也有可能引起爆炸。如称量错误或在模套中倒入双份药;在压群模时错用了长冲头,使一个模具单独受压过大而导致爆炸。

(4) 压药的加压速度过快。压药的加压速度过快时,由于应力率大易形成热点,因此爆炸的可能性很大。但在缓慢加压到4.9GPa时,就连感度很高的黑索今都不会发生爆炸。在生产条件下的压药速度一般较快,尤其是群模压药时,单模承受全部载荷压力可达2.0GPa以上,炸药相当于绝热压缩而产生爆炸。据资料报道:TNT、特屈儿、苦味酸、硝基胍、黑索今、太安等炸药在缓慢加压到4.9GPa时未发生爆炸;但TNT在快速加压至4.9GPa时爆炸,而缓慢加压至7.7GPa和10GPa均未爆炸;苦味酸、硝基胍在同样试验条件下也未爆炸。

(5) 散粒体炸药预热温度过高。炸药的温度过高会使热点容易形成,另外炸药的机械感度也会随炸药温度的升高而加大。

(6) 模套内的残留药。

由于冲头和模套之间有间隙,每次压药退模后易在模套内壁留有残药,尤其是在模套工作部分的拐角处、部件的接缝处及其他留有残药的部位,容易产生挤压和摩擦而生成热点,故压药前要注意清擦模具。

(7) 操作过程中模具的碰撞。

压药模具一般采用淬火且硬度很高的黑色金属,在发生碰撞时有可能对炸药或残留药产生摩擦或冲击加载,因而易产生热点而发生爆炸。

根据以上分析,在压装药柱时应特别注意以下问题。

(1) 压药和退模必须采取隔离操作。

在压药室内进行压药和退模时严禁人员进入,严禁将防爆门打开。一般应在压机室的防爆门上安装安全开关,只有将门关上,压机才能进行通电操作,这样可保证操作的安全。

(2) 模具设计与加工要合理。

压药模具的结构应设计合理且保证加工质量,尽量使药粉不进或少进入模具活动件之间的缝隙,便于随时清除积药,保证压药和退模安全、易行。模具强度应保证在压药过程中不产生能形成退模困难的弹性变形(膨胀)量。关于模具的硬度,应在加工时确保冲头比模套内壁软,且冲头工作端部应采用圆倒角以防啃模。

(3) 严禁超压和超药量压药。

对于群模压药,应特别注意避免单个模具过载情况,严密监控压药前的装药和装配,杜绝重复装药,同时可设计专门的检测和自动卸压装置以保证安全。另外,应控制压机的加压速度,不要过快。

(4) 杜绝引起爆炸事故的人为因素。

除了在技术上提供必要的安全措施外,还必须杜绝人为因素引起的爆炸事故。例如,在压药前应筛选出炸药中的机械杂质;在装药前应检查模具是否有刻痕和毛刺,并应清擦干净以备使用;应检查压机运转是否正常,活塞移动是否平稳,有无倾斜情况;另外还应保持压药间清洁整齐,及时清理撒在模具上、压机上、工作台上和地面上的炸药。

由于压药工房属操作危险性质的工房,压机应放在符合安全规定的钢筋混凝土防爆小室内,房屋的建筑、照明、采暖和电力设施等也应按安全规定来设计和安装。

(5) 防止静电。

在压药过程中,炸药与工具间的摩擦经常发生,因此易产生静电火花,一旦条件成熟就会引起炸药的燃烧和爆炸,尤其是含铝炸药,铝粉颗粒较小,比表面积大,静电量也相应增大,容易被引燃。为了防止静电带来的危害,在设备上必须安装接地线,并在装药、称药工房保持一定的湿度。

第17章 螺旋装药法

17.1 概　　述

　　螺旋装药是在第一次世界大战期间发展起来的。战争期间,由于弹药的消耗量非常大,远不能满足战争的要求,因此交战双方都大量采用代用炸药来装填炮弹,使用最广泛的就是硝酸铵,即将硝酸铵粉碎后与梯恩梯混合进行注装。由于硝酸铵作为固体在悬浮炸药中的含量不能超过60%,这就影响到弹药的威力,若采用压装法装填炮弹又不适应弧形变化大的弹丸。因此,为了解决代用炸药的应用而发明了螺旋装药法。

　　螺旋装药法,就是借助于螺旋杆输送与挤压的作用,将松散的炸药压实于弹体中的方法。常用螺旋装药设备——立式螺旋装药机的装药过程如图17.1所示。

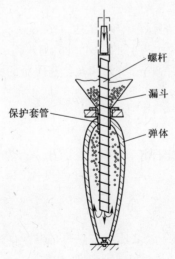

图17.1　立式螺旋装药简图

　　其装药过程为:先将螺杆深入弹体至离弹底约几毫米的位置。当螺杆转动时,螺旋面将炸药从漏斗中输送到弹体中,直到药室被炸药充满时,炸药仍在继续往下送,此时螺杆头部就产生了挤压作用,当压力超过弹体底部的反压力时,螺杆被迫后退,空出来的空间继续被送进来的炸药添满并被压实。这个过程一直继续到整个药室的炸药被压实且螺杆推出药室,此时,一发弹的装药全部结束。

与压装法相比,螺旋装药法有突出的优点。虽然同是用机械方法将散粒体炸药压成药柱,但螺旋装药法的送药、压药和螺杆逐渐退出药室的过程是同时完成的,相当于把压装法中的称药、将药倒入模套、放冲头、压药和取出冲头等过程连续化了,因此具有生产能力大和机械化程度高的特点。另外,由于螺杆挤压炸药时,对侧面的炸药有一定的压紧作用,所以此法也适用于有一定弧形的弹体装药。但螺旋装药法也存在一些缺点。如在螺杆转动时,与炸药产生剧烈的摩擦,因此对感度较高的炸药不适宜用该法装药。另外,钝感炸药和含金属粉的炸药不能用螺旋装药法装药,原因是钝感炸药的钝感膜容易在螺杆摩擦的作用下被破坏,而含金属粉的炸药对螺杆有较大的磨损作用。再有就是螺旋装药法成形的药柱径向密度差较大,药柱靠近螺杆位置的地方还有局部熔化的现象,因而造成明显的分层,这就使得药柱的密度均匀性较压装法差且平均密度低,直接影响了弹药的威力。鉴于螺旋装药法存在的诸多问题,使得该技术的应用受到了一定的限制。

尽管如此,由于螺旋装药法能解决普通注装所不能解决的高固相含量硝胺炸药装药的问题,还能解决压装法所不能解决的弧形弹体的装药问题,而且生产能力高,易于大批量的机械化流水线生产,因此至今仍在我国和东欧一些国家广泛使用。

适用螺旋装药法装药的弹种主要有 82~160mm 迫弹、76.2~152mm 榴弹、100kg 以下的航弹。使用的炸药主要有梯恩梯、阿玛托和梯萘炸药。

以下将对螺旋装药的原理、螺杆结构及装药质量的影响因素分别进行介绍。

17.2 螺　　杆

由于螺旋装药主要靠螺杆转动来完成,因此应首先了解螺杆的结构及作用原理。

17.2.1 螺杆的结构

螺杆的形状和结构如图 17.2 所示。左边是螺杆直观图,中间及右边为螺杆的工作图。

螺杆是由送药段、过渡段和压药段三部分组成的。在送药段其螺面角 β 为零,即为正螺面,且螺距 t_1 较大,送药能力强。在送药段和压药段之间为过渡段,炸药在此段由松散状态逐渐变为压紧状态,此时螺面角 β 可以为零或不为零,即斜螺面,但螺距 $t_2 < t_1$。压药段的作用就是把炸药压实,其类型可划分为:按 β 角分类可等于零或不等于零;按螺距变化来分有正端面的,即 γ 角等于零,有斜端面的,γ 角不为零;按内径分类有内锥和无内锥的。在实际生产中应根据不同的弹种和技术要求来设计和选择螺杆。

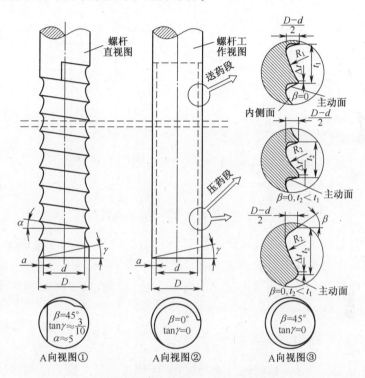

图 17.2 螺杆的形状和结构示意图

D—螺杆外径;d—螺杆内径;t—螺距;Δt—齿厚度;α—上升角;a—剩余平面宽度;β—螺面角(螺面母线与螺杆横截面的夹角);γ—端面角(螺杆端面与螺杆横截面的夹角);R—齿形半径。

17.2.2 螺杆在工作时炸药的受力分析

17.2.2.1 炸药在送药段的受力情况

炸药在螺旋压药过程中受到的各力如图 17.3 所示。

N 表示螺面施于炸药的力,方向垂直于螺面;F_1 表示炸药与螺面之间的摩擦力,方向是炸药相对于螺面运动的相反方向,沿螺面的切向作用;F_2 表示炸药与螺颈之间的摩擦力,因为螺颈与螺面是一整体,与 F_1 的方向一致;而 F_3 表示炸药和炸药壁之间前摩擦力,其方向与炸药运动方向相反;P 是指炸药本身的重力;C 表示离心力,由炸药转动而产生。

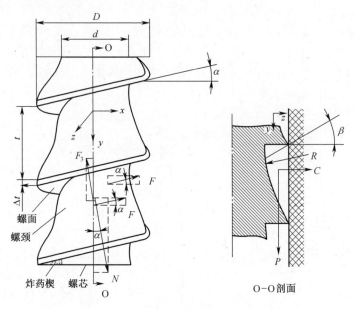

图 17.3 炸药在螺旋压药过程中的受力图

以上各力都作用在散粒体炸药上,沿水平方向的合力使炸药作旋转运动,沿垂直方向的合力使炸药向下运动。由于此段内螺距的长度是一定的,因此在螺杆外形成炸药壁后其送药量不变,即炸药密度不变,所以在此段的炸药并未被压紧。

17.2.2.2 炸药在过渡段的受力情况

在过渡段由于 β 角的增加且螺距减小,使侧压力增大且螺距间体积略有减小,故炸药密度稍有增加。

17.2.2.3 炸药在压药段的受力分析

当炸药被送到螺杆前端时,被先送入的炸药阻挡,使弹底的容积越来越少,而后面的炸药又不断送进来,当药量达到足够多时,炸药被逐渐压紧,在最后一扣螺面上压成楔形药块,此时被压紧的药块足以克服反压并迫使螺杆后退。

炸药经螺杆输运到螺杆前端时,并不是在最后一扣螺纹处突然由自由状态转为压紧状态。当开始压药时,最后一扣螺面压楔,炸药必然沿着螺纹与送药的相反方向压紧,直到足以产生反作用力时,楔才能被压紧。因此,在螺杆最前端处,炸药所受的压力最大,密度也最大;反之,离螺杆端部越远,炸药所受的压力越小,密度越低。

1) 楔形药块的受力分析

楔形药块所受的各种作用力如图 17.4 所示。

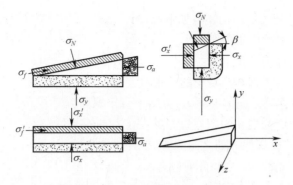

图 17.4 楔形药块的受力图解

σ_N是指螺面对炸药的作用力,方向垂直于螺面;而σ_y表示螺杆底部压紧的炸药对螺面下楔形炸药的反作用力,方向平行于y轴。

根据苏联布杜金的研究,可用下式求出σ_y,即

$$\sigma_y = \frac{a\rho - b}{\rho_{max} - \rho} \tag{17.1}$$

式中 ρ——装药密度;

ρ_{max}——炸药理论密度;

a、b——与在σ_y作用处的炸药局部温度有关的系数。

梯恩梯炸药的a、b值随温度的变化系数见表 17.1。

表 17.1 梯恩梯的a、b值随温度的变化

温度/℃	20	50	60	68
a	150	135	120	103
b	127	115	102	88

梯恩梯的a、b值随温度变化的曲线如图 17.5 所示。

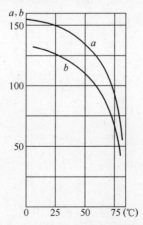

图 17.5 TNT 的a、b值随温度变化的曲线

楔形药块受到的作用力还有如下几种。

σ_z'：螺颈对楔的作用力；

σ_z：炸药壁对楔的作用力；

σ_x：螺纹内待压紧炸药对楔的作用力；

σ_f：螺面与炸药之间的摩擦力，方向平行于螺面；

σ_f'：螺颈与炸药之间的摩擦力，方向为 X 方向；

τ：楔与底部已压好炸药之间的剪应力；

τ'：楔与侧面炸药壁之间的剪应力。

由于螺面对炸药的作用力 σ_N 的存在，使得 σ_x、σ_y、σ_z、σ_z' 同时产生，并将炸药压紧，σ_z 可以按 σ_y 的公式求得，但密度应取侧壁炸药的密度。

τ 和 τ' 是由 σ_N 的水平分力及炸药与螺颈、螺面的摩擦力的水平分力作用而产生的，τ 值可由下式求得：

$$\tau = k \cdot \sigma_y + 12.94 \tag{17.2}$$

式中　k——系数。

2）螺面下方炸药受力分析

直接位于螺面下方的炸药被压紧，主要取决于 σ_y 的作用，炸药所受的平均压力可由下式近似求得：

$$\bar{\sigma}_y = \frac{P}{A} \tag{17.3}$$

式中　$\bar{\sigma}_y$——螺面下方炸药所受的平均压力（Pa）；

　　　P——反压力（N）；

　　　A——炸药的受压面积（m^2）。

反压力可由下式计算：

$$P = p \times \frac{\pi}{4} D_0^2 \times n \times 1.2 \tag{17.4}$$

式中　p——反压系统的表压（Pa）；

　　　D_0——液压油缸的直径（m）；

　　　n——液压油缸的个数。

由于活塞在运动时与油缸产生摩擦力，故还应增加计入 20%。

炸药受压面积可由下式计算：

$$A = \frac{\pi}{4}(D-d)^2 \tag{17.5}$$

式中　D——螺杆外径；

　　　d——螺杆内径。

在相同压力下采用螺旋装药法比压装法得到的药柱密度高，即平均压力小。其主要原因是压力在最后一扣螺纹上并不是均匀分布的，而药柱的密度又是由螺纹末端处的最大压力来决定的。根据苏联萨依切夫的研究,当平均压力 $\bar{\sigma}_y$ 为 15.9MPa 时,最大压力可达 78.45MPa,可见端部压力大大超过了平均压力。另外,由于装药过程中螺杆与炸药的激烈摩擦,使得处于螺杆末端处的炸药温度较高,且大大超过了在压装法中的炸药的预热温度,从而使炸药的塑性增强,同时还出现局部熔化的现象,这就是螺旋装药用较低的压力就可得到较高装药密度的原因。

3) 螺面以外部分的受力分析

螺旋装药弹体中炸药横截面各点的受力情况如图 17.6 所示。

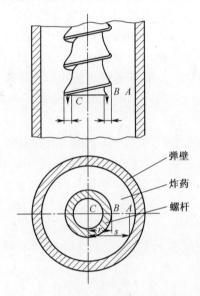

图 17.6 螺旋装药药柱横截面各点受力情况

从图 17.6 中可以看出,在螺面以外的某点 A 处炸药所受的压力比螺杆外径 B 处所受的压力 σ_z 小,这是由于离螺杆越远,炸药受力的侧面积增加得越多,在总压力不变的情况下,单位面积上的炸药所受的压力相对减小,越靠近弹壁,压力降得越多。

螺杆外侧某点 A 处炸药所受的压力可表示为

$$\sigma_{ZA} = \sigma_y(k + \tan\alpha + \tan\beta)\left(\frac{r}{m}\right)^{1-k} \tag{17.6}$$

式中 m —— A 点离药柱中心的距离;
k ——侧压系数,$k = \sigma_z/\sigma_y$;
r ——螺杆外半径;
α ——螺旋上升角;
β ——螺面角。

17.3 螺旋装药法形成的药柱

17.3.1 药柱的形成过程

17.3.1.1 立式螺旋装药

立式螺旋装药的过程是:当螺杆伸入弹底至一定距离时开始转动,炸药被螺杆带入药室,在弹口部由于重力和离心力的作用而离开螺杆掉入弹底部,随着炸药的不断输送,使底部炸药越积越多而上翻,直到整个弹体内充满了炸药。随侧压力的增加,使螺杆周围的炸药逐渐形成了炸药壁,此时,炸药还在继续进入弹体,使炸药与炸药壁之间的摩擦力逐渐加大,炸药上翻的可能性不断减小,使底部炸药量逐渐增多并被压紧,在螺杆的最后一扣形成药楔。

在实际生产中,一般先进行弹体的预装药,然后再将螺杆伸入弹中压药,这样可大幅度提高生产效率。

当弹底部炸药被压紧,螺杆最后一扣末端形成药楔时,在倒数第二扣的炸药形成螺纹槽一样的药条,形状如图 17.7(a)所示,其厚度为 $t-\Delta t$,宽度为 $R-r$。当螺杆旋转一周后,此药条先成为楔,如图 17.7(b)所示。当螺杆末端的炸药被压紧到足以克服反压力时,螺杆就被迫后退,这时药楔被进一步挤压,并与下面已压实的炸药层结合为一体,同时还填满了螺面和螺杆芯下面让出的空间,因此成为半径大于 R 的扇形体,如图 17.7(c)所示。厚度 t' 表明螺杆每转一周后退的距离。

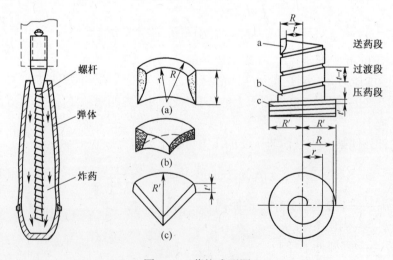

图 17.7 药柱成型图
(a)松装炸药;(b)炸药楔;(c)已压紧的炸药。

在整个压药过程中,螺杆不断重复着上述过程,直到螺杆完全退出弹体为止,至此装药过程结束。

17.3.1.2 卧式螺旋装药

卧式螺旋装药过程如图17.8所示。首先将螺杆伸入弹体中,在离弹底一定距离时开始转动,此时将炸药送进弹体。由于离心力和重力的作用,炸药掉在弹口部下方,如图17.8(a)所示。一直到口部炸药已相当多成为一个槽时,炸药继续送入弹的中部和底部,到整个弹的下半部都充满了散粒体的炸药,如图17.8(b)所示。由于继续送药,弹底炸药越积越多,慢慢将整个弹体充满,此时弹体底部炸药开始压紧,如图17.8(c)所示。在螺杆外围的炸药由于与弹壁的摩擦力不断增多,炸药往送药方向翻的可能性逐渐减小。另外,由于炸药不断地送入弹体,使炸药的密度越来越大,直到使得炸药不能在药室和螺纹内往回翻时,才能在螺杆的最后一扣形成药楔,将药压紧。随后的过程与立式螺旋装药相同。

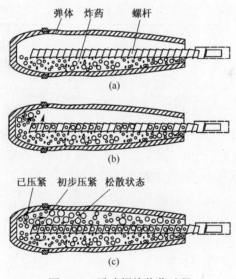

图17.8 卧式螺旋装药过程

17.3.2 药柱的结构

螺旋装药法形成的药柱中间部分是由被压紧的螺旋扇形盘组成的,药柱中心部位及螺杆外径部位的炸药有熔化后凝固的现象,周围是由预装药压紧而成。根据以上特点,可将药柱结构分为3个区。

(1) 预装药区:由螺杆附近至弹壁处,炸药由粉状过渡到片状,靠弹壁可看到完整的片状梯恩梯,结构较疏松。

(2) 过渡区:螺杆周围。由于螺杆与炸药的剧烈摩擦,使螺杆周围的炸药处于熔化或半熔化状态,因此在凝固区后整个区域断面上为不规则的环纹且颜色较深,与预装药区接触带痕迹明显且互相渗透,结构较致密。

(3) 混合区:螺杆下面区域。此区为熔化后又凝固的炸药与在螺杆末端被压实的炸药的混合区。从凝固区到螺杆下被压实的炸药其颜色由深到浅;但在螺杆心下方被压实的炸药减少,熔化凝固的炸药增多,颜色由浅变深。该区药柱结构较致密,与过渡区相当。

螺装药柱的上述3个区域显示了其特有的性质,其径向密度差比压装和注装药柱都大,这是与螺杆压药的方式有关。即药柱中局部炸药所受的压力与温度状况,决定了该处炸药密度的大小。

在装药过程中,炸药与螺杆、炸药与炸药之间都发生着较强烈的摩擦,特别是螺杆经摩擦后可达到较高的温度,在螺杆最后一扣的温度明显高于梯恩梯的熔点。如在螺杆直径为2.8cm时,螺杆最后一扣下的炸药温度随螺杆的转速及反压力的增加而提高,其变化情况见表17.2。

表17.2 TNT温度与螺杆转速及压力的关系

螺杆转速	58.9MPa	68.7 MPa	78.5 MPa
380 转/min	73.5℃	79.8℃	88.3℃
430 转/min	78.5℃	85.7℃	93.0℃
520 转/min	87.6℃	96.4℃	105.2℃

虽然在螺杆最后一扣下的TNT炸药温度明显高于其熔点,但直接位于螺面下方的炸药并不熔化,这是由于其从固相转为液相时体积膨胀,即压力增大时熔点升高。可用克劳齐乌斯-克莱普朗方程来计算炸药熔点的变化,即

$$\Delta H = T \frac{\Delta P}{\Delta T} \Delta V \tag{17.7}$$

式中 ΔH——熔化热;

T——大气压下的相变温度;

ΔP——压力的变化值;

ΔT——熔点的变化值;

ΔV——相变过程中的比容变化值。

如将梯恩梯炸药的性能参数代入式(17.7)可得:

$$\Delta T = 0.029 \Delta P$$

结果说明,炸药熔点温度随压力升高而升高,因此螺面下方的炸药不熔化。而在螺杆实心部分的下面和螺杆周围,由于压力相对于螺面下方的压力要低,因此该处的炸药处于融化或接近融化状态。这就大幅度提高了炸药的可塑性,其密度并不一定低于螺面下方的炸药密度,其密度分布如图17.9所示。

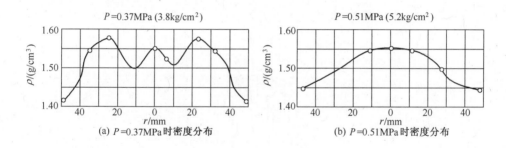

图 17.9 药柱密度沿径向分布

17.3.3 减小药柱径向密度差的途径

由于螺旋装药的方法决定了药柱密度的径向分布较大。研究发现,影响药柱径向密度差的因素包括压药压力、温度及炸药本身的塑性等,因而可从上述几方面来改善,式(17.8)描述了影响径向密度差的主要因素,即

$$\sigma_{ZA} = \sigma_y(k + \tan\alpha + \tan\beta)\left(\frac{r}{m}\right)^{1-k} \tag{17.8}$$

式中: σ_{ZA} 表示在螺杆外某点 A 处炸药所受的压力, σ_{ZA} 越大,该处密度越大,因此,为减小径向密度差,在装药时可采取以下措施。

1) 增加反压力 σ_y

在生产中通常使用可调节的反压力装置,如图 17.10 所示。首先将螺杆固定于装药机主轴上,并将已预装炸药的弹体放置在弹底座上。此时开动油泵,高压油经阀门 13 和管(Ⅰ)进入主唧筒后腔(此时阀门 15 是关闭的),推动活塞 17 上升,并使弹体一同上升。当弹口部与漏斗口部相吻合时,又带动漏斗、曲线板 6 等继续上升,同时开动电机使螺杆反转。当螺杆伸至距弹底 3~7mm 处时,关闭油泵和阀门 13,并使螺杆改为正转,这时螺杆将漏斗内炸药输送到弹体内并进行压药。当底部压力达到一定值后,就推动弹体、弹底座和活塞一起下降,这就使主唧筒后腔的油径管(Ⅰ、Ⅱ)被压入抗压开关。抗压开关是用来控制反压力的,当本体内的油压达到一定值时,推动活塞 10 压缩弹簧 9,使油径管(Ⅲ)回油箱。由于弹体呈弧形,在弧形较大处需压药压力大些才能使密度保持均匀,因此在压机上装一曲线板 6,当曲线板随弹体向下运动时,就可通过滚轮 7 带动滑块 8 向左或向右运动,向右运动时压缩弹簧,使油压增大,即 σ_y 增大,故装药密度增大,反之压药压力降低。因此,可根据弹体形状和装药密度的要求,合理设计曲线板,以便在弹体最大的弧形部分加大反压力,改善药柱的径向密度差。但反压力的增加有一定范围,过度增加会引起"卡壳",并且压力增加到一定值后,密度增加已不明显。

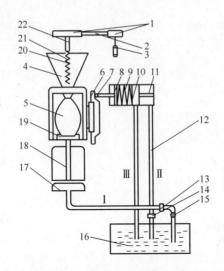

图 17.10　螺旋压机的工作原理

1—皮带轮;2—传动皮带;3—电机;4—炸药;5—弹体;6—曲线板;7—滑轮;8—滑块;
9—弹簧;10—阀塞;11—本体;12—油管;13—阀门;14—油泵;15—回油阀门;16—油箱;
17—主唧筒活塞;18—主唧筒体;19—弹底座;20—漏斗;21—螺杆;22—主轴。

2) 增大 K 值

增大 K 值,实际上是增加炸药的可塑性,即增加侧压系数。可以采取提高炸药的预热温度、弹体温度和室温的方法;也可采用塑性较好的炸药,如改性 TNT 或油性含量较高(渗油性:3 分)的 TNT。这些都有利于提高药柱的径向密度。

3) 增加螺杆半径

受螺面直接压药的部分增多,可增加装药密度的均匀性,但其尺寸受制于弹口直径,因此改善的潜力不大,但无套管的螺杆要比有套管的螺杆直径要大些。

4) 增加 β 角

β 角增大使螺面作用于径向的压力也提高了,实验结果见表 17.3。

表 17.3　β 角与装药径向密度的关系

$\beta/(°)$	局部密度/(g/cm³)		径向密度差/(g/cm³)	平均密度/(g/cm³)
	中间	边部		
0	1.56	1.40	0.16	1.49
30	1.56	1.42	0.13	1.50
45	1.53	1.42	0.11	1.52

苏联萨依切夫的试验也得出同样的结论,如图 17.11 所示。

以上结果均说明增大 β 角对药柱密度的均匀性是有利的,但 β 角过大会出

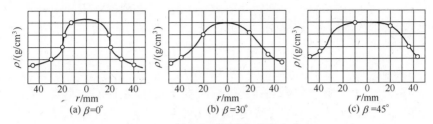

图 17.11 β 角不同时密度的径向分布

现"卡壳"现象。目前对大中口径弹广泛采用最后三扣 β 角为 45°的螺杆,对小口径弹为避免卡壳,一般采用 β 角为 0°的螺杆。

5) 增大 α 角

上升角 α 大些,会使侧向压力增大,有利于提高药柱的均匀性,但 α 角过大容易引起"卡壳"。

17.3.4 螺旋装药中易发生的疵病

17.3.4.1 卡壳

卡壳是螺装过程中由于某种原因造成突然终止输送炸药和挤压炸药的现象。此时,螺杆外径之内的炸药随螺杆一同旋转,螺杆与螺杆内的炸药不做相对运动,并与弹体也不做相对轴向运动,使螺旋装药中断。

产生卡壳是螺杆任一扣螺纹内的炸药由于某种原因随螺杆转动起来,而上部的炸药仍继续往下输送,于是该处炸药越积越多,当该段螺杆塞满了炸药,则送药过程被破坏。

在送药段,由于炸药为散粒体,若流散性不好或粉末过多,炸药颗粒之间摩擦力较大且炸药粉末易黏附于螺杆壁面而增加了炸药与螺杆的摩擦,因此炸药有可能会随螺杆转动而引起卡壳。但在一般情况下,炸药在送药段不被压紧,因此不易产生卡壳现象,卡壳主要发生在压药段。

在压药段,可以从楔形药块受力分析来进行研究。设楔形药块在某一瞬间为自由体,螺面作用力 σ_N 和螺面与炸药间的摩擦力 σ_f 可分为水平分力和垂直分力,根据楔形块受力平衡条件,其所有力在 x 方向投影之和为零,即 $\sum x = 0$,如图 17.4 所示,则有

$$[\sigma_N]\sin\alpha + [\sigma_f]\cos\alpha + [\sigma_f'] = [\sigma_s] + [\sigma_s'] + [\sigma_x] \quad (17.9)$$

式中 $[\sigma_s]$——整个楔块地面上的总剪切力;

$[\sigma_s']$——整个楔块侧面上的总剪切力;

$[\sigma_x]$——螺纹内待压紧炸药对楔的总作用力(此值随离螺杆前端的距离加大而降低,到过渡段时刻忽略不计)。

从图 17.4 可以看出,$[\sigma_s]$、$[\sigma_s']$ 和 $[\sigma_x]$ 的总和若大于该处已压紧的炸药

的极限剪应力,则楔块将随螺杆转动而产生卡壳;反之则楔块不随螺杆转动,螺杆可以正常工作。因此,保证螺杆能够正常工作而不发生卡壳的条件为

$$[\sigma_s] + [\sigma'_s] \leq [\tau_{极限}] \tag{17.10}$$

式中 $[\tau_{极限}]$——已压紧炸药的极限剪应力。

卡壳现象的出现,不仅影响到药柱的质量,还会使生产能力下降,同时严重影响安全生产,因此有必要认真分析发生卡壳的原因。式(17.10)概括了发生卡壳的主要原因,具体分析如下。

1) 反压力

反压力加大时,螺面对炸药的总力$[\sigma_N]$也增加了,已形成的炸药壁和已被压实的炸药层就被压得更紧密和光滑,当第二层炸药压上去时会与之结合不牢,使炸药极限剪切应力$[\tau_{极限}]$降低,导致卡壳。另外,当$[\sigma_N]$增加时,炸药与螺面之间的总摩擦力$[\sigma_f] = [\sigma_N] \cdot f$(摩擦系数)随之增加,由于梯恩梯与钢之间的摩擦系数f是随法向压力的增加和温度的升高而减小,即温度与压力的增加有利于梯恩梯的低熔点物质渗出而起到了润滑作用,从而使f减小。梯恩梯在不同温度下,密度与摩擦系数f的关系如图17.12所示。

用公式可表示如下:

20℃时为 $\qquad f = 1.205 - 0.77\rho \tag{17.11}$

50℃时为 $\qquad f = 1.100 - 0.77\rho \tag{17.12}$

式中,炸药密度ρ是随$[\sigma_N]$变化而变化的,在20℃时,当梯恩梯密度增至1.565g/cm³时,f为零;而在50℃时,梯恩梯密度增加到1.535g/cm³时,f就等于零了。这说明,当$[\sigma_N]$增加时,由于f的变化,并不能看出$[\sigma_f]$的变化,且实际上的影响也是较小的,因此$[\sigma_N]$的影响是主要的,在实际生产中也证明了在反压力大时,出现卡壳现象的可能性增加。

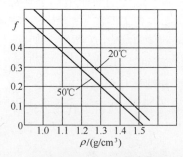

图17.12 钢与梯恩梯在不同装药密度时的f值

2) 螺杆尺寸

从式(17.10)看出,上升角α增加时,$\sin\alpha$值增加,$\cos\alpha$值减小。当α角在10°左右增加时,$\sin\alpha$值增加得快,$\cos\alpha$值减小得慢,而且$[\sigma_N]$要比$[\sigma_f]$大得多。因此当α角加大时,会使式(17.10)左边数值增大,即容易超过药柱的极限

剪切力而产生卡壳。在减小上升角 α 时实际上就减小了螺距 t，这就会减少送药的能力而降低生产效率，因此应在保证螺杆正常工作而又不发生卡壳的条件下找到最大的 α 角。

另外，当螺杆强度不够、螺杆加工精度或安装精度不高、同轴性差时，螺杆可能产生扰动而带动楔块，并使底面与侧面的炸药连接松动，降低了药柱的极限剪切应力，容易产生卡壳现象。在螺杆光洁度较差时，炸药与螺杆之间的摩擦力增加，也会引起卡壳。

3）炸药的塑性

炸药在温度较低时其塑性较差，在相同压力下得到的药柱密度较低，使 $[\tau_{极限}]$ 降低。为得到有较高密度的药柱，就需要增加 $[\sigma_N]$。另外，当炸药的塑性较差时，摩擦系数也较大，这些都会导致卡壳。可选择塑性较好的炸药或适当提高药温，以增加其塑性。

4）炸药过度熔化

在装药过程中，由于螺杆端部的炸药在螺杆剧烈转动过程中产生局部熔化，且熔化的炸药被螺杆挤压并向上翻，在遇到温度较低的炸药或螺杆时，重新凝固并有可能黏在螺杆上，从而堵塞螺纹而发生卡壳。

5）炸药输送中断

若装药机漏斗中没有炸药而又没有及时补充，漏斗中不搅拌或搅拌过度，使输送的炸药量减少，这些都会使螺杆较长时间停留在某处转动，剧烈的摩擦会产生大量热，使药温增加。另一方面由于不输送或少输送了炸药，药室中的炸药得不到及时补充，使反压力减少，梯恩梯的熔点降低而导致卡壳。

6）炸药的流散性

炸药的流散性不好或细粉过多，一方面增加了炸药的内摩擦，另一方面细粉容易黏在螺杆上，增加了螺杆转动时的摩擦力，这也是引起卡壳的原因，所以在装药前，应筛去过大或过细的颗粒。

在实际生产中，可能引起卡壳的原因很多，因此需根据具体情况加以分析，才能找出解决问题的办法，避免卡壳的发生，以保证螺旋装药的正常进行。

17.3.4.2 装药密度问题

装药密度不合格主要表现在平均密度和局部密度不合格，影响密度的因素包括炸药的塑性及预热温度、弹体的形状及预热温度、螺杆的结构和反压力等。从前几节的论述中可以知道，要获得平均密度和径向密度都较高的药柱，必须加大反压力，但这样容易引起卡壳，若减小反压力又会降低药柱的密度，同时径向密度差也会增大。另外，当弹体和炸药的温度较低时，也会使炸药的密度下降。为解决这些问题，可以采用曲线板来控制反压力的大小，即根据药室弧形的变化来调整曲线板的位置和形状，使螺杆头部与弹体形状的位置相互对应。即在弹体直径最大处时,反压力可自动提高,径向密度也相应提高;在弹体直径较小时,反压力自动减小,这就有效地保证了装药平均密度和局部密度的均匀性。另外,螺杆长度不够也会使底部密度偏低,开始压药端曲线板的相应尺寸也会引起底部密度偏低,但应该注意其尺寸不能过大,否则易出现卡壳。

提高炸药塑性是解决螺装药柱密度差大的根本途径。它不仅能够解决炸药预热所带来的炸药蒸汽浓度过高和预热炸药存放量过大而易发生事故的问题,还能有效地减小药柱的径向密度差并提高药柱的平均密度,因此应注重研制塑性较好的炸药来适应螺旋装药的要求。

17.3.4.3 裂纹

由于螺旋装药过程中药柱的受力是不均匀的,另外还由于温度不均匀而产生的热应力,使得药柱容易产生裂纹。在成型药柱中,较为明显的为口部环形裂纹。这种裂纹有时存放一段时间后才显现出来且比横向和纵向裂纹严重。这是由于药温和弹温均比室温高,且在输送炸药的过程中螺杆外径与炸药有剧烈的摩擦,使炸药处于熔化和半熔化状态;冷却时易使应力集中,从而产生较大的内应力,且口部的冷却速度比药柱中部的快,受力不均匀;另外,由于口部反压力过大,周围炸药压得较紧,表面光滑,与中间炸药结合不牢,或由于反压力较低,使周围炸药密度较低,与螺面下炸药相比有较明显分层,使炸药交界处结合不牢,而在热应力作用下裂纹则往往出现在结合薄弱的地方;同时,钻引信孔或加工平面时的振动也会引起裂纹出现。要防止裂纹,除了控制冷却速度外,还要采用合适的反压力。

17.3.4.4 药柱的长大和松动

由于螺旋装药法药柱受轴向应力不是很大,部分炸药为弹性变形,因此当压力取消后,药柱的长大是不可避免的,但长大的程度要小于压装药柱。解决的途径是提高炸药的塑性,使其产生塑性变形。另外在钻引信孔时,应取公差的下限,在药柱长大不明显时仍为合格。

药柱松动主要是与弹壁结合不牢,药柱在弹体内松动会给发射带来严重的不安全隐患。其松动的原因主要是由于温度变化而引起的收缩,但其程度要小于药柱长大的程度。

这种现象在榴弹中不易出现,有时在迫击炮弹中存在,这主要是由于弹温和药温过低及边部密度较低造成的,因此在装药时应控制适当的弹温和药温,最好选择塑性好的炸药。另外,要提高药柱密度的均匀性。

17.3.4.5 药柱中的局部熔化和缩孔

由于装药过程中炸药与螺杆发生摩擦,在螺杆心下方和螺杆外径周围区域内的炸药呈熔化或半熔化状态。另外,由于炸药在某处停留下来或因某种原因炸药停止输送,炸药将长时间与螺杆摩擦,也可能熔化。总之,导致卡壳的原因都有可能使炸药局部熔化。炸药的熔化可以使缩孔和粗结晶产生,这将影响药柱的质量,可在生产中采用提高螺杆光洁度、降低反压力和转速来解决,但这样做会影响生产效率。

17.3.4.6 白点和口部药面发白

白点的出现是由于炸药局部密度过低而造成的。当炸药可塑性差、温度太低或温度不均匀时容易产生,但对药柱的质量影响不大。弹口部药面涂虫胶漆后常常发白,这是梯恩梯再结晶后形成松散小晶体造成的。因为虫胶漆中含有酒精,可将表面的梯恩梯溶解,当溶剂挥发后,出现梯恩梯的晶体且成白色,此种现象对药柱的质量影响不大。

综上所述,螺旋装药生产中存在的主要问题就是药柱的平均密度较低、卡壳及口部常出现的环形裂纹等,这会使药柱质量不合格、报废率高,并对安全生产带来困难。产生上述问题的主要原因是梯恩梯的纯度较高,导致其可压性差,且粉尘和预热梯恩梯的蒸汽对环境污染和工人身体的毒害极大,同时由于需将梯恩梯预热才能使用,因此装药车间存药量过多而带来了不安全因素。所以螺旋装药生产线的改造是非常迫切的问题,而核心又是炸药性能的问题,即提高炸药的塑性又在长期储存过程中不渗油。这样首先能保证炸药不需预热,在常温下就可达到规定的装药密度;其次可以大大减少车间的炸药存放量和预热设备,不仅能提高装药质量和降低环境污染,而且还提高了生产安全性和储存安全性。

17.3.5 螺杆的设计

17.3.5.1 螺杆设计的基本原则

螺杆是螺旋装药机中最主要的部件,它的结构和加工质量直接关系到药柱的质量和正常生产,因此在螺杆的设计中应遵循以下原则。

(1) 必须满足产品图、装药密度、装药结构等技术要求;
(2) 保证螺杆有足够的强度和刚度,加工容易且连接部分要标准化;
(3) 使用安全可靠,不易发生卡壳,保证生产正常进行;
(4) 尽量使药柱的径向密度分布均匀;
(5) 提高生产效率。

17.3.5.2 螺杆主要尺寸的确定

1) 螺杆外径

为了增大生产能力并减小径向密度差,一般希望取螺杆外径(D)值大些,但又受弹口直径及弹口螺纹保护套管尺寸大小的限制。套管厚度直接影响螺杆外径的大小,但套管又不能做得很薄,一般可根据实际经验来确定。常见弹种螺杆与套管、套管与弹口的尺寸见表17.4。

表17.4 螺杆、套管、弹口的尺寸配合

弹种	弹口径与套管外径之差/mm	套管外径与螺杆外径之差/mm	套管厚/mm
82mm迫击炮弹	2~3	1~2	1.5~2.5
76mm榴弹	2~3	1~2	1.5~2.5
大型弹	4~5	3~4	5~7.5

2) 螺杆内径

从提高生产能力来讲,螺杆内径(d)值越小越好,以提高炸药的输送量。但过小会影响到螺杆的强度,尤其是螺杆较长时要满足其震动强度。对于阿玛托炸药,螺杆内径一般取d为$(0.6~0.65)D$;对于梯恩梯炸药,一般取d为$(0.65~0.8)D$。

3) 螺距

为提高生产能力可将螺距(t)取大些,但太大容易卡壳。如要求药柱密度高时,t也可取大些。螺距计算起来较复杂,且影响因素较多,因此一般是依实验来确定,即:

$$t = \pi \bar{D} \tan\alpha \tag{17.13}$$

式中 $\bar{D}$——平均值(mm),$\bar{D} = \frac{1}{2}(D+d)$;

α——上升角,对梯恩梯一般取 8°~10°;对阿玛托和二硝基萘炸药取 18°~20°。

4) 齿厚

齿厚(Δt)一般取1.0~1.5mm。

5) 螺面角

在送药段,各种螺杆的螺面角(β)均为0°,目的是增大送药量,对小口径弹在压药段β角也为0°。

在压药段,对于大口径弹内腔直径较大时,为增加侧向压力、提高径向密度,可在压药段将β取30°~45°。

6) 齿形半径

齿形半径(R)受螺杆外径D、内径d、螺距t和齿厚Δt的影响,可用作图法求得,也可用实验确定,一般取$R = \frac{3}{2}(D-d)$。

螺杆各部分尺寸的确定,必须结合生产实践经验和装药经验来确定。

17.3.5.3 螺杆的技术要求

螺杆的螺旋方向为左旋,杆全长中心偏差不应大于0.15mm;螺旋部分全部镀铬抛光;扣尖处应圆滑,不得有尖角和毛刺;螺杆的螺线部分粗糙度要求;螺杆采用材料一般为T_{8A},T_{10},也可用45号钢代替,硬度要求HRC28~32。

17.4 螺旋装药工艺

螺旋装药的过程对于不同弹种和不同装药机型来讲基本上是相同的,主要分为弹体准备、炸药准备、螺旋装药和药柱加工检验。螺旋装药工艺流程如图17.13所示。

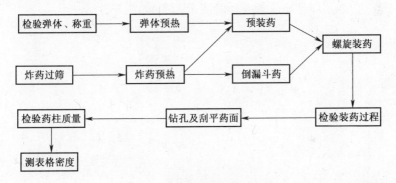

图17.13 螺旋装药工艺流程

流程图中的表格密度是在一批待装空弹中抽出100发弹,从中选出50发容积较大的弹求出其平均容积,并计算出不同密度时所对应的炸药重量且制成表格,根据装药时每发弹的实际装药量按表查出其密度,该密度称为该弹的表格密度。

以152mm榴弹为例,弹体的预热温度一般在65~75℃之间;预装药温度为65~75℃,漏斗药温为27~32℃;装药工房温度为18℃以上。

钻孔后的工序还有清理螺纹、检验引信孔、药面涂虫胶漆及清擦外表面等。

17.5 螺旋装药的安全技术

螺旋装药机的构造和操作都比较复杂,而且影响装药的质量和安全的因素很多,因此在操作中应特别注意安全。

(1)炸药在装弹之前必须过筛,以防混入杂质,但细小的杂质和沙砾无法筛除,因此炸药库房应符合技术规定,严防沙砾进入。

(2)所有与炸药接触的设备(如筛机、漏斗等),其零件安装必须牢固,并经常检查,发现松动应立即拧紧,以防脱落掉入药中。

（3）一旦出现卡壳应立即停止,绝对禁止开动电机排除卡壳,必须人工转动螺杆,缓慢退出药室,查出卡壳原因后排除故障,将螺杆清理干净后,才能重新操作。

（4）必须保证螺杆与漏斗、螺杆与弹体的同轴度,在操作中应注意检查是否有损坏,有无异常声音等,并及时排除。

（5）螺旋装药机必须放在三面是钢筋混凝土的防爆室内,且每室只放一台,室内的另一面(为泻爆方向)和房顶都是轻质建筑材料。距泄爆方向一定距离处设防爆墙,小室的门是有足够强度的防爆门,室内铺设不发火的沥青地面,安装消防雨淋设施,电机和照明都需采用防爆型。

（6）应严格控制工房内的弹体和炸药量,其存放地点应有具体的规定和要求,对于散药、废药应严格管理并及时清运,不准随意堆放。

第18章 装药质量无损检测技术

18.1 工业CT(ICT)检测系统

工业CT系统由射线源、机械扫描系统、探测器系统、计算机系统及屏蔽设施等组成(见图18.1)。检测原理为:射线经前准直器形成一个薄扇形线束,将被测工件所检断层全部包容覆盖,再经后准直器过滤散射的影响并进入探测器阵列,经探测、数据采集、传输,得到一组投影数据(I,如探测器的个数为$N=256$,工件转动256个分度,即可得到$256×256$个I值),经计算机校正后,按一定的重建算法进行图像重建,得到一副二维灰度图像($256×256$),辅以必要的图像处理、分析、测量技术,可获得被检工件的信息。

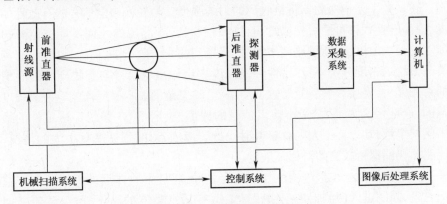

图18.1 ICT系统组成示意图

18.1.1 射线源系统

射线源系统在工业CT系统扫描过程中产生透射所需的射线束,由射线源和前准直器两部分组成。工业CT最常用的射线源是X射线机和直线加速器。二者都是利用高速电子轰击靶物质,电子由于运动急剧受阻,失去动能,其能量仅有不到10%转化为有用的X射线,其余均转化为热能消耗。普通X射线机最高能量可达450keV,可透射50~60mm的钢件。直线加速器的能量范围多为1~25MeV,能量高,剂量大,一般用于等效钢厚度大于100mm的构件检测。中大口径弹药由于钢制壳体较厚,需采用直线加速器进行装药质量检测。

射线源的主要性能指标包括射线能量、射线强度、焦点尺寸、输出稳定性等。射线能量决定射线对某种物质的最大透射距离,即射线的透射能力;射线强度决定单位时间内采集到的光子数,光子数越多,系统的信噪比就越高,可获得较高的密度分辨率;焦点的形状、尺寸直接影响图像的质量,焦点尺寸的大小与系统的空间分辨率成反比;输出稳定性高,采集的数据可靠、重复性好。

前准直器位于射线源窗口前,作用是根据系统需求对射线源发出的射线进行形状处理,如第二代工业CT采用平行束射线,第三代工业CT采用扇形束射线。前准直器一般有固定式和可调式两种,以满足不同的检测要求。

18.1.2 探测器系统

探测器系统包括探测器和后准直器两部分。

探测器是工业CT系统的核心部件,将接收到的射线强度信号转换为稳定的电信号,提供给后续的数据采集系统处理。探测器由多个探测单元组成,根据排列方式分为两类:线阵探测器和面阵探测器。探测器阵列越大,探测单元越多,扫描时间越短,完成整个物体检测的效率就越高。

探测器的主要性能指标包括转换效率、几何尺寸、稳定性、线性度和动态范围。转换效率是指探测器将接收到的射线强度信号转换为电信号的有效性的量度,提高转换效率可缩短扫描时间,提高信噪比;探测器的几何尺寸决定着扫描断层的最大厚度,当断层厚度增加时,采集到的光子数增多,信噪比增加,有利于提高系统的密度分辨率;稳定性和线性度决定输出电信号与接收到的强度信号的对应能力,直接影响着原始数据的精度;动态范围表示探测器响应射线强度的范围,通常定义为最大、最小输出信号的比值,决定了CT系统穿透工件的最大半值层个数,动态范围大则意味着射线透射厚度、射线强度变化很大的情况下,探测器仍能保持较高的对比灵敏度。

后准直器位于被检测物体与探测器之间,将透射物体后的射线分割成数条细射束,限制进入探测器的射束尺寸。改变后准直器的高度,可以调节断层厚度,实际断层厚度约为后准直器高度的一半,另外,后准直器高度需满足能使散射线强度衰减0.1%以上,以防止二次散射对数据采集的影响。在ICT系统中,通常有多套不同规格的后准直器,以满足不同的检测需求。

18.1.3 数据采集系统

数据采集系统主要指从探测器输出到计算机输入之间的电子电路,是CT设备的关键部件之一,将探测器获得的信号进行收集、处理和转换。探测器输出的电信号在通过放大电路之前一般很弱,放大后的电信号由 A/D 转换器转换为二进制数字信号,最后输入计算机进行断层图像重建。其性能指标主要包括信噪比、A/D 变换位数、稳定性和线性度。信噪比关系着工业 CT 系统的性能,在这里噪声可以理解为广义上一切的干扰信号与无用信号的总和,尽管信噪比并非完全由数据采集系统决定,但良好的数据采集系统应当对 CT 系统最后的性能指标没有明显影响;A/D 变换位数的大小直接影响着射线强度的测量精度、变换速度和数据采集系统成本,应当根据有效噪声水平到最大信号之间的有效动态范围合理确定。

18.1.4 机械扫描系统

机械扫描系统是工业 CT 系统的基础构件,主要实现被测物体的旋转及其与源探系统之间相对运动,完成不同方位投影数据的采集。其设计选择时要充分考虑被测构件的外形尺寸和重量,要有一定的机械强度和驱动力实现扫描所需的机械精度与扫描速度。除此之外,还应当选择最适合的几何布置和扫描方式,工业上常用的是第二代平移加旋转(TR)与第三代旋转(RO)的扫描方式。机械扫描系统机械精度是其关键性能指标,从本质上说,机械扫描系统是一个位置数据的采集系统。投影数据包含射线强度信息与位置信息,若平移或旋转精度不够,造成位置信息不准确,在图像重建过程中采用的数据并不能精确对应需要的重建点,将大大降低重建图像的准确性,甚至无法重建出真实的断层图像。

18.1.5 计算机系统

计算机系统的基本工作是完成数据采集过程的控制、数据校正、CT 图像重建和后处理。对数据采集过程的控制主要指按预定的模式对机械扫描系统发出指令,测定其运动的位置,通过反馈系统保证运动的准确性,并将采集到的位置信息与射线强度信息传入计算机,供 CT 图像重建使用。数据采集完成后,CT 图像的质量其实已经基本确定,但需要高精度的图像重建算法,充分利用现有信息,得到尽可能好的图像质量,否则可能会降低 CT 图像本可达到的质量。被检测对象断层图像重建完成后就需要进行相关后处理,主要包括观测、分析,对被检测对象内部缺陷和装配情况给出定性、定量的鉴定评估,以此判断被检测对象所处的技术状态。

18.2 性能参数

工业 CT 系统的主要性能参数包括试件范围、检测时间和图像质量。其中图像质量是整个工业 CT 系统性能的决定因素,在实践中通常采用空间分辨率、密度分辨率和伪影三方面来表征。虽然这些经过抽象得到的概念并不等同于工业CT系统实际的检测能力,但它们是公认的判别系统性能的标准,可以对不同的工业CT系统性能做出客观、科学和定量的比较。

18.2.1 空间分辨率

空间分辨率是工业CT系统鉴别和区分微小缺陷能力的量度,定量表示为可分辨两个细节的最小间距。空间分辨率实用单位是 lp/mm,物理意义为单位长度上的线对数,通常用线对卡或丝状、孔状测试卡测定。在CT系统空间分辨率的众多表示方法中,使用调制传递函数(MTF)描述是一种比较客观、严格的方法。由于工业CT系统主要用于产生断层平面的二维图像,所以通常讨论的空间分辨率定义在断层平面内。影响空间分辨率的主要因素有焦点尺寸、探测器准直孔尺寸、系统几何条件和扫描机械精度等。通常提高工业CT系统空间分辨率的方法主要是减小焦点尺寸和探测器的结构尺寸,但由于受到工艺限制,不可能无限缩小,因此探测器接收到的射线束都有一定的宽度。在工业CT系统中,探测器接收的信号是此宽度内信号的平均,常用有效射束宽度W_B表示,如图18.2所示。

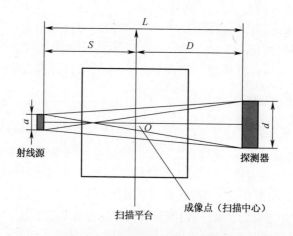

图18.2 有效射束宽度示意图

定义有效射束宽度 W_B 为

$$W_B = \sqrt{\frac{d^2 + [a(M-1)]^2}{M}} \tag{18.1}$$

式中 d——探测器孔径尺寸(mm);
a——射线源焦点尺寸(mm);
M——放大倍数,$M = L/S$;
L——射线源到探测器的距离(mm);
S——射线源到物体中心的距离(mm)。

有效射束宽度 W_B 越小,系统的空间分辨率越高。同时也从物理上确定了 CT 系统对周期性细节的响应极限,即临界空间分辨率 $F_c = 1/W_B$。

18.2.2 密度分辨率

密度分辨率是分辨给定面积映射到 CT 图像上射线衰减系数差别能力的表征,是利用图像灰度分辨被检物体密度变化的基本方法。反映了 CT 图像上能够检测到的最小细节,定量的表示为给定面积上能够分辨的细节与基体材料之间的最小对比度,定义密度分辨率为

$$\text{Contrast} = \frac{|\mu_f - \mu_b|}{\mu_b} \times 100\% = \begin{cases} \dfrac{c\sigma\Delta p}{D\mu_b} \times 100\% & (D \gg W_B) \\ \dfrac{c\sigma W_B \Delta p}{D^2 \mu_b} \times 100\% & (D \ll W_B) \end{cases}$$

(18.2)

式中 Contrast——密度分辨率,数值越小表示分辨能力越高;

μ_f——细节的线性衰减系数;

μ_b——基体材料的线性衰减系数;

c——常数,根据经验确定,$2 \leqslant c \leqslant 5$;

σ——图像噪声;

Δp——像素尺寸;

D——细节特征直径。

通常情况下,在一个 CT 系统中 μ_f、μ_b、c、Δp、D 均为已知量,密度分辨率的高低取决于图像噪声 σ。由式(18.2)可知,随着图像噪声的增加,密度分辨率数值增加,分辨能力降低。工业 CT 成像过程中不可避免地会出现各种噪声,即使电子元器件噪声、散射噪声和图像重建算法反应在图像中的噪声能够降低到最小,X 射线本身的量子统计噪声也是无法避免的。

需要指出的是,密度分辨率是比空间分辨率更为基础的指标。在 CT 检测中,断层中的特征能否被发现首先取决于密度分辨率,发现后能否看清楚才取决于空间分辨率。理论与实践均表明:在条件一定的情况下,空间分辨率与密度分辨率是相互矛盾的,不可能同时取得最佳值,且两者成反比关系,乘积为一常数,称为对比度细节常数。在实际检测中需根据具体要求,选择最优的方案。

18.2.3 伪影

伪影是指 CT 图像中出现了与被测物体物理结构不相符的图像特征,是一种"干扰"。伪影的存在不仅影响图像的空间分辨率和密度分辨率,更会造成 CT 图像的误判。CT 技术得以推广应用,很大程度上是得益于有效的伪影处理技术。引起伪影的原因很多,其表现形式也很多。根据引起伪影的原因,可大致

分为部分体积效应伪影、射线硬化伪影、采样数据不足引起的伪影和散射引起的伪影等。从伪影的表现形式来分,主要有条状、阴影、环状和带状伪影。为了便于描述伪影水平和在不同设备上进行比较,可以将伪影看成为一种广义上的噪声,然后按照密度分辨率的方法描述其强度,应用信噪比的概念判断其对图像质量的影响。

18.3 装药质量检测系统设计

装药质量检测系统设计需要充分考虑被测弹体的结构尺寸与材料性质,确定相关技术指标要求,并以此为设计准则完成检测系统射线源的选择,扫描方式的选择和各检测分系统几何关系的确定。

18.3.1 射线源选择

战斗部装药属于高密度金属外壳与低密度炸药装填的复合结构,图18.3为典型榴弹战斗部结构:钢制壳体厚度约为20mm,透射过程中双壁厚约为40mm,壳体密度约为7.8g/cm³。最大装药直径为90mm,密度约为1.7g/cm³,其等效壳体材料厚度约为20mm,该战斗部的等效钢厚大于50mm。根据国际惯例,战斗部装药中不允许存在大于2mm的孔隙和大于0.38mm的底隙,要求系统的密度分辨率应不低于0.8%,为保证检测精度和准确率,避免射线经弹体衰减后灵敏度下降,需选择足够高的射线能量,一般选择射线能量为1MeV电子直线加速器作为射线源。

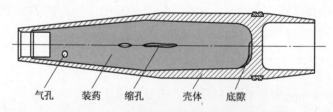

气孔　装药　缩孔　壳体　底隙

图18.3 典型榴弹战斗部装药结构示意图

18.3.2 扫描方式选择

ICT常用的是第二代平移加旋转(TR)与第三代旋转(RO)的扫描方式。其中,TR扫描方式对应平行射束图像重建算法,RO扫描方式对应扇形射束重建算法。虽然TR扫描方式的伪影水平低于RO扫描方式,但需要步进平移和旋转采集数据,效率相对较低,而且容易产生大量冗余数据。而RO扫描不需要平移就可以获得重建图像的完整数据,射线利用效率高。另外,装药疵病的位置、形状、尺寸等空间信息随机性强,需进行全角度数据采集。因此,一般选用第三代旋转(RO)的扫描方式对弹药装药质量进行检测。

18.3.3 几何尺寸确定

为了更清楚地理解系统几何尺寸与空间分辨率的关系,有效射束宽度 W_B 可表示为

$$W_B = \sqrt{\left(a\frac{D}{L}\right)^2 + \left(d\frac{S}{L}\right)^2} \tag{18.3}$$

式中 D——旋转中心到探测器的距离,$D=L-S$。

为了方便讨论,采用焦点尺寸 a 作为标尺来表示有效射束宽度 W_B 的变化与其他参数的关系。

$$\frac{W_B}{a} = \sqrt{\left(\frac{D}{L}\right)^2 + \left(\frac{S}{L} \cdot \frac{d}{a}\right)^2} \tag{18.4}$$

令

$$A = \frac{D}{L}, B = \frac{S}{L} = \frac{1}{M}, C = \frac{d}{a}$$

式中 A——探测器的几何等效倍率;

B——射线源的几何等效倍率;

C——探测器孔径尺寸与射线源焦点尺寸比。

则式(18.4)可表示为

$$\frac{W_B}{a} = \sqrt{A^2 + (BC)^2} \tag{18.5}$$

由上式可以得到几何尺寸 $\frac{W_B}{a}$ 与 $\frac{1}{A}$、$\frac{W_B}{a}$ 与 C 的关系如图 18.4 所示。

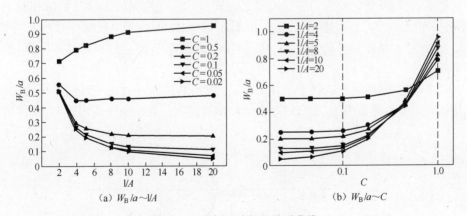

(a) $W_B/a \sim 1/A$ (b) $W_B/a \sim C$

图 18.4 几何尺寸间的关系曲线

从图 18.4 可以看出:

(1) 当射线源焦点尺寸一定时,减小探测器孔径尺寸可以减小有效射束宽度 W_B,提高系统空间分辨率,且 W_B 的减小倍率随 L/D 增大而增加。这说明当被检测构件的旋转中心距离探测器距离较远时,减小探测器孔径尺寸并不能有效提高系统的空间分辨率,只有当被测构件的旋转中心距离探测器足够近时,减小探测器孔径尺寸才能有效提高系统的空间分辨率。

(2) 当 $d/a \approx 0.5$,有效射束宽度 W_B 与 L/D 几乎没有关系。这说明在该条件下,被测构件的旋转中心与探测器之间的距离对系统的空间分辨率几乎没有影响。

(3) 对于确定的 L/D,当探测器孔径尺寸减小到 $d/a \leqslant 0.2$ 以下时,有效射束宽度 W_B 基本保持不变。这说明探测器孔径尺寸减小到一定程度之后,对系统空间分辨率的影响作用将不再明显。

对于直线加速器而言,通常其射线源焦点尺寸 $a \approx 2mm$,若设定本系统探测器准直器狭缝宽为 1mm,即 $d=1mm$,$d/a \approx 0.5$,可知有效射束宽度 W_B 与 L/D 几乎没有关系。为保证系统检测质量,选定空间分辨率不低于 2lp/mm。则根据有效射束宽度与空间分辨率经验公式

$$W_B \leqslant \frac{1}{c \cdot Res_{sp}} \tag{18.6}$$

式中:Res_{sp} 代表空间分辨率;c 为空间分辨率定义和系统性能有关的常数,理论上其变化范围为 $1 \leqslant c \leqslant 2$,但根据经验可取 $1.1 \leqslant c \leqslant 1.2$,如果取 $c=1.12$,可得

$$W_B \leqslant \frac{1}{1.12 \times 2} = 0.45 \tag{18.7}$$

联立式(18.4),可得 $L/D = 4 \sim 5$。

当探测器孔径尺寸确定后,射线源到探测器的距离越远,进入探测器的射线强度越弱,且其变化趋势与源探距离平方成反比。探测器输出信号幅值相对下降,但系统噪声基本保持不变,也就降低了信噪比,影响了系统的密度分辨率。综上所述,在条件允许的情况下,应当将工业 CT 系统设计得相对紧凑。所以,本系统选定 $L/D=4$。

由前述可知,系统选择第三代只旋转(RO)的扫描方式实现装药质量检测,其空间布置示意如图 18.5 所示。当射线源对被测构件使用张角固定时,构件越

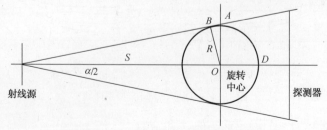

图 18.5 RO 扫描方式空间布置示意图

大只能放得越远,射线源到被测构件旋转中心的距离也就越远。

对于半径为 R 的构件,选定张角为 α,则可得射线源到探测器的最小距离为

$$L_{\min} = S + R = \frac{R}{\sin\frac{\alpha}{2}} + R = R\left(\frac{1 + \sin\frac{\alpha}{2}}{\sin\frac{\alpha}{2}}\right) \tag{18.8}$$

若选定扇形射束张角 $\alpha = 12°$,为保证被测弹体完全处于射束范围内,选定 $R = 75\text{mm}$,代入计算可得射线源与探测器最小距离为

$$L_{\min} = 75 \times \left(\frac{1 + \sin 6°}{\sin 6°}\right) \approx 800\text{mm} \tag{18.9}$$

由于系统选定 $L/D = 4$,所以弹体旋转中心到探测器的最小距离 $D_{\min} \approx 200\text{mm}$。

综上所述,装药质量检测用 ICT 系统的主要性能指标如下:
(1) 射线源:X 射线直线加速器,能量 1MeV;
(2) 焦点尺寸:2mm;
(3) 检测范围:$\phi 200 \times 650\text{mm}$;
(4) 探测器类型:线阵列;
(5) 空间分辨率:$1 \sim 2.5\text{lp/mm}$;
(6) 密度分辨率:$0.3\% \sim 1\%$;
(7) 扫描时间:$1 \sim 5\text{min}$;
(8) 扫描方式:第三代 RO 扫描方式。

18.4 装药密度检测

18.4.1 模型建立

当单能 X 射线穿过非均匀物质后,其衰减特性符合比尔定律:

$$I = I_0 \exp[-l(\mu_1 + \mu_2 + \cdots + \mu_i + \cdots)] \tag{18.10}$$

式中 I_0——射线入射端初始强度;
I——射线穿过物质后的强度;
μ_i——射线穿过不同物质的线衰减系数;
l——射线穿过被检物各体积元的长度;

其中,I_0、I、l 为可测量的量(已知量),μ_i 为未知量。

被检物的断层是一个有一定厚度的薄片体,可将薄片认为是 $M \times N$ 个体素组成,每一体素对应一个衰减系数 μ_i,ICT 扫描探测可得到 $M \times N$ 个 I 值,通过计算机图像重建算法,即可重建出具有 $M \times N$ 个 μ_i 值组成的二维灰度图像。

由二维灰度图像可得到图像的像素值(CT值),CT值与小体元内材料衰减系数 μ 的平均值成比例,即:

$$CT \propto \mu \tag{18.11}$$

而材料的衰减系数与其物理密度近似成比例关系,通过试验标定技术可以建立CT值与物理密度之间的对应关系,即:

$$\rho = f(CT) \tag{18.12}$$

大量的装药质量检测工作表明,均匀材料的密度 ρ 和CT值之间的关系式可表示为

$$\rho = A + B \times CT \tag{18.13}$$

式中:A,B 是由检测条件决定的参数。

18.4.2 模型修正

由于弹丸壳体和装药密度差较大,二维灰度图像存在边缘效应和空洞效应,导致密度计算值偏差大,因此,消除边缘效应和空洞效应的影响,成为精确检测弹药密度的关键。射线强度、散射、壳体几何尺寸是主要影响因素,射线强度及散射由仪器及测试前的标定保证,在建模过程中主要考虑壳体的影响。

1) 壳体形状修正

以图18.3所示的单体结构为例,对弹体相同位置进行检测并与相同形状、尺寸的无壳药柱进行对比,得到弹体径向CT值变化规律如图18.6所示。

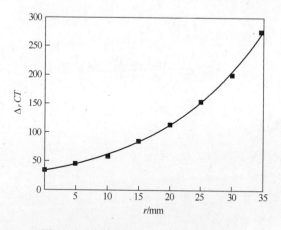

图18.6 壳体形状对CT值影响关系图

$$\Delta_r CT = CT_r - CT_{r,\text{charge}} \tag{18.14}$$

式中 $\Delta_r CT$——两种状态CT值的差;

CT_r——带壳弹体在半径 r 处的CT值;

$CT_{r,\text{charge}}$——不带壳弹体在半径 r 处的CT值。

对上述检测结果进行拟合,得到 $\Delta_r CT$ 与 r 的关系为

$$\Delta_r CT = ae^{\frac{r}{\beta}} = 33.88e^{\frac{r}{16.73}}(R = 0.9991) \tag{18.15}$$

2) 壳体厚度修正

对内径为 60mm,高度为 100mm,不同壁厚的弹体(见图 18.3)进行 CT 值检测,径向 CT 检测结果如图 18.7 所示。

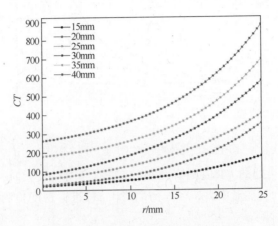

图 18.7 壳体厚度对 CT 值影响关系图

为简化模型结构,提高运算速度,采用与壳体形状修正式相同的指数关系对检测结果进行拟合,结果如表 18.1 所列。

表 18.1 壳体厚度对 CT 值影响拟合结果

壳体厚度/mm	拟合方程($\Delta_r CT = \alpha e^{\frac{r}{\beta}}$)		相关系数
	α	β	
15	24.38	12.50	0.9983
20	29.42	10.01	0.9994
25	60.94	13.15	0.9990
30	88.03	13.21	0.9996
35	47.36	10.01	0.9988
40	65.11	10.63	0.9984

从测试和拟合结果看出,壳体厚度对 CT 值的影响符合构造的指数关系,相关系数达到 0.9900 以上,另外,从模拟结果可以看出,弹体壳体厚度对 CT 值的影响主要反映在指前因子(α),对指数因子(β)的影响较小,可忽略不计。

3) 壳体内径修正

对壁厚为 20mm,高度为 100mm,不同内径的弹体(见图 18.3)进行密度检测,结果如图 18.8 所示。

从上述测试结果可见,随着内径的增加,弹丸中心处的 CT 值基本一致,而

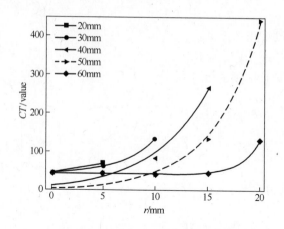

图 18.8 壳体内径对 CT 值影响关系图

靠近边缘的同一 r 处的 CT 值则有减小的趋势,当内径较大时,中心区域的 CT 值变化不大。因此,在对中大口径弹药($\geqslant 80\mathrm{mm}$)进行密度检测时,可忽略内径对 CT 检测值的影响。

综合二维灰度图像中 CT 值的修正因素,弹丸密度与二维灰度图中 CT 值的关系可表示为

$$\rho = A + B(CT_r - \alpha e^{\frac{r}{\beta}}) \tag{18.16}$$

由装药密度与 CT 值的关系式可见,密度检测的关键是模拟真实环境的密度和 CT 值之间函数关系的建立:通过已知密度标准物的 CT 值检测,按目标方程的结构,建立基于待测物位置、环境条件的检测模型,拟合基于该检测条件的多参数矩阵,进而实现对待测物密度的检测与评价。

选取四种已知密度的标准物($\varPhi 50\times 25$),用称重法测量其真实密度,并测定标准物在特定环境下的 CT 值,通过数据拟合,建立该测试环境下密度值与 CT 值函数关系式,进而实现通过 CT 值检测确定装药密度。不同密度的标准物及其注入模拟弹体后密度值与 CT 值测试结果如图 18.9 所示。

从测试数据可见,在试验考察的密度范围内,标准物及其注入弹体后的密度值与 CT 值近似呈直线关系,相关系数分别为 0.99996 和 0.99978,对比裸装及装入弹体后标准物的模拟曲线可以发现:两直线的斜率相差 4×10^5,基本趋于平行,说明模型中的指数项对密度的影响小,某一确定位置壳体对 CT 值的影响是恒定的。

为验证拟合方程式的精度,采用聚甲醛与聚氯乙烯进行校验:分别用称重法和 ICT 检测两种物体的密度,对比密度值的差异,结果如图 18.10 所示。

从上图可见,ICT 检测的密度值与称重法得到的密度有较好的一致性,两者

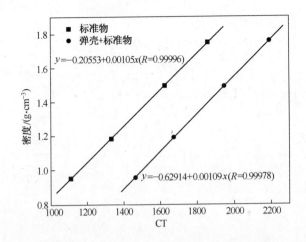

图 18.9 标准物密度与 CT 值关系测试结果

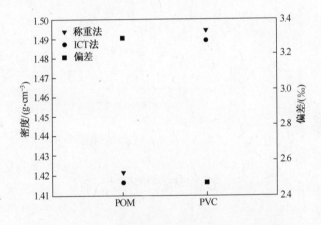

图 18.10 标准物密度与 CT 值关系测试结果

的偏差分别为 3.28‰(POM) 和 2.48‰(PVC),建立的计算方法基本可行。

18.4.3 试验验证

以图 18.3 弹体装药的密度检测为例,对弹体图定位置(底部、下部、中部、上部、口部五个部分,见图 18.11(a))进行密度检测,得到相应的局部密度值;同时用排水法对相应位置的弹药进行密度测试。对比两种密度测量结果,计算密度测量精度,结果如图 18.11(b)所示。

从对比检测结果可见,应用工业 CT 对弹药装药密度进行测量的相对误差低于 5.0‰,满足弹药装药质量工程检测应用的要求。

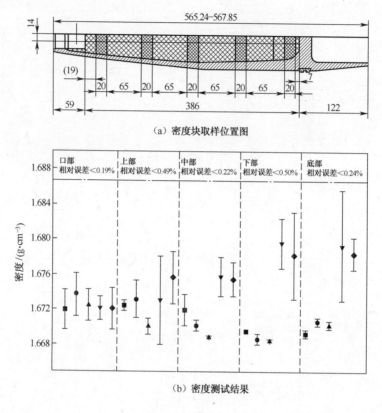

图 18.11 CT 法与排水法密度检测结果对比

18.5 装药底隙检测

18.5.1 模型建立

以扫描位置为 X 轴,以每层的断面中心处 CT 值为 Y 轴,对已知底隙装药底隙区域进行多层扫描(层间距为 0.1 mm,$N=12$)检测,得到不同位置的 CT 值二维灰度图像及其变化规律,如图 18.12 所示。

从测试结果可见,当弹体不存在底隙时,随着扫描位置的增长,CT 值的变化逐渐由大到小,然后趋于平缓。而由于底隙的存在,CT 值随着位置的增长,先是由大变小,后又由小变大,而且对于不同底隙的弹体,随着位移的增大,受底隙的影响减小,最后趋于某一固定值。对上述曲线进行多项式模拟,不同底隙曲线对应的系数及相关度矩阵如下:

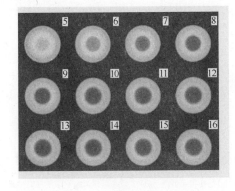

(a) 二维灰度图像

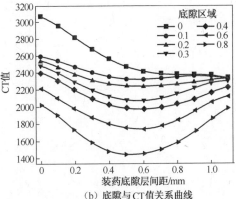

(b) 底隙与CT值关系曲线

图 18.12 ICT 值与底隙关系图

$$y_\delta = \begin{bmatrix} \delta & a & b & c & d & e & f & R \\ 0 & 3078.53 & -1029.31 & -2083.28 & 4609.98 & -2197.73 & 0 & 0.9997 \\ 0.1 & 2601.94 & -205.78 & -3496.35 & 9118.22 & -7985.00 & 2334.19 & 0.9991 \\ 0.2 & 2556.39 & -783.79 & -729.28 & 3541.76 & -3115.03 & 855.39 & 0.9984 \\ 0.3 & 2501.05 & -785.59 & -1960.65 & 5000.19 & -2512.30 & 44.50 & 0.9999 \\ 0.4 & 2410.18 & -783.61 & -2311.41 & 6598.09 & -5062.33 & 1312.63 & 0.9986 \\ 0.6 & 2238.29 & -1400.32 & 618.40 & -521.60 & 2940.76 & -1815.33 & 0.9988 \\ 0.8 & 2038.80 & -1095.50 & -4203.90 & 12442.58 & -10218.48 & 2887.32 & 0.9983 \end{bmatrix}$$

定义每一条表征不同底隙尺寸的曲线 f_k 与标准曲线 f_0、$x=0$、$x=1.1$ 所围成的图形面积为 S_k，其数学表达式为

$$S_k = \sum_{i=0}^{n} [f_0(x_i) - f_k(x_i)] \Delta x_i \tag{18.17}$$

式中 Δx_i——x_i 的增量；

$f_0(x_i)$——$x=x_i$ 处曲线 f_0 的函数值；

$f_k(x_i)$——$x=x_i$ 处曲线 f_k 的函数值。

按上述公式计算不同底隙 d 对应的 S_k，得到 $S_k - d$ 的关系为线性关系：

$$S_k = kd + c \tag{18.18}$$

式中 $k=1262.1$，$c=31.2$，相关系数 $R=0.9974$（见图 18.13(a)）。对得到的底隙区域进行图像重构，建立二维可视化底隙图形，如图 18.13(b) 所示。

综上所述，ICT 检测弹丸底隙的模型为：首先对弹丸的底部进行足够次数的扫描，得到 CT 值随底隙变化的关系曲线，利用 CT 值特性参数与底隙尺寸的线性关系耦合，即可建立底隙尺寸二维灰度图像。

一般而言，建立高精度二维灰度图需扫描 12 层以上，CT 的层扫描时间为 2~3min，因此，判断一发弹底隙信息需要 24~36min。由于底隙检测属 0-1 判

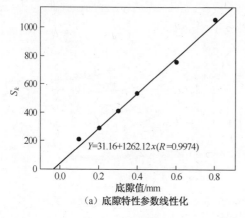
(a) 底隙特性参数线性化

(b) 弹丸底隙可视化灰度图

图 18.13　CT 值与底隙关系图

别,为提高底隙的检测速度,一方面,需在保证检测精度的前提下,减少扫描层数,加大扫描间距。经试验验证,扫描层数确定为 5 层,间距为 0.2mm 时,可满足一般的工程应用要求。另一方面,弹底位置的精确定位,可有效减少无效层(弹底金属壳体)扫描次数,从而大幅度降低检测时间。

18.5.2　试验验证

为验证密度法测量炮弹底隙的可靠性和精度,以图 18.3 的弹体结构为研究对象,进行预置底隙(0.2、0.3 及 0.4)的模拟检测,检测结果如图 18.14 所示。

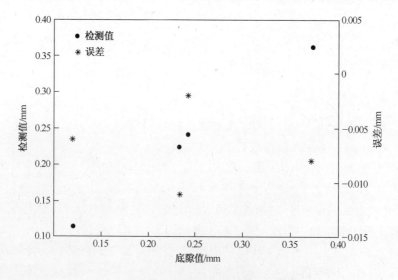

图 18.14　模拟底隙检测结果

从上图可见,采用工业 CT 检测装药底隙的方法检测 0.2mm 以上的底隙时,误差小于 0.25%,可满足常规弹药的检测精度要求。

18.6 装药孔隙检测

18.6.1 模型建立

以图 18.3 的弹体结构为研究对象,对预置孔隙的模拟装药扫描,可疑区域典型断层扫描图像如图 18.15 所示。

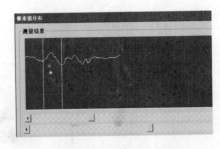

(a) 空隙实物及扫描图　　　　　　　　(b) 空隙灰度对比图

图 18.15　模拟孔隙预制图及扫描结果

不同尺寸孔隙与相应的灰度变化最大值之间的关系如图 18.16 所示,其拟合曲线如下:

$$\begin{cases} y = -0.27x^4 + 2.56x^3 - 8.37x^2 + 11.6x + 0.0050 \\ R = 0.9993 \end{cases}$$

式中　x——空隙值;

　　　y——空隙值对应的线性尺寸最大值。

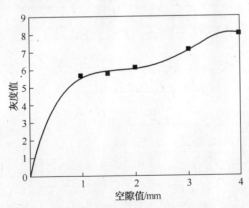

图 18.16　预制模拟空隙与扫描灰度值的关系

对于常规弹药来说,当直径小于 1.0mm 时,孔隙对装药发射安全性影响不大。若忽略直径小于 1.0mm 的孔隙,对直径大于等于 1.0mm 的空隙与灰度变化最大值之间的关系进行拟合,得到如图18.17所示的拟合关系。

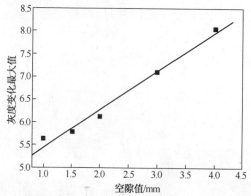

图 18.17 预制模拟孔隙(≥1.0mm)与线性尺寸最大值的关系

从上图可见,孔隙值与灰度变化最大值的关系近似呈直线关系,拟合方程如下:

$$\begin{cases} y = 0.8355x + 4.6143 \\ R = 0.9909 \end{cases}$$

式中 x——孔隙值;
y——孔隙值对应的线性尺寸最大值。

综上所述,ICT检测装药孔隙的模型为:首先对弹丸进行层扫描并建立二维灰度图像,通过可疑区域图像灰度值提取并进行孔隙尺寸的线性关系耦合,即可得到该可疑区域的孔隙位置及尺寸。

18.6.2 试验验证

为验证孔隙测量方法的可靠性和精度,以图18.3的弹体结构为研究对象,对不同的预制孔隙进行检测,结果如图18.18所示。

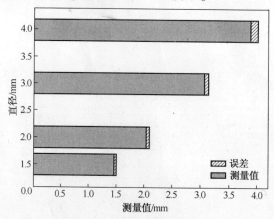

图 18.18 模拟孔隙检测结果

从上图可见,采用工业CT检测装药空隙的方法判定直径为1.5mm以上的孔隙时,相对误差≤3.0%,满足常规弹药装药的测试需求。

参 考 文 献

[1] 徐更光. 炸药与装药[M]. 北京:北京理工大学内部讲义,1991.
[2] 刘德润. 弹药装药工艺学[M]. 北京:北京理工大学内部讲义,1988.
[3] 徐更光. 炸药性质与应用[M]. 北京:北京理工大学内部讲义,1987.
[4] 乌尔班斯基 T. 著,火炸药的化学与工艺学[M]. 孙荣康,等,译. 北京:国防工业出版社,1976.
[5] Zukas J A,Walters W P. Explosive effects and applications [M]. Springer-Verlag New York, Inc, 1998.
[6] 崔庆忠,焦清介,彭晨光. 铝粉形态学特征对 Al/KClO$_4$ 燃烧性能的影响[J]. 兵工学报,2011,32(11):1327-1330.
[7] 黄正平. 爆炸与冲击电测技术[M]. 北京:国防工业出版社,2006.
[8] 恽寿榕,赵衡阳. 爆炸力学[M]. 北京:国防工业出版社,2005.
[9] 刘科种. 爆炸能量输出结构与高威力炸药研究[D]. 北京:北京理工大学,2009.
[10] Robert A G. Test Methods for explosives[M]. Springer-Verlag New York, Inc, 1995.
[11] Ulrich T. Energetic materials:Particle processing and characterization[M]. Berg-hausen:WILEY-VCH Verlag GmBH & Co. KGaA, 1997.
[12] 隋树元,王树山. 终点效应学[M]. 北京:国防工业出版社,2000.
[13] 赵衡阳. 气体和粉尘爆炸理论[M]. 北京:北京理工大学出版社,1996.
[14] Henrych J. The Dynamics of explosion and its use[M]. Amsterdam:Elsevier,1979.
[15] 楚士晋. 炸药热分析[M]. 北京:科学出版社,1994.
[16] 史锐. 水中兵器用高威力炸药研究[D]. 北京:北京理工大学,2009.
[17] Kennedy D L, Jones D A. Modelling shock initiation and detonation in the non-ideal explosive PBXW-115, ADA291249[R]. Springfild:NTIS,1995.
[18] Bjarnholt G. Explosive expansion works in underwater detonations[C]. Proceedings of 6th Symposium on Detonation. San Diego:Naval Surface Weapons Center, 1976:540-550.
[19] 张杏芬. 国外火炸药原材料性能手册[M]. 北京:兵器工业出版社,1991.
[20] 世界弹药手册编写组. 世界弹药手册[M]. 北京:中国北方工业总公司,1991.
[21] 钟一鹏,胡雅达,江宏志. 国外炸药性能手册[M]. 北京:兵器工业出版社,1990.
[22] Boeksteiner G. Evaluation of underwater explosive performance of PBXW-115, ADA315885[R]. Springfild:NTIS, 1996.
[23] 徐少辉. 水下爆炸能量输出结构研究[D]. 北京:北京理工大学,2006.
[24] 崔庆忠. 一种水中兵器战斗部用高威力混合炸药及其制备方法:中国 201418000 748.2[P]. 2014.
[25] GJB 772A. 炸药试验方法[S]. 国防科学技术工业委员会, 1997.
[26] Tadeusz U. Chemistry and technology of explosive [M]. WARSZAWA:PWN-Polish scientific publishers,1964.
[27] Merey R, Koher J. Explosives[M]. WILEY-VCH Verlag GmBH & Co. KGaA, 2002.
[28] Gibbs T R, Popolato A. LASL explosive property data [M]. California:University of California Press, 1980.

[29] Mader C L, Johnson J N, et al. LASL explosive performance data[M]. California: University of California Press, 1980.

[30] 孙锦山,朱建士. 理论爆轰物理[M]. 北京:国防工业出版社,1995.

[31] 董海山,胡荣祖,姚朴等. 含能材料热谱集[M]. 北京:国防工业出版社,2002.

[32] Meyer. R 著,陈正衡译. 爆炸物手册[M]. 北京:煤炭工业出版社,1988.

[33] 周霖. 爆炸化学基础[M]. 北京:北京理工大学出版社,2005.

[34] Wilkerson S A. Boundary integral technique for explosion bubble collapse analysis[R]. ADA267369,1993

[35] 辛春亮. 高能炸药爆炸能量输出结构的数值分析[D]. 北京:北京理工大学,2008.

[36] 天津大学物理化学教研室. 物理化学[M]. 北京:高等教育出版社,2001.

[37] 孙业斌,惠君明,曹欣茂. 军用混合炸药[M]. 北京:兵器工业出版社,1995.

[38] 陈熙荣. 炸药性能与装药工艺[M]. 北京:兵器工业出版社,1988.

[39] 王志军. 弹药学[M]. 北京:北京理工大学出版社,2005.

[40] 欧育湘. 炸药学[M]. 北京:北京理工大学出版社,2006.

[41] 崔庆忠. 一种熔注型炸药用熔药、混药、注药、固化装置:中国,201418001085.6[P]. 2014.

[42] 张熙和,云主惠. 爆炸化学[M]. 北京:国防工业出版社,1998.

[43] 舒远杰,霍冀川. 炸药学概论[M]. 北京:化学工业出版社,2011.

[44] 刘雪梅. 熔注炸药凝固过程模拟技术研究[D]. 北京:北京理工大学,2014.

[45] 熊冰. 弹药精密注装技术研究[D]. 北京:北京理工大学,2018.

[46] 张勇. γ-ICT 技术用于炸药装药质量检测的研究[D]. 北京:北京理工大学,2002.

[47] 吕宁. 基于工业 CT 的装药质量高精度检测技术研究[D]. 北京:北京理工大学,2016.

[48] 张朝宗,郭志平,张朋,等. 工业 CT 技术和原理[M]. 北京:科学出版社,2009.